现代科技伦理意识探析与养成

XIANDAI KEJI LUNLI YISHI TANXI YU YANGCHENG

钱振华⊙著

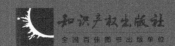

知识产权出版社

全国百佳图书出版单位

图书在版编目（CIP）数据

现代科技伦理意识探析与养成/钱振华著. —北京：知识产权出版社，2017.3（2020.8重印）

ISBN 978 - 7 - 5130 - 4694 - 7

Ⅰ.①现… Ⅱ.①钱… Ⅲ.①科学技术—伦理学—高等学校—教材 Ⅳ.①B82 - 057

中国版本图书馆 CIP 数据核字（2017）第 003924 号

责任编辑：石陇辉　　　　　　　　　　　　　责任校对：潘凤越

封面设计：刘　伟　　　　　　　　　　　　　责任印制：刘译文

现代科技伦理意识探析与养成

钱振华　著

出版发行	知识产权出版社 有限责任公司	网　　址	http://www.ipph.cn
社　　址	北京市海淀区气象路50号院	邮　　编	100081
责编电话	010 - 82000860 转 8175	责编邮箱	shilonghui@cnipr.com
发行电话	010 - 82000860 转 8101/8102	发行传真	010 - 82000893/82005070/82000270
印　　刷	北京建宏印刷有限公司	经　　销	各大网上书店、新华书店及相关专业书店
开　　本	787mm×1092mm　1/16	印　　张	11.25
版　　次	2017 年 3 月第 1 版	印　　次	2020 年 8 月第 2 次印刷
字　　数	284 千字	定　　价	39.00 元

ISBN 978 -7 -5130 -4694 -7

前　言

科技伦理学作为一门交叉学科，要研究科学技术与伦理道德的关系；作为一种职业伦理学，要研究科技道德现象；作为一种应用伦理学，要研究具体科技领域的道德问题。当下，"科学负荷价值"是一个不争的事实。科学是现实的人从事的探索活动，现实的人不可能没有目的、利益、需要、兴趣、情感等，事实上，科学家的动机、利益、偏好等无时无刻不在影响科学事业，而且科学最终服务于人类的自由和解放。简言之，科学是一种"人为的"和"为人的"价值活动。而人兽胚胎、设计婴儿、机器人、虚拟技术等最新科技成果，又迫切要求人们对科技活动、科技行为、科技成果做出价值评判，进而规范和引导科技活动。

当代科技伦理研究的前沿领域之一是以风险与责任为视角，从应用伦理学的基本原则（不伤害原则、有利原则、尊重原则和公正原则等）出发，重点剖析科学技术的健康风险、环境风险、社会风险、军事风险及其相关的伦理问题；借鉴责任伦理的思想资源，给出应对科学技术风险的伦理建议。科学技术在造福人类的同时加剧了人类对自然界的消极影响，加大了人类危害自身生存的可能性。科技发展和应用引发的科技风险，即吉登斯提出的"人造风险"——"我们所面对的最令人不安的威胁是那种'人造风险'，它们来源于科学与技术的不受限制的推进。科学理应使世界的可预测性增强，但与此同时，科学已造成新的不确定性，其中许多具有全球性。对这些捉摸不定的因素，我们基本上无法用以往的经验来消除。"科技时代的责任意识着眼于责任的预防性、前瞻性、关怀性、远距离性和整体性。现代科学技术的发展本身充分展示了这种趋势。

科技伦理悖论是伴随科技实践深化而产生的，是科技事业的"人为的""为人的"价值活动与科技追求真理的理性事业之间的矛盾的产物，是规范科技活动与科技创新目标常常发生冲突的结果。

对此，国际学术界、政府和非政府组织已经建立起了一些非常重要的科学伦理团体，并形成了一些非常重要的文件。如1997年10～11月召开的联合国教科文组织第29次会议，批准成立了"科学知识与技术的道德世界委员会"，其目标包括：作为联合国教科文组织的一个咨询团体，作为知识分子交流思想和经验的论坛，它必须能够察觉风险态势的早期征兆，促进科学共同体和决策者、公众之间的广泛对话。近年来，已先后就淡水伦理、外太空伦理、能源伦理、信息社会伦理以及环境伦理和可持续发展问题召开了数次会议，并要求各国政府明确促进可持续与平等发展的科技伦理的日益增长的重要性。2002年9月，"科学道德与责任常设委员会"完成了对世界各地不同资源的伦理标准的分析，并形成《科学伦理和责任的标准：经验性研究》《科学伦理和责任的标准：内容、背景和功能分析与评估》和《伦理标准的定量数据》等文件，使科技伦理越来越受到当代国际社会的高度关注。

本书对现代科技发展中出现的问题进行了伦理探析，并倡导一种学界、社会全方位关注的科技伦理意识。全书包括九个部分。引言部分指出当代科技价值与科技风险并存的社会问题，以此引出对科技价值与风险悖论的反思。第一章从科技发展史的角度阐释了科技伦理意识的发展，分析树立现代科技责任伦理意识的必然性。第二章从科研学术规范角度分析了科研规范与科学家的社会责任以及科研伦理意识的养成途径。第三章到第八章以人类重组 DNA 技术、虚拟现实技术、农业转基因技术、网络信息科技、核技术、机器人技术六个发展迅速且影响较大的科学技术领域为线索，深入剖析此类技术在发展和应用中引发的安全、社会等问题，从伦理角度探索其问题的根源及表现，并呼吁一种可行的伦理意识的树立和培养，以此来推动科技健康、快速、高效的发展。

本书以理论分析为基础、以现代科技发展引发的伦理争议为抓手，深入分析现代科技发展带来的风险与问题，并在责任伦理的视角下，探索相应的科技伦理素养的培养与传播途径，以提升广大理工科研究生的科技伦理素养。本书既能满足理工科院校相关专业的教学需求，也可为科技管理岗位的领导提供借鉴。

本书得到了北京科技大学研究生院的科研立项及资金支持，特此表示感谢！

目　　录

引言　科技价值与科技风险

科技发展一路高歌前进，其"双刃剑"效应日益显现，科技乐观主义和科技悲观主义两种思潮同时涌现，甚至出现了针锋相向的局面：一方面在大力讴歌科技的价值、甚至将科技的地位提高到国家创新；另一方面却在审视科技已经引发或可能引发的风险。例如，德国著名社会学家贝克首次系统提出"风险社会"概念来理解现代性社会；美国社会学家查理斯·培罗进一步提出，高度发达的现代文明创造了前所未有的成就，却掩盖了社会潜在的巨大风险，被认为是"社会发展决定因素和根本动力"的现代科学技术正在成为当代最大的社会风险来源；吉登斯则提出"人造风险"概念，并认为"我们所面对的最令人不安的威胁是那种'人造风险'，它们来源于科学与技术的不受限制的推进"。

一、科技价值及其社会功能

著名物理学家、科学学创始人贝尔纳（John Desmond Bernal，1901~1971）在《科学的社会功能》中提出了科学的政治化与社会的科学化两个命题，集中概括了关于科学与社会相互关系的思想精粹。社会诸因素作用于科学，科学也反作用于社会诸因素。贝尔纳分析了不同历史时期科学同经济、政治、教育以及各种意识形态，尤其是同战争相互作用的条件和方式，得出结论说："如果没有科学，人类就无法进步，甚至无法生存"❶ "科学的出现就和人类本身的出现或人类最初文明的出现是同等重要的"。❷

根据贝尔纳的概括，科学对社会的作用表现在三个方面：一是消除可以预防的人类祸患；二是开辟可以满足社会需要的种种新的活动领域；然而更重要的第三方面——它是变革社会的主要力量。前两方面清楚地揭示了社会对科学的制约，或科学对政治的从属；第三方面则集中表现了科学的社会功能，即"科学能干什么"。社会的发展进程将日益成为科学规划、自觉控制的过程。科学不仅是人类向自然争取自由的武器，同时也是人类向社会争取自由的武器。

总之，"科学知识和科学方法正在不断增强地影响思想、文化和政治的全部形式"。❸科学是"构成我们的诸信仰和对宇宙和人类的诸态度的最强大势力之一""人类对宇宙以及人在宇宙中的地位和目的认识，大都是经由科学而得到改革。"❹

1. 文化价值

协调人与自然关系的功能是由科学技术的本质所决定的。因为科技在本质上体现了人

---

❶ 贝尔纳. 二十五年以后//M 戈德史密斯，A L 马凯. 科学的科学［M］. 赵洪州，蒋国华，译. 北京：科学出版社，1985：6.

❷ 贝尔纳. 历史上的科学［M］. 北京：科学出版社，1981：7.

❸❹ M 戈德史密斯，A L 马凯. 科学的科学［M］. 赵红洲，蒋国华，译. 北京：科学出版社，1985：250，260-261.

对自然的能动关系。科学和技术在协调人与自然关系方面担负着各自不同的职能。科学的根本任务是认识自然，体现出发现功能、解释功能和预见功能；技术的基本任务在科学认识的基础上改造自然、利用自然、保护自然和创造人工自然的功能。

科学思想的扩展对人类思想全部形式的改造已经成为一个决定性的因素。换言之，科学不仅在物质层面上影响人类历史的进程，也在观念层面上影响人类历史的进程。"人们接受了科学思想就等于是对人类现状的含蓄的批判，而且还会开辟无止境地改善现状的可能性"。❶ 科学在铸造世界的未来上能起决定性的作用。这就是贝尔纳对"科学能干什么"的回答。

在贝尔纳的心目中，科学处于社会文化的中间层，其底部依托于生产实践，顶部受到哲学思维的辐射，周围则为其他意识形态所包围浸染。科学正是在上述三个方面的推动下向前发展的。作为知识体系，贝尔纳指出，科学与其他的意识形态总是密切关联的。科学的进步，要依赖于非科学的知识背景，受到包括哲学思想在内的种种观念形态的制约。反过来，科学也是推动人类各种思想形式改造的强大动力。

2. 经济价值

科学技术在经济增长中的贡献日见突出，是现代经济的显著特点之一。在经济发达国家，其贡献率已达60%~80%，以至于一国的活劳动总量虽然变化并不明显，而国民生产总值却成倍增加。科学是一种特殊的生产手段，是维持和发展生产的主要因素。贝尔纳指出，从历史上看，科学兴盛的时期是同经济活动和技术的进步相吻合的、同步的。工业革命之后，科学更已成为"人类生产力中主要因素之一"，其"重要性日益增长"。在生产中，科学不仅提供各种技术手段，而且可以提供有效协调这些技术手段的组织形式。因此，科学自身应当被看成一种特殊的生产手段。这同马克思把科学看成一种特殊的生产方式，看成人调节自己同自然关系的一种特殊的生产方式，这同邓小平把科学技术看成第一生产力是完全一致的。

科学通过它所促成的技术变革，不自觉地和间接地为经济和社会变革开路，进而成为社会变革自觉的和直接的动力。因为，"任何人类活动及人类活动的任何部门或领域，都是科学研究的传统主题""经济和社会的进程，将变成彻头彻尾的科学化过程"。❷

据西蒙·库兹涅茨提供的资料，美国1839~1962年共122年间，平均每10年总产值就增长42.5%，而人口增长仅21.6%；俄国1860~1913年共53年间，平均每10年总产值就增长30.2%，人口增长13.8%。❸

3. 政治价值

"任何国家和阶级不利用或不能利用科学，并充分发展科学，就注定要在今天的世界上衰落并灭亡"。❶ 科学的政治化和社会化是科学巨大作用和巨大规模的必然要求，而科学的政治化和社会化又必将导致政治和社会的科学化。

在系统外部，科学还从属于政治。鉴于第二次世界大战前夕法西斯势力猖獗，一大批

❶ 贝尔纳. 科学的社会功能 [M]. 北京：商务印书馆，1982：513.
❷ 贝尔纳. 二十五年以后//M 戈德史密斯，A L 马凯. 科学的科学 [M]. 赵洪洲，蒋国华，译. 北京：科学出版社，1985：26.
❸ 西蒙·库兹涅茨. 现代经济增长 [M]. 北京：北京经济学院出版社，1991：55-57.
❶ 贝尔纳. 历史上的科学 [M]. 北京：科学出版社，1981：26.

·2·

科学家被捆上了纳粹的战车，形势紧迫而尖锐地把科学的社会利用问题摆到了科学家的面前。贝尔纳严肃地指出，科学家决不能对他工作的成果究竟对人类有用还是有害漠不关心，不能对科学应用的后果究竟是使人民境况变好还是变坏漠不关心。否则他不是在犯罪，就是玩世不恭。就科学家或团体总是在力图影响社会而言，他就是在参与政治。

在社会进步势力与反动势力的斗争中，科学家是不可能中立的。一些科学家成为纳粹的附庸甚至狂热的追随者的事实表明，在社会生活领域，在超出科学家狭窄的专门研究范围的时候，科学家往往最缺少理性、最易偏执，因而也最需要坚定正确的政治态度。科学必须成为争取社会主义、和平和自由的人们的同盟军，而不是他们的敌人。

二、科技风险及其社会表现

科技风险与科技价值及其实现密切相关。科技风险是伴随科技价值实现的过程而产生的。20 世纪 50 年代，维纳提出了"新工业革命是双刃剑"的原创命题。之后，人们就用"双刃剑"这一形象的比喻来诠释科技发展对社会、经济和自然界影响的两面性。科学技术既可以造福于人类，也可以给人类带来灾难。人类享受科学技术发展所带来的文明成果，同时也承受着与科学技术发展密不可分的、令人不堪忍受的沉重代价。它的发展一旦失去了人文价值的引导，偏离了大多数人的目的，必然损害人的利益，从而从某种程度上抵消科技发展的正面效益。只有当科学技术的研究与运用有利于人类整体的、长远的生存和发展，有利于人的全面发展和人自身价值的全面实现时，科技发展才具有真正进步的意义。现代生活的方方面面都渗透着科技的因素，科技已经和人类社会融为一体，科技风险因此从根本上说就是社会风险。"风险社会"是德国著名社会学家乌尔里希·贝克首次系统提出来理解现代性社会的核心概念。贝克认为，风险社会的突出特征有两个：一是具有不断扩散的人为不确定性逻辑；二是导致了现有社会结构、制度以及关系向更加复杂、偶然和分裂状态转变。

1. 科技风险的内涵

科技风险是指科学技术在应用过程中可能引发的危害或损害。科技风险是科技价值在实现过程，即被消费、被享受中，科学技术对人或社会所产生的负面效应，来源于科学技术内在的不确定性。当今社会中，科技风险的社会负面影响越来越多地呈现出来。正如美国社会学家查理斯·培罗所说，高度发达的现代文明创造了前所未有的成就，却掩盖了社会潜在的巨大风险，被认为是"社会发展决定因素和根本动力"的现代科学技术正在成为当代最大的社会风险源。[1]

科技发展和应用引发的科技风险，即吉登斯提出的"人造风险"。"我们所面对的最令人不安的威胁是那种'人造风险'，它们来源于科学与技术的不受限制的推进。科学理应使世界的可预测性增强，但与此同时，科学已造成新的不确定性——其中许多具有全球性，对这些捉摸不定的因素，我们基本上无法用以往的经验来消除。"[2]

德国社会学家 W. 科布恩将科技的风险特性称为"风险包含"。随着近年来技术创新的加速，对科学知识的运用日益变成了在实验室之外对包含风险的技术的检验过程。这种检

❶ Perrow C. Accident's in High – risk System [J]. Technology Studies, 1994 (1)：23.

❷ 安东尼·吉登斯. 现代性的后果 [M]. 田禾，译. 南京：译林出版社，2000：115.

验的必然性和必要性突破了传统实验科学的界限，使社会本身变成了实验室，从而因实验结果的不确定性而提高了社会的风险水平。❶

科技风险不仅带来了生态的破坏，而且还直接影响到了经济、政治、文化等社会的多个方面。信息技术与经济的结合发展使金融危机一旦发生就将波及几乎所有国家的经济运行；核武器的发展则直接导致了国家间基于政治目的的战争烽火；在社会领域，生物技术挑战了几千年来形成的伦理规范；在文化领域，科技风险已开始被越来越多的人所了解，而这本身就构成了一种风险文化。在风险面前，人们看到的是越来越多的不确定性。

科技哲学界流行一个墨菲法则，这个法则最简举地说就是"凡事可能出岔子，就一定会出岔子"。

2. 科技风险种类

（1）人为性风险

当代科技风险主要来源于人类自己的决策，即"人造风险"，更确切地说来源于现代科技的发展。首先，来源于技术化环境的风险。古代的灾难一般都是外部对人类的打击，因此都可以归之于自然的神秘力量。但随着科技的发展，自然便逐渐退化为人类控制与利用的对象。然而，技术的成功却带来了新的风险形式，生态危机、全球环境变化、各种新的变异病毒（禽流感、SARS、疯牛病、甲型 H_1N_1 流感等）开始向人类科技挑战。生物技术和信息技术的深入发展则早已超越了纯粹的科学技术本身而是向人类自身提出了质疑。人工智能对于人类自身的潜在威胁成为世界的焦点。2010 年 5 月 20 日，美国科学家宣布"完全由人造基因控制的单细胞细菌"研制成功，这意味着世界首例人造生命的诞生，由此它被命名为"人造儿"。生物技术正在颠覆"进化"的概念，同时带来了前所未有的对于人的价值、伦理和意义的冲击。不过令人遗憾的是，现代科技本身似乎也无法为此给出任何确定的预防机制或解决措施。现代的"生态威胁是社会地组织起来的知识的结果，是通过工业主义对物质世界的影响而得以建构起来的"。❷

"人造风险"具有不可预测性、不可控制性、跨时空性等特征，由于控制研究比控制应用更为实际可行，所以，科学家在高度负责地推进科技创新时，还应对科技风险负更大责任。由此引出一个棘手的问题：就科学家的最终产物而言，科学家是否或在什么程度上对他的发现负有责任。例如，爱因斯坦发现了质能公式，他对原子弹出现和现在人类面临的核威胁负有什么样的责任？如果这样追溯责任，那么责任主体的确定就会出现鲍曼所类比的情况："有罪过，但无犯过者；有犯罪，但无罪犯；有罪状，但无认罪者！"❸

（2）制度化风险

技术经济的发展，科技成果的应用，现代的经济、政治和法律制度等一起为工业风险负责，同时也意味着当代科技风险固定责任人的缺失，德国社会学家贝克则称之为"有组织的不负责任"。制度化风险的发展同现代科技与制度的结合密切相关。典型的例子就是现代经济制度。现代的一系列经济制度在某种程度上为人们提供了风险的激励机制（如投资市场、股票市场和金融市场），同时各种制度为人类的安全提供了一定的保护，但这种制度潜藏的无法控制的因素又带来了新的风险，即制度性风险。当代风险的决策性质使得风险

---

❶ 赵万里. 科学技术与社会风险 [J]. 科学技术与辩证法, 1998 (3).

❷ 安东尼·吉登斯. 现代性的后果 [M]. 田禾, 译. 南京：译林出版社, 2000：96.

❸ 肖峰. 哲学视域中的技术 [M]. 北京：人民出版社, 2007：324.

超越了外部而成为一个社会和政治问题，而这种决策"是由整体组织机构和政治团体做出的"。❶

2008 年全球金融危机从某种意义上讲也是这种制度化风险的表现。金融工程技术这一知识体系包括了金融学、经济学、数学、统计学等。在投资银行满怀信心地利用精湛的金融工程技术的同时，却忽视了当代科技风险已远远超越了科技自身，它是一种社会问题并涉及多方利益主体。金融工程技术增加了金融交易的环节，所带来的一种社会负效应就是疯狂的投机，由此又加剧了金融衍生品的滥用和房地产的泡沫。这种社会负效应是排除在金融工程技术的知识体系和评估体系之外的。传统风险评估局限在封闭的依据共同契约的科技专业人员共同体中，排除了共同体之外的任何因素的渗入与参与。但是，在当代的科技风险面前，这种封闭的以范式为基础的科学实践不再适用。当代科技风险处理的问题涉及一个复杂的系统，它不仅要求科学内部评估的有效性，而且涉及一个范围更加广泛的领域，同时在经济、政治、社会等各领域具有影响。金融工程技术所隐藏的另一种风险来源于其方法论，金融工程的方法是数学建模、数值计算等工程技术方法，而当代科技风险的另一个显著特征就是其"不可计算性"。

3. 科技风险的特点

首先，科技风险呈现普遍性。随着新科技革命的展开，在当代，科技风险问题比以往任何时候都变得更加普遍。各种高新技术发展的风险问题空前涌现出来，包括生态风险、基因技术风险、网络风险、核生化技术风险、纳米技术风险、航天技术与太空风险等。20世纪中期以来，关于科技风险的讨论主要分为以下几个阶段：20 世纪 50 年代至 20 世纪 70年代初期是第一个阶段。这一时期的争论主要是科学技术专家关于核能控制和评估中的风险研究，相对而言，普通公众对科技风险的讨论比较微弱。风险的应用领域则主要限于经济的范围，风险评估也基本限于概率、数学函数或模型等可计算的范围之内。由此看出，此时的风险定义带有明显的经济学色彩。在 20 世纪 70 年代发生了一个转向，这一时期越来越多的批评者和新技术的反对者开始主导风险问题的争论，公众开始质疑高科技的后果带来的负效应，"风险"问题越来越超出科学家和技术专家的概率计算范围，逐渐向公众化、社会化和政治化转移，不断引起新旧价值观的冲突与变化。风险研究也开始关注个人心理学的因素，个人的感知、偏好、背景、信念等更多主观性的东西被融入风险研究中。"这些因素证实了对风险的直觉理解是一个多维度的概念，不能化约为概率和后果的乘积"。❷ 20 世纪 80 年代之后，人们对风险问题展开了全方位的讨论。1986 年切尔诺贝利事件成为风险问题研究的转折点，此后，风险问题突破了核能的狭隘领域而扩展到生物技术、科技伦理、全球生态问题等多个领域，风险分析也广泛涉及社会学、政治学、文化理论等各社会科学领域。同时，各种协会组织及广泛的社会成员也加入到风险研究与讨论中来。风险问题带来的全球冲突使人类社会面临着前所未有的挑战，并开始对现有的社会制度造成冲击。正是在这一阶段，"风险"被赋予了新的含义。

其次，科技风险呈现不确定性。当代科技风险逃离了人们的感知能力，以放射性、基因变异、空气和水中看不到的毒素等无法明显感知的形式存在。对它们的"感知"则"只

---

❶ 乌尔里希·贝克. 世界风险社会 [M]. 吴英姿，孙淑敏，译. 南京：南京大学出版社，2004：68.

❷ Allen F W. Towards a Holistic Appreciation of Risk：The Challenge for Communicators and Policy Makers [J]. Science Technology and Human Values, 1987, 12 (3/4)：138 – 143.

出现在物理和化学的方程式中（比如食物中的毒素或核威胁）"，❶ 并依赖于科学知识的界定。"人们关注的焦点正越来越集中在那些受害者既看不见也无法感知的危险之上；……在任何情况下，这些危险都需要科学的'感受器'——理论、实验和测量工具——为的是使它最后变成可见和可解释的危险。"❷ "不可感知性"不等于风险并不存在，而是说明它的表现形式较之以前更加隐蔽、模糊和不确定。除非发生了实际的核泄漏并造成了影响，或者出现了禽流感的感染病例，否则人们并不明确地知道正在应用的一些技术到底会产生哪些影响、影响的范围是多大、有多大的可能性造成严重后果。科学家和技术专家们只能在方程式和统计数据中发现一些蛛丝马迹，但对于现代风险而言，其作用也是相当有限的。这种"不可感知性"和"知识依赖性"表明了当代科技风险具有现实的和建构的双重属性。风险的本质不在于它正在发生，而在于它可能会发生，因此我们不能将其作为既存的外在之物去观察它，在这个意义上，必然是建构的。但我们不能随心所欲地建构风险，相反，风险正是在建构过程中被逐步揭示的，必须结合那些保证其存在的技术敏感性和技术诀窍。❸ 风险的客观可能性的存在是前提，在此基础上，风险在媒体、科学或法律等知识媒介中被转变、夸大或削减。在工业社会早期，工业发展带给人们的景象是：弥漫在伦敦空气中的煤烟，下水道恶臭的有毒水汽，德国工业中心上空长期的灰黄色的烟幕等。这些危险明显地刺激着人们的眼睛和鼻子。

再次，科技风险呈现全球性。科技风险全球化的规模和速度随着科技社会一体化的进程也逐渐呈现加速趋势。科技风险的全球性特征与科学技术纵向的日益分化以及横向的高度综合密切相关，而在此基础上形成的大科学系统更是加强了科学技术的全球化进程。在大科学的时代里，没有任何一个单独的国家或团体能够控制整个科技项目的发展，同样，科技风险也不可能只在某一特定的区域爆发，它往往给各个国家甚至整个世界带来无法预测的后果。另外，当前科学技术已经渗入经济、政治、军事等社会的各个领域，而大科学的出现也将整个世界的经济、政治以及社会生活联系在一起，科技的全球化势必带来风险的全球化。正如贝克所指出的：在这个疆域消失的科技全球化时代，风险也就必然全球化了。因此，科技全球性的世界已然形成全球风险世界。❹ 全球风险为世界各国带来了新的国际不平等，如危险的工业已从发达国家转移到低工资的第三世界国家，而越贫困的国家承受的风险可能性越大等。但最终，当代科技风险是全球性的，风险的制造者和从中受益者也终将承受风险带来的不良后果。在科技迅速发展并具有决定性意义的今天，科技风险也必将成为制约人类社会持续发展的不容忽视的力量，因此，必须引起足够的重视与全面的反思。

最后，科技风险呈现不可计算性。"可计算性"风险的基础是统计学及概率计算。核能的、化学的、基因的、生态的大灾难摧毁了以科学和法律制度建立起来的风险计算的逻辑基础。科技风险的不确定性大大增加并逃离了人们的感知范围和可预测范围，它不仅涉及某一物质性危害的结果，而且可能包含多种物质的和非物质的灾难，而原因则可能来源于多种途径。正如贝克所说，所谓可计算和可选择的安全不包括核灾难，也不包括气候变迁

❶❷ 乌尔里希·贝克. 风险社会 [M]. 何博强，译. 南京：译林出版社，2004：20，26.

❸ 芭芭拉·亚当，乌尔里希·贝克，约斯特·房·龙. 风险社会及其超越——社会理论的关键议题 [M]. 赵延东，马缨，译. 北京：北京出版社，2005：3.

❹ 薛晓源. 前沿问题前沿思考：当代西方学术前沿问题追踪与探询 [M]. 上海：华东师范大学出版社，2005：55.

及其后果,不包括亚洲经济崩溃,亦不包括低概率但高效果的未来技术的各种形式的风险。事实上,大多数引起争论的技术,比如遗传工程,是没有个人保险的。全球性的灾难后果使金钱补偿机制失效了;预防式的事后安置因致命灾难情况下可想象的最坏情形而被排除;对于结构进行检测的安全概念失效了;"事故"成为一种有始无终的事件,在时间上无休止地蔓延,从而正常的标准、测量的程序以及计算的基础均被破坏了。❶

三、科技风险的认知

当代有关政府管理部门、科技专家与科技风险理论研究者一直对是否应该将公众对科技风险认知的问题纳入到科技政策制定中存在着争论。

1. 科技专家的风险认知

玻尔得知原子弹用于战争武器的时候,发表了一篇题为"科学与文明"的文章。玻尔写道:"通过原子裂变所释放出来的能量,意味着人类力量的一种真正革命。这种可能性的实现在每个人的心中必然呈现出一个问题:自然科学正把问题放在何方?"❷ 这篇文章刊登在美国的《科学》杂志上。玻尔说:"人类已经能够获得这种可怕的破坏力量,有可能变成致命的威胁。人类文明正面临着一场可能是空前严重的挑战;人类的命运将取决于人类是否能团结起来,消除共同危险,并协同行动,以便从科学进步所提供的机会中获得利益。"❸

一是科技专家与公众对科技风险态度的矛盾。许多科技专家通常认为公众对科技风险的认知是层次较低的,甚至是毫无道理的。如一位著名核物理学家声称:"对核辐射的恐惧已经使公众发疯。我特意使用'发疯'这个词,是由于其含义是缺乏与现实的联系。公众对核辐射危险的理解实际上已经与科学家理解的实际风险毫无关联。"❹ 虽然科技专家对公众的科技风险认知问题持反对态度,但是公众对科技风险的恐惧仍然存在。这彰显了公众在"有限理性"基础上对科技风险的认知与较为熟悉科学技术的科技专家对科技风险的认识之间存在着矛盾。

二是科技专家与其他专家对公众认知科技风险的态度的矛盾。一般来说,科技专家反对将公众认知科技风险的状况纳入到对风险分析以及科技政策的决策过程之中,而心理学专家的研究表明,科技专家对科技风险的评估相对于公众来说显得过于狭隘、单一,而公众对科技风险的认识更为丰富和复杂。不管公众所持的观点是否是正当的、合理的,政府有关机构和科技专家在进行风险分析和政策决策时都应该将公众的观点纳入其中。❺

2. 公众对科技风险的认知

伦理价值,主要取决于公众在社会文化的大背景下的道德伦理价值观念,这也是影响公众判断科技风险的重要因素,如公众对"克隆人"等的接纳程度以及所持态度等。

美国生态理论批评学家斯洛维克等通过心理测量等方法分析公众感知的各种风险因素,

---

❶ 乌尔里希·贝克. 世界风险社会 [M]. 吴英姿,孙淑敏,译. 南京:南京大学出版社,2004:72.

❷ 白彤东. 实在张力:EPR 论争中的爱因斯坦、玻尔和泡利 [M]. 北京:北京大学出版社,2009:97.

❸ 派斯. 尼尔斯·波尔传 [M]. 戈革,译. 北京:商务印书馆,2001:102.

❹ 谢尔顿·克里姆斯基,多米尼克·戈丁尔. 风险的社会理论学说 [M]. 北京:北京出版社,2005:165.

❺ Dupont R L. The Nuclear Power Phobia [J]. Business Week,1981 (7):14-16.

构建了不同风险因素所对应的公众对科技风险认识态度分析图。他们发现，公众对科技风险的感知、态度与该风险在因子空间内的位置紧密相关。❶ 他们把公众对科技风险因子的感知情况用一个坐标轴来表示，其中横轴（向右为无限恐惧）作为一个重要因子"恐惧风险"，竖轴（向上为无穷未知）作为另一个重要因子"未知风险"；第一、二、三、四象限，则是通过各种风险感知的因素进行分析所得出的公众对科技风险的态度。

在第一象限，主要包括 DNA 技术、核反应堆事故、卫星坠毁、超音速运输机等公众不熟悉的科技风险因子，但公众对这些科技风险因子非常恐惧，因为他们认为此类科技风险不具有可控性，因此，他们对此类科技风险最不能接受。相对第一象限的第三象限，主要包括电线、电气、动力割草机、摩托车等公众非常熟悉的科技风险因子，公众认为存在的风险习以为常，在心理上能够接受这样的风险。第二象限，主要包括微波炉、诊断 X 射线、抗生素、达尔丰（镇痛药）等生活中所涉及的科技风险因子，公众对这个领域中出现的科技风险因子不熟悉，但并不对它们感到恐惧，因此，他们在态度上能够"自愿"接受这样的科技风险因子的存在。第四象限，主要涉及手枪、车祸、核武器、煤矿事故等公众熟悉的科技风险因子，公众认为此类科技风险具有可控性，因此对这个领域的科技风险能够基本接受。❷ 从斯洛维克的分析可以看出，公众通过对科技风险因子的感知情况赋予科技风险不同的态度，这些不同态度的出现与公众的个人认知以及社会文化等因素有关，这些因素会影响公众对科技风险因子的认识程度，从而表达出自己对科技风险的不同态度。

个人经验主要指发生科技事故的当事人或受害者的个人经历过程及其主观感受。由于处于科技事故发生的现场，在经济上遭受损失的同时，个体的心理和精神也会遭受一定程度的创伤，他们对此类科技事故产生了极度的恐慌感。由此，他们在向外界传播自己对科技风险的认识时，可能会夸大此类事故，其信息传播将会对公众的科技风险认知程度有极大影响。正如罗杰·E.卡斯珀森所说："比起人类遭受的伤害与不幸，人类在灾难性事件的负面直接后果面前的暴露程度似乎对风险感知与社会群体的动员影响更大。"❸

个人的感知因子大致包括信息理解和处理能力、自身情感因素、直觉判断能力、知识与经验、态度五个方面。个人对信息的理解和处理能力，是影响公众认识科技风险的主要因子。当今科学技术迅速发展，但通过直接接触科学技术来了解科技知识的公众很少，通过亲身体验或经历来直接感受科技风险的公众就更少。相反，公众对科技知识的了解和对科技风险的认识大都是通过社会沟通与学习途径来获得。从一定意义上讲，个人对科技风险感知的过程及产生的态度，就是个人对媒体信息等进行识别、选择、加工、处理，最后通过判断得到最终结果的过程。因此，个人的信息理解和处理能力显得尤为重要。正如卢曼所说："风险感知与其说是经验或个人的证明的产物，不如说它是社会沟通的产物更为准确。"❶ 个人自身情感因素，是个人理解和处理信息能力的一个重要影响因素，也是影响个人认识科技风险的主观因素之一。公众在认识和判断科技风险的过程中，并不是像科技专家那样，对科技风险进行理性、逻辑的分析和判断并得出一个量化的具体数据；相反，公众大多是通过"感性的、直觉的、情感的、情绪的"判断方式来赋予科技风险不同的内涵，

❶❷❸ 谢尔顿·克里姆斯基，多米尼克·戈丁尔.风险的社会理论学说［M］.北京：北京出版社，2005：129 - 138，187.

❶ Ortwin Renn, Bernd Rohmann. Cross - cultural Risk Perception：A Survey of Empiricil Studies［J］. Preenwood Publishing Croup, 1985：16.

并表明自己的态度。因此，包括心理、态度、情感等个人情感因素的综合表达，影响个人对科技风险感知的态度。具体来说，当公众或个体对某种科技风险的认知带有消极的情感时，就会持有"臆断和虚夸风险"的态度，此时，公众或个体对此科技风险会非常恐惧并加以排斥；但当公众或个体对某科技风险的认知带有积极的情感时，会表现出一种"正常"或"不屑"的态度，此时，公众或个体则能够或愿意接受该科技风险。因此，情感因素干扰并影响公众对科技风险的认知，所表达出的对科技风险的认知程度与实际水平必然会有所偏差。个人基于自身的直觉判断，直接影响个人的风险认知，进而影响对科技风险的判断水平。因此，个体在认识、判断科技风险的过程中，由于个人自身"风险感知中的直觉偏见，包括可得性、固化效应、代表性以及避免认知不一致等"，❶ 对科技风险的认知和判断结果可能会与科技专家建立在理性基础上的科技风险评估存在较大的偏差。"固化效应，是指个体的风险感知存在一种'路径依赖'效应，人们通常会依据自己所掌握的信息、自己的生活经历等因素对技术风险作出带有明显个人'烙印'的判断，个体所感知到的风险会被可得信息或感知到的信息重要性所调整。"❷ 因此，固化效应会使得人们在感知科技风险的过程中，让自己对科技风险的认知程度与原有的认知模式相靠拢，导致个体所感知到的科技风险水平与实际科技风险水平不相吻合。

代表性主要是说明个人的一些亲身经历或在生活中遇到过的印象深刻的科技风险事件，这样的个体往往会认为科技风险比较大。"某些信息对构成一个现存的信仰系统之一部分的概率感知形成了挑战，这些信息要么被忽略，要么被轻视。"❸ 因此，这将会直接影响公众对科技风险的认知水平。

温斯坦为公众提供电磁和氡的有关信息，证明了公众得到相关的知识后对电磁和氡所带有的风险有了一定认识，因此，知识和经验能够提高公众对科技风险的认知水平，由于有了相关知识，公众就会越发关注此类科技所带来的风险。❹ 但贝尔德在砒霜挥发实验研究中发现，公众虽然知道砒霜的危害性，但他们并不特别关注此类风险。❺ 个体的认知态度，即个体对科学技术的乐观或悲观态度。个体的认知态度会直接影响公众对科技风险的认知水平。博尔切丁等建立了公众对环境保护、科技发展等态度的强烈程度与公众认知其领域科技风险水平的"结构方程模型"，得出的结论是：公众对该领域的态度越强烈，表明影响他们对该领域的科技风险认知水平就越高。❻

达尔斯通过多重研究和实践工作的总结，认为人的心理趋向即对科技的乐观或悲观态度对科技风险的认知水平具有巨大的影响。达尔斯发现，具有"灾难人格"的悲观态度的人，一般会高估科技风险，他们的风险意识相对较高。因此，他们自己特别怕自身暴露于某种危险之中，而这种恐惧程度通常取决于公众对这种风险的恐惧排序位置。而持有乐观

---

❶❷　毛明芳. 现代技术风险的生成与规避研究 [D]. 北京：中共中央党校，2010：75，76.

❸　Ortwin Renn, Bernd Rohrman. Cross - cultural Risk Perception：A Survey of Empiricil Studies [J]. Preenwood Publishing Group, 1985：28.

❹　Weinstein N D, Sandman P M, Roberts N E. Determinants of Self - protective Behavior：Home Radon Testing [J]. Journal of Applied Social Psychology, 1990 (20)：783 - 801.

❺　Baird B N R. Tolerance for Environmental Health Risks：the Influence of Knowledge, Benefits, Voluntariness and Environmental Attitudes [J]. Risk Analysis, 1986, 6 (4)：425 - 436.

❻　Borcherding K, Rohrmann B, Eppel T A. Psychological Study on the Cognitive Structure of Risk Evaluations//Brehmer B, Jungermann H, Lourens P, et al. New Directions in Research on Decision Making [M]. Amsterdam：Noeth - Holland, 1986：19 - 26.

态度的人总是存有一种风险不会发生在自己身上的乐观主义心态,他们对科技风险采取一种冷漠的态度,认为自己对某种高科技了解较多,因此,对科技风险认知的水平较高。❶ 由此来看,个人的主观态度对科技风险的认知程度有很大的影响。

总体来看,个体主观认知的多重因素都将直接或间接地影响他们对科技风险的感知,表达自己对科技风险的态度与看法。

3. 政府管理机构对科技风险的认知

政府管理机构主要指在科技事故发生后对公民具有保护责任的政府有关机构,一般由科技专家、政府官员等组成,他们负责将科技事故有关信息准确地通过相关媒体进行传播。

政府部门之间的沟通。疯牛病事件的核心在于如何处理风险,在事件的处理中,政府并不是毫无举措,但是不同部门之间缺乏很好的沟通和配合,所以措施并不总是能够被及时而充分地贯彻和执行,降低了措施的功效。因此,政府部门之间必须进行有效的沟通,这是措施执行功效的保证。

政府与科学家之间的沟通。在疯牛病事件中,政府显得并不重视独立科学家的意见,这也是促使事态恶化的原因之一。因此,如何有效地利用科学家的意见并与科学家进行有效沟通,是一个需要反思的重要问题。疯牛病调查报告建议设立由所有相关领域专家组成的科学顾问委员会以解决这个问题。需要注意的是,委员会应当客观和独立于政府,这样才能发挥委员会对科技政策进行建议和监督的作用。

政府与公众之间的沟通。英国政府没有就疯牛病对人类的风险的可能性与公众进行很好的沟通。前任保守党政府高级官员和科学家曾多次误导公众,所以当政府宣布疯牛病可能传染给人类时,公众感到他们被出卖了。之所以会这样,很大程度上是由于当时的政府认为,公众作为不具备专业科学知识的群体无法对事态做出理性的判断。科学知识以往常常被看作是态度的直接决定因素,但之后欧洲晴雨表的一系列调查说明,公众所持的态度与他们所具备的科学知识之间没有直接的对等关系,公众有自己的判断能力,而且这种能力更多地来自其社会背景,并且与具体的生物技术种类有关。因此,政府应当与公众进行有效的沟通,而不是把公众仅仅当作一个被动的受体。这一点在国内的食品安全事件中也有明显的体现,政府在信息沟通上已经有了很大的进步,信息发布速度加快,信息量加大,但是这种沟通更倾向于告知而不是沟通,表现为单向性。这样的一个结果就是,政府与公众之间的交流和信任缺乏坚实基础;而另一个结果是媒体的角色进一步放大,易于导致媒体进行选择性曝光、炒作,缺少约束条件,也在一定程度上削弱政府公信力。

4. 媒体对科技风险的认知

媒体主要指能够传播科技风险信息的媒介,即传播科技风险信息的载体和平台。媒体"在社会对灾难事件的反应中,明显存在高度的'理性'。媒体报道的数量大致与直接的物质性后果的严重程度成正比"。❷ 在当今时代,随着互联网和移动媒体的出现,信息的传播渠道更加多样化,传播速度更加快捷,特别是博客、维基、播客、论坛、社交网络和内容社区等社会化媒体的出现,更加促进科技风险信息的公开化和公众参与程度的提高。如果媒体对科技信息的报道有所偏差,将会使得公众对科技风险的理解出现偏差,严重者会导

---

❶ Starr C. Social Benefit Versus Technological Risk:What is Our Society Willing to Pay for Safety? [J]. Science, 1969 (165):1232 – 1238.

❷ 谢尔顿·克里姆斯基,多米尼克·戈丁尔. 风险的社会理论学说 [M]. 北京:北京出版社,2005:186.

致公众对风险管理机构进行谴责甚至产生不信任感和冷漠的态度。

社会群体的社会动员对公众认知科技风险有重要影响，而社会动员与社会媒体报道有重要的关联，"高密度的媒体报道似乎激发社会动员"。❶当社会群体都在关注科技事故时，公众作为社会群体的一部分，他们对科技风险的认知程度会直接受到所在群体对科技风险的态度、价值观与期望值的影响，并且可能会产生对物理环境的疏离，降低对科学技术的认可程度。

5. 社会群体对科技风险的认知

社会群体指通过一定的社会互动和社会关系结合起来并共同活动的人群集合体。社会文化因子，主要包括专家和机构信息的准确和客观程度、伦理价值、不同群体文化、国家和地区文化差异。专家、机构提供信息的准确度和客观程度，主要体现在专家、机构给公众提供的科技信息的准确性、客观性上。如果专家、机构为公众所提供的信息不够准确、客观，将直接影响公众判断科技风险的水平。

不同群体文化，主要是指科技机构、政府机构、企业机构等领域人员基于不同的知识背景与利益群体，对科技风险的认识角度也有所不同，所以，这些群体的亚文化对公众认识科技风险的角度和水平具有很大的影响。国家、地区的文化差异，会导致不同国家、区域的公众对科技风险的认识程度和角度不同，特别是在全球化的今天，这些不同的认识将可能会波及各个国家，因此，作为科技风险认知的异域文化将会影响本土公众对科技风险的认知。

四、科技价值与风险悖论原因

1. 悖论的内在原因

从科技发展的角度来讲，科学认识是一个过程，按照波普尔的观点，科学是可错的。

（1）科学真理的相对性

作为知识体系，科学并非一座僵死的储仓，它同时也是一种方法，既是探索奥秘寻求真理的方法，也是"关于如何去做事情"的方法。也就是说，既是认识方法，又是指导实践、改造事物的方法。作为知识体系，贝尔纳指出，科学与其他意识形态总是密切关联的。科学的进步，要依赖于非科学的知识背景，受到包括哲学思想在内的种种观念形态的制约。反过来，科学也是推动人类各种思想形式改造的强大动力。

进入 20 世纪，由牛顿经典力学构造的完全确定的世界图景开始动摇。爱因斯坦的相对时空观否定了牛顿的绝对时空观，量子力学的不确定性原理彻底打破了拉普拉斯决定论的自然图景，自然科学的发展也日益表现出非线性和不确定性的一面。

英国著名科学哲学家卡尔·波普尔的否证式科学发展观打破了传统逻辑实证主义关于科学理论发展的确证性原则，深入揭示了科学知识的相对真理性的一面："消除错误导致我们的知识即客观意义上的知识的客观发展，导致客观逼真性的增长，它使得逼近（绝对的）真理成为可能"❷"只要自然科学在思维着，它的发展形式就是假说"❸"拥有无条件的真理

❶ 谢尔顿·克里姆斯基，多米尼克·戈丁尔. 风险的社会理论学说［M］. 北京：北京出版社，2005：186.

❷ 波普尔. 客观知识［M］. 上海：上海译文出版社，1987：135.

❸ 恩格斯. 自然辩证法//马克思，恩格斯. 马克思恩格斯选集：第 3 卷［M］. 北京：人民出版社，1972：561.

权的那种认识是在一系列相对的谬误中实现的"❶ "我们的知识对于客观的、绝对的真理的接近的界限是历史地有条件的，可是这个真理的存在是无条件的，我们逐渐接近于它是无条件的"。❷ 只不过，科学知识的这种相对性长期以来都被人们忽视了，在物质财富面前，"知识在谬误中前进"被迫退到了幕后，这种忽视是产生当代科技风险的重要原因。

（2）科学知识的非理性

在 20 世纪中后期逐渐形成了以汉森、托马斯·库恩和费耶阿本德等为代表的历史主义学派，从而使科学成为一种发展知识的方法论框架或理论范式，并受历史条件的制约。库恩的"范式"理论是这一时期最具代表性的观点。所谓范式，是指从事同一个特殊领域研究的学者所持有的共同信念、传统、理性和方法。范式决定了科学家的世界观、价值观、信念体系、思维方式等，同时科学知识的意义和标准也由范式给定，是历史的和相对的。以库恩的历史主义解释为契机，在 20 世纪末，涌现出了一股由社会学家掀起的对科学知识进行社会学的研究和解释的思潮。默顿的科学社会学阐明了科技活动不仅不可避免地受到外部社会诸因素的强烈影响，而且在内部也是社会化的存在。之后，以"爱丁堡学派"为代表的科学知识社会学则将科学知识完全纳入了社会的范围。科学知识中社会因素的渗透进一步增加了这种不确定性。从逻辑实证主义到历史主义再到科学知识社会学表现了科学知识由确定性向不确定性、由绝对真理性向非理性的转换过程。这一过程尽管存在一定程度的非理性主义和相对主义的局限性，但是他们提出的科学中的非理性因素对于打破知识的盲目信仰是有积极意义的。非理性因素在科学中确实存在，它在一定程度上表明了人的认识水平的有限性，同时也揭示了科学知识中真理性和相对真理性、确定性和不确定性的辩证统一。

2. 悖论的社会原因

在研究实践中，科学家必须考虑其所进行的研究可能产生的伦理问题，但责任担当却是一种复杂的行动。

因为在大科学背景下，科学研究的行动可能性在很大程度上依赖于社会系统所提供的资源。这意味着科学研究不仅需要符合科学的内部标准，它还会遇到来自经济、政治、文化等其他社会建制的伦理标准的制约。

由于科学建制以外的其他社会建制对于科学的价值立场通常取决于科学应用的示范效应，这就难免发生科学行为的内部标准与社会伦理标准间的价值冲突。❸ 显然这是现代社会科学争论事件频发的深层原因。在当今大科学时代背景下，科技已成为一种具有特殊战略意义的产业。

1）在工程技术层面，由于科技与市场直接对接，与经济利益有着最为直接的联系，因而离不开经济伦理的规范与约束。

2）在科学研究层面，作为职业化的科学家要主动承担科学研究的伦理责任，并尽可能客观、公正、负责任地向公众揭示科学技术的潜在风险。

3）在科技环境层面，作为主体的政府、企业团体等对科技的决策与发展战略决定着科

❶ 恩格斯. 反杜林论//马克思，恩格斯. 马克思恩格斯选集：第 3 卷［M］. 北京：人民出版社，1972：126.
❷ 列宁. 唯物主义与经验批判主义［M］. 曹葆华，译. 北京：人民出版社，1957：128.
❸ 张华夏，刘华杰. 科学发展与伦理问题//江晓原，刘兵. 我们的科学文化——伦理能不能管科学［M］. 上海：华东师范大学出版社，2009.

技"是天使还是魔鬼",因而生态和谐的伦理理念当是其行动的指南。就公众主体而言,应该自觉参与科技活动,不断提高科技素养。

五、参考文献

[1] A 麦金太尔. 德性之后 [M]. 北京:中国社会科学出版社, 1995.

[2] 李庆臻, 苏富忠. 现代科技伦理学 [M]. 济南:山东人民出版社, 2003.

[3] 章海山, 张建如. 伦理学引论 [M]. 北京:高等教育出版社, 1999.

[4] 王树茂, 陈红兵. 现代科技与人的心理 [M]. 天津:天津科学技术出版社, 2000.

[5] 余亚平, 李建强, 施索华. 伦理学 [M]. 上海:上海交通大学出版社, 2002.

[6] 何怀宏. 底线伦理 [M]. 沈阳:辽宁人民出版社, 1998.

[7] 埃利希·若伊曼. 深度心理学与新道德 [M]. 高宪田, 黄水乞, 译. 北京:东方出版社, 1998.

第一章　科技伦理意识的发展

科技伦理意识指的是人们关于科技发展与伦理道德关系的反思及观念建构。伦理道德在人类生存世界中担负着特殊的价值角色。纵观科技伦理学的发展，伦理学是人类对技术的一种常态反思。诸如医学伦理、计算机伦理、纳米伦理等就是科技伦理学的分支领域。美国科学社会学家巴伯认为："科学像所有社会组织起来的活动一样，是一项精神事业。也就是说，科学不能仅被看作是一组技术性和理性的操作，而同时还必须看作是一种献身于既定精神价值和受伦理标准约束的活动。"

美国《未来学家》杂志上的一篇文章指出，"唯一真正有帮助的力量是个人的良知和个人的价值准则"。❶ 美国学者斯皮内洛在其著作《世纪道德——信息技术的伦理方面》中指出："社会和道德通常很难跟上技术革命的迅猛发展，技术的步伐常常比伦理学的步伐要急促得多，技术的力量所造就的社会扭曲已有目共睹，被技术支配的危险就在身边"。❷

马克思曾指出的："技术的胜利，似乎是以道德的败坏为代价换来的。随着人类越控制自然，个人却似乎越成为别人的奴隶或自身的卑劣行为的奴隶。甚至科学的纯洁光辉仿佛也只能在愚昧无知的黑暗背景上闪耀。我们的一切发现和进步，似乎结果是使物质力量具有理智生命，而人的生命则化为愚钝的物质力量。"❸ 这就是所谓技术的"双刃剑"效应，网络等现代科学技术的双重效应更是一种典型的现象。网络技术的负效应实质反映了人自身的一种危机，这种危机实际上是人的文化伦理危机，是人的生存方式和实践方式的危机。

一、科技伦理辨识

科技伦理因人类的生命安全与健康、环境污染、生态破坏、核武器，尤其克隆技术的发展而被人们日益关注。中国社会科学院哲学所殷登祥研究员认为："在高新技术时代，社会产生了技术恐惧症，便产生了伦理问题。"❹ 而理解"科技与伦理的关系"成为现时代的人们必须正面回答的一个难题，而对科技哲学价值和影响的揭示则是破解这一难题的努力，并在此基础上为推动哲学观念的变迁和技术革命的进步提供一种尝试。

1. 科技伦理思想内涵

伦理其本意是指事物的条理，也指人伦道德之理。"伦"指的是人与人之间的关系，"理"指的是分类条理，"伦理"主要是指人与人相处而发生的道德关系。延伸来讲，伦理反映客观事物的本来之理，同时也寄托了人们对同类事物应该具有的共同本质的理想，这

---

❶ 埃瑟・戴森. 数字化时代的生活设计 [M]. 海口：海南出版社，1998：112.
❷ 理查德・A 斯皮内洛. 世纪道德——信息技术的伦理方面 [M]. 刘钢，译. 北京：中央编译出版社，1999：2.
❸ 马克思，恩格斯. 马克思恩格斯全集：第 12 卷 [M]. 北京：人民出版社，1956：4.
❹ 殷登祥. 生态伦理学 [M]. 西安：陕西人民教育出版社，2004：14.

种理想付诸人类社会的生产和生活实践之中，产生出调节人类行为的规范。科技伦理是指与科技活动相关联的人的行为规范，是约束科学家和科学共同体的一种准则。它反映了人类对科技活动的共同理想，是科技活动中人或事物之间本质类同的基本原理和理想境界。科技伦理也被视为代表人文精神或拯救科学技术的导师。

（1）科技的伦理（scientific and technical ethics）

这种理解是把科技伦理当作科技活动、科技体制机制的伦理道德观念与规范，侧重于从"科技活动"本身来揭示科技伦理的内涵与特征。"所谓科技伦理道德，是指人们在从事科技创新活动时对于社会、自然关系的思想与行为准则，它规定了科技工作者及其共同体应恪守的价值观念、社会责任和行为规范。"[1] 以此为核心内涵的科技伦理学把人类在科技活动中引发的社会伦理责任、科技成果运用中产生的伦理关系，以及科技工作者应具备的职业道德素养等都归结为科技本身的伦理问题。谢苗诺夫指出："一个科学家不能是一个'纯粹的'数学家、'纯粹的'生物物理学家或'纯粹的'社会学家，因为他不能对他工作的成果究竟是对人类有用还是有害漠不关心，也不能对科学应用的后果究竟使人民境况变好还是变坏采取漠不关心的态度。不然，他不是在犯罪，就是一种玩世不恭。"[2]

爱因斯坦认为，科学技术本身不能成为价值标准。"科学只能断言'是什么'，而不能断言'应当是什么'""关于'是什么'这类知识，并不能打开直接通向'应当是什么'的大门"。[3]

（2）关于科技的伦理（ethics of science and technology）

这种理解把伦理道德当作科技活动的前提或先决条件，强调伦理目标是科技活动的出发点与归宿。"我们对科学技术进行人文和道德评价时，也无非是从动机或结果上看哪些科技是善的从而是应当进行的，哪些是恶的从而是不应当进行的，也就是从善恶定性来做出科技之'应当与否'的判断。"[4] 这体现了伦理学人试图运用传统伦理道德指导和规范科技实践活动的社会责任感。

（3）科技的伦理问题（ethical issues in science and technology）

这种理解是把科技置于当代"风险社会"的大背景下，认为科技与人、自然、社会之间形成了多层次的利益与道德关系。当这种利益与道德关系出现冲突时，潜在风险就会演变成显在问题。"在科学技术活动中介入伦理价值的维度，确立和倡导科技伦理的价值规范，是有效规避和治理社会风险的一项重要举措。"[5] "所谓'科技伦理'，绝不是说科技成果本身有什么伦理，也绝不是指传统意义上的科技工作者的职业道德问题，而是指科技研究、科技探索和科技应用中的伦理问题。"[6] 显然，这种"问题意识"在当下具有较强的针对性和一定的前瞻性。

概言之，科技伦理是一种跨学科研究，涉及研究伦理、工程伦理、技术伦理、生命伦理、生态伦理、信息伦理（如计算机伦理、网络伦理）、高科技伦理（如纳米伦理、神经伦理）等领域，并以理论伦理学、应用伦理学、科技哲学、科学与技术（社会、文化、思想）研究、现代性与晚近现代性理论等作为其理论背景。狭义的科技伦理主要指科学研究

---

❶ 李磊. 科技伦理道德论析 [J]. 理论月刊，2011（11）：88 – 91.

❷ M 戈德史密斯，A L 马凯. 科学的科学 [M]. 赵红洲，蒋国华，译. 北京：科学出版社，1985：27.

❸ 爱因斯坦. 爱因斯坦文集：第3卷 [M]. 许良英，等，译. 北京：商务印书馆，1979：182.

❶ 肖峰. 从元伦理看科技的善恶 [J]. 自然辩证法研究，2006，22（4）：14 – 17.

❺ 吴翠丽. 科技伦理与社会风险治理 [J]. 广西社会科学，2009（1）：23 – 27.

❻ 马智. 科技伦理问题研究述评 [J]. 教学与研究，2002（7）：66 – 69.

与技术探索过程中的伦理，广义的科技伦理则将科技应用、传播及其社会文化影响也纳入其问题域，前者更凸显专业伦理，后者则拓展至社会伦理层面。为了不断地回应科技实践中产生的新的伦理问题，科技伦理应以问题为导向，将描述性研究与规范性研究结合起来，形成具有一般性的研究程序、理论框架、论证模式和伦理原则体系，进而呈现为基于经验性与反思性建构的开放的实践过程。

2. 科技本质与伦理思想隐含的悖论

科技的加速发展与社会伦理价值体系的巨大惯性之间的矛盾，往往使科技与伦理之间的互动陷入一种两难的境地。

从科技的本质与伦理的内涵层面来讲，二者之间存在着差异。科学要解决"是"的问题，探讨客观世界的真理和规律，而伦理学要解决"应当"的问题，科学与伦理的冲突可以理解为"是"与"应当"的冲突。科学揭示"是"，本质上要求科学探索是开放的，不应当有禁区。科学探索又要体现"应当"的价值追求，科学本身的内在价值和终极目标始终要与一定社会和时代的价值理想相吻合，这种"应当"在一定时代可以构成科学探索的禁区。❶ 其实科学有无禁区根源于"科学价值中立"还是"科学负荷价值"。自从事实与价值的关系问题即休谟问题提出以后，西方科学哲学沿着实证分析的传统演进，结果"是"与"应当"的"裂隙"越来越大，形成了根深蒂固的二分信念。社会实践，特别是飞速发展的科技实践，不断展现"是"与"应当"之间的对立统一关系。

3. 科技成果应用与伦理思想隐含的悖论

一方面，新科技，尤其是一些革命性的、可能对人类社会带来深远影响的技术的出现，常常会带来伦理上的巨大恐慌；另一方面，如果绝对禁止这些新技术，我们又可能丧失许多为人类带来巨大福利的新机遇，甚至与新的发展趋势失之交臂。在工程技术层面，由于科技与市场直接对接，与经济利益有着最为直接的联系。在科技环境层面，作为主体的政府、企业团体等对科技的决策与发展战略决定着科技"是天使还是魔鬼"。

科学技术在造福人类的同时加剧了人类对自然界的消极影响，加大了人类危害自身生存的可能性。基础研究涉及优先权和荣誉；应用研究与开发涉及专利、产权和经济利益；科技成果的社会应用涉及如何更好地造福人类。俗话说，无规矩不能成方圆。科技活动的各个层次，根据各自的运行规律和实践经验，形成了相应的规范（准则）。但科技与社会是一个大系统，用这些特定层次的准则进行"好""坏"评价，做出"应当""不应当"判定时，难免出现自相矛盾。当代科技实践必须面对创新与规避风险的矛盾，不能因规避一切可能的风险而畏惧不前，使科技失去应有的发展活力。

在宏观上，主要是科学发展的社会条件和社会后果，科学子系统和其他社会子系统的相互作用，社会（通过科学政策）对科学的控制。在中观上，主要是科学作为一种社会建制，其内部的种种社会关系，如科学研究组织的结构、演化及其管理，科学系统自身的结构及其发展规律等。贝尔纳和美国科学社会学之父默顿一样，把科学看作是一种社会建制，即科学是一种体制化的社会活动。他说："今天科学出现为有自己的权利的一种建制，它有自己的传统和纪律，有自己的专业工作者，以及自己的基金。"❷ 即是说，科学活动的主体

---

❶ 卢风，等. 应用伦理学概论 [M]. 北京：中国人民大学出版社，2008：276 –278.

❷ 贝尔纳. 历史上的科学 [M]. 北京：科学出版社，1981：687.

是人，是人的一种创造性活动。投身于其中以之为职业的人，不仅需要高度专门的知识和技能，而且有自己特殊的价值观念、行为规范和交流沟通方式，从事有组织的活动。承认科学是一种社会建制，这就反映了社会化发展趋势的要求，确立了科学作为社会子系统的实体地位。在微观上，主要是科学家在科研活动中的价值观念和行为规范。

二、科技与道德关系的历史演变

从科技与人、社会、自然之间关系的和谐这个根基上展现着科技与道德关系的生成与演进。从"人与自然"的关系而代之以"科技与人"的关系成为科技伦理学的"显问题"。特别是应用伦理学的出现与兴起说明人们开始反思自然对人的价值，今天这种反思已经上升到如何实现科技理性与价值理性的汇流与协同。这既是应用伦理学发展的理性的学科发展观，也是科技伦理学作为独立学科发展所必需的。从历史上看，关于科学技术与伦理道德的关系问题的认识经历了几个不同的阶段，也产生了不同的认识观点。

1. 古代时期科技与伦理关系

古代的思想家们认为"尊德性而道问学"，学问和道德两者浑然一体。

（1）古代西方科技伦理思想

在西方科技史上，古代时期指 1543 年以前时期，特指近代实证科学产生之前的时期，科学还没独立分科。在西方，古代哲学家和科学家的科技伦理思想主要反映在他们的科技活动、科技著作以及后人所写的传记中，其中以古希腊的科学家和科学思想最为重要，成为当时整个西方科技伦理思想的主要内容（见表 1.1）。

表 1.1　西方古代时期科技与伦理大事记

代表人物	关于科技伦理的认识
泰勒斯	提出"水是最好的"格言，曾游历巴比伦、埃及等地，学会了古代流传下来的天文和几何知识；最早开始了数学命题的证明，它标志着人们对客观事物的认识从感性上升到理性，企图摆脱宗教，通过自然现象去寻求真理
毕达哥拉斯	最早提出了"知识就是力量"的口号，开始了对认识与伦理问题的最初探讨。将对自然、数学等研究纳入理解灵魂以及灵魂与自然、数学等关系的轨道之中，由此得出了道德与宗教的原则；他的数学伦理思想、团体道德准则与道德修养论在西方科技伦理史上占有重要地位，成为科技道德的真正开创者
赫拉克利特	认为科学研究是为了按照自然办事、听自然的话，即认识与服从"逻各斯"，以便过理性的道德的生活，达到认识幸福；他认为，真正的幸福在于用智慧把握"逻各斯"，而不是物质享受，如果只是狼吞虎咽地吃饱肚子，那么就把人降到了牲畜的水平
德漠克利特	贤与智是同一个"高尚的灵魂"的两个方面，而两者统一的基础，就是我们生活在其中的宇宙、自然
苏格拉底	建立了一种知识即道德的伦理思想体系，其中心是探讨人生的目的和善德：一个人要有道德就必须有道德的知识，一切不道德的行为都是无知的结果
柏拉图	从求真出发，最终实现求善的目的，即作为形而上学的伦理学
亚里士多德	一切技术和研究都以善为目标，所以数学、物理学等是高尚的科学，从事科技活动的人是有智慧的人、高尚的人、幸福的人；这也是不朽的人生价值之所在；在他看来，"在科学的理智活动中，凡是思辨所及之处都有幸福，思辨力强，享有的幸福也就大，因为思辨本身就是荣耀"❶

❶ 亚里士多德. 尼各马可伦理学［M］. 北京：中国社会科学出版社，1992：228.

西方科技伦理思想的渊源虽然可以追溯到古希腊、罗马的神话、传说，但其真实的显露，则最初表现于米利都学派泰勒斯等人的零星格言与某些活动中，特别是稍后的毕达哥拉斯及其学派更为明显。总体而言，西方古代的学者较早认识到科学家必须注重一定的道德标准，其中柏拉图、德漠克利特、赫拉克利特等人则明确地提出了道德准则的具体标准。

第一，崇尚科学知识，轻薄名利钱财。如赫拉克利特出身王族，是王位的继承人，但他为了探求科学真理把王位让给自己的弟弟，独自一人隐居山林专心进行科学研究。

第二，重视面向自然和观察实验。古代的科学家主张向大自然学习，许多科学家认真观察天体和生物，通过对动物的解剖进行分析研究。

第三，提倡为国家、城邦服务。这是古代社会进步的政治家和科学家的共识。国家、城邦的利益高于个人的利益。维护国家、城邦的利益是个人应尽的道德义务。正因为这样，已经年逾古稀的阿基米德挺身而出，用自己发明的抛石机、弩炮等先进武器对付当时的敌人。

第四，重视科学家自身的道德修养。古代的科学家在很早的时候就已经提出了"不能自以为是""自满是进步的退步"等观点，他们追求灵魂与肉体的和谐、理性与非理性的统一。他们认为必须通过沉思默想当日的行为去除灵魂中的"污秽"，通过简单的生活使身心达到健康，道德修养的目标是做"最优秀的人"。例如，德漠克利特提出的修养目标是成为"贤智的人"，其中"贤"指的是道德，"智"指的是智慧、知识，把"智"作为道德人格的重要方面。

第五，实行科学保密。古代的科学家对科学成果很注重，不能随便告知他人。例如毕达哥拉斯对其学派的成员有着极严格的规定，不准将科学成果私自外泄。他们只把他们的哲学秘密口头告诉给亲友，而不见诸文字，其目的是怕哲学高尚的、来之不易的研究成果会受到一些人的轻视。

显然，西方古代科技伦理思想的主要内容有：肯定科学技术的价值，重视科学技术的功能；初步探讨科技与道德的关系问题；提出科技道德准则；重视科学家自身的道德修养。科学一般被定义为人类为取得客观知识而进行的一种系统的精神探索，或者是为增进认识而探索知识的纯学术活动。因此，传统上认为，为知识而知识是科学家的崇高理想和科学研究的最高境界。由此，这种科学的伦理学就是把客观知识本身作为唯一的目标和至高无上的品德。在这里，科学与伦理如此完美地统一于客观知识。在实践层面，科学家在实验研究中一般要符合科学的伦理要求和价值标准，研究结果必须接受基于科学证据的检验。由此，科学通过一套内部的控制机制，形成了对来自于外部的非科学标准的拒绝或抗拒。

（2）古代中国科技伦理思想

依照史学界通行的年代划分方法，将远古时代直至鸦片战争的爆发这段时期称为中国的古代。同时，依照中国古代社会发展及科学技术发展的特点，又将古代划分为六个时期（见表1.2）。

表1.2　中国古代时期科技与伦理大事记

时期	关于科技发展阶段	学术成就	科技伦理思想
先秦时期	原始科技的萌芽和古代科学技术体系的奠基	具有朴素的辩证法思想的"阴阳""五行""八卦"学说，以及《考工记》《墨经》《黄帝内经》等著述	以"天人合一""周礼"思想为前提，形成"以德配天""尊德性而道问学""道法自然""明乎物性""轻技重道"等观念
秦汉时期	古代科学技术体系的形成	《神农本草经》《伤寒杂病论》《九章算术》《汉书·地理志》等	提出"天人合德""必仁且智"的思想
魏晋南北朝时期	古代科学技术体系的充实与提高	《九章算术注释》《水经注》《齐民要术》《脉经》《针灸甲乙经》《神农本草经集注》等	提出"益国利民"的思想
隋唐时期	古代科学技术体系的持续发展	《新修本草》	提出"文以载道""以道驭术"的思想
宋元时期	古代科学技术发展的高峰	《梦溪笔谈》	提出"德性所知不萌于见闻"的思想
明清时期	古代科学技术的缓慢发展	《天工开物》	提出"经世致用"的思想

中国古代科技伦理植根于古代农业文明，并在古代科技实践中成长壮大，这也决定了传统科技伦理具有农业文明特有的精神气质。社会把科技活动视为一种道德活动，把发明器物的人称为"圣人"，而掌握高超技术的人也享有很高的荣誉。与此同时，科技实践活动的发展丰富了传统科技伦理思想的内容体系，大致上沿着五条路线在发展。

第一，知识伦理。中国古代的儒家学派，不仅把"智"明确地解释为一种分是非、别善恶的知识，而且还将它列入"五常"（仁、义、礼、智、信），作为一个重要的道德规范。他们把封建道德与自然知识结合起来，利用自然知识论证封建纲常名教的合理性、普遍性，以便使地主阶级的道德成为包括科技人员在内的社会上各行各业的人所共同遵守的道德。

第二，技术伦理。中国古代几乎拥有当时世界上最为庞大的技术人员群体，创造了令后人为之惊叹的技术奇迹，因而中国传统技术伦理也比较发达，能工巧匠们不计较个人功名利禄，为科学事业和百姓生计贡献力量。

第三，营造伦理。中国古代的营造活动表现为水利工程、建筑工程、军事工程等。从万里长城到都江堰，从大运河到北京宫殿，工程师大禹、李冰、张衡、杜诗、李春……他们匠心独具，创造了一个个古代工程营造的典范，也从中产生和发展起中国古代的营造伦理，为人类造福的营造价值观、营造与环境的相互关系、营造师的伦理规范等。

第四，医学伦理。传统医学伦理就是古人关于医学的目的、医生职业道德的规范和总结。从远古时期的神农氏开始，以扁鹊、华佗、张仲景、孙思邈、李时珍、陈实功等为代表的历代医家，在治病救人的医学实践中创造了古代中国辉煌的医德史。医学伦理是传统科技伦理中发展最为充分、最为完善的。

第五，生态伦理。在《易经》《管子》《论语》《孟子》《荀子》《老子》《庄子》等先秦的典籍中就有大量保护生态环境的记载，显示出古人的生态伦理智慧。秦汉以后，思想家从不同的层面发展了以"天人合一"为中心的生态伦理思想。传统的生态伦理思想至今仍然具有启发意义和价值。

从古至今，中国的科技伦理思想对科学技术的发展产生了多方面的影响，包含了两个层面：其一，人的道德决定科技的价值取向；其二，重视科技从业者的道德品质。这直接推动了中国古代科技职业道德的产生和发展，出现了"学者传统"和"工匠传统"的分工现象。前者是以从事科学、教育等为生的脑力劳动的阶层，后者是以制陶、冶炼、建筑、纺织等为生的体力劳动者阶层。从"学者传统"中，产生出科学家职业伦理，而从"工匠传统"中，产生出工匠职业伦理。当然，科学家职业伦理和工匠职业伦理可以进一步细分。事实上，我国传统对史德、师德、医德、畴人（古代指从事数学、天文学等研究的科学家）以及匠人道德等都有许多论述，制定了不少道德规范，这些其实大多属于科技职业道德规范。

2. 近代时期科技与伦理关系

一般将 1543 年至 19 世纪称为近代时期。这一时期是近代西方自然科学的产生、发展和成熟时期，其科技伦理思想也得到了长足的发展而趋于成熟（见表 1.3）。

表 1.3 西方近代主要思想家关于科技与伦理的观点

姓名	代表性著作	科技与伦理观点
牛顿（1643～1727）	《自然哲学的数学原理》	上帝无处不在
卢梭（1712～1778）	《论科学与艺术》	认为科技与道德是互不相容、彼此排斥的
休谟（1711～1776）	《人性论》	认为科学对道德是中立的，作为反映事实领域的科学技术与作为价值领域表现的道德是分离的
弗朗西斯·培根（1561～1626）	《培根随笔集》	提出"知识就是力量"，充分肯定了科技的社会作用和道德功能，力图为伦理道德提供科学依据，并以此抨击经院哲学与宗教道德
玻义尔（1627～1691）	《怀疑派科学家》	提出化学必须像物理学那样立足于严密的实验基础之上
笛卡儿（1596～1650）	《形而上学的沉思》	提出"怀疑一切"的思想，认为理性比感官的感受更可靠

西方近代科学提出求实精神、怀疑精神、创新精神、献身精神、自由民主精神等科学精神，并进一步校准科学道德准则。关于科技伦理思想的主要内容是：强调科技道德并非起源于宗教道德；剖析科技与道德的关系，提出分离、对立、统一三种观点。

（1）科技与道德分离观

这种观点认为关于感情领域的道德同关于事实知识的科学是没有关系的。近代社会占主导地位的思潮是科学与道德分离，由此而产生了"科学价值中立"的理论，认为科学涉及事实，道德涉及价值，两者没有什么关系。这就是从"是"（科学真理）推不出"应当"（价值的善）的原则。这一原则从休谟到康德，一直为科学界所遵从。如休谟认为，科学对道德是中立的，作为反映事实领域的科学技术与作为价值领域表现的道德是分离的。

（2）科技与道德对立观

这种观点认为科技与道德是互不相容、彼此排斥的。早在 1750 年，法国著名启蒙思想家卢梭在《论科学与艺术》一文中就曾论证，我们的灵魂腐化了，美德消失了。科学与艺术的发展将导致道德败坏，最终必将无益于社会的进步。每个时代的科技风险都有其不同的表现形式。但是，在现代科技革命以前，这种形式更多地存在于贤哲们独特的思想中，并非明晰的现实形态。

（3）科技与道德统一观

近代以来的科学，特别是自然科学在结构上与古代科学截然不同，它不仅含有纯思辨的基础理论知识，而且也包含着有目的性的实际的行为，这些行为涉及社会的各个方面：政治、军事、经济、文化等。这种科学研究中的行动与人类其他行为一样，只要是行动，则势必就要与一个关涉行为后果的"责任"的概念相联系。随着科学从纯认知的研究活动向对事物进行主动干预的研究活动的转变，上述情景已渐行渐远于我们的时代。如弗朗西斯·培根提出了"科学就是力量，力量就是科学"的口号，认为科学有道德的价值，科学进步会给人类带来利益；同时道德也有科学价值，品德高的研究者容易获得科学真理。

这一变化源于科学的工具性，它自近代科学伊始即已内在于科学本身。只不过在相当长的一段时期里，人类认识自然的渴望，使得科学研究体现为一种获取对自然规律认知能力的人类活动。这种科研活动最直接地以获取客观知识为目的，更加强调知识自由的权利。然而，现代科学已经不仅使人类获得了认识自然的能力，而且使人类具备了干预自然的能力，甚至使人类有能力对事物进行主动干预。例如，在生命科学领域，基因技术已经发展到可以操作生命的水平。正是在这个情景下，作为认识根基的科学被赋予了道义上的责任和义务，有关科学与伦理关系的探讨也随之成为备受关注的前沿性课题。

也就是说，我们讲科技伦理，并不是指科技成果本身有什么伦理，而是指科学研究、技术探索过程中的伦理，更是指科学研究应用到政治、经济、文化、军事领域之中产生的伦理问题。

当科学家成为社会职业角色之后，他的社会道德义务就开始显现。因为科学已不再是探索自然奥秘的个人目的，也非唯一目的，它成为满足社会经济、政治等需要的一种工具，更直接地为科研活动的组织者（如国家）和赞助者（如企业）服务。无论从研究手段还是从研究目的来看，科学家的行为都和其他人的行为一样，时刻处在社会各阶层的关注之下，受制于社会的普遍道德规范和标准。

3. 现代时期科技与伦理关系

19世纪末20世纪初的世纪之交至今为现代时期，又称现代科学技术革命时期。21世纪到来，新的世纪开始了科学技术发展的新纪元（见表1.4）。

表1.4 现代科技大事记

时间	科技事件
19世纪末至20世纪50年代	相对论、量子理论、原子理论、电子计算机科学、DNA双螺旋结构等发现
1945~1955	原子能的应用，人类社会进入原子时代
1955~1965	人造地球卫星，进入航天时代
1965~1975	重组DNA实验成功，控制遗传和生命过程，开始了真正的生命科学时代
1975~1985	微处理机广泛应用，将人脑解放出来
1985~1995	软件产业、信息产业兴起，信息革命的新纪元
1995	互联网的推广，知识经济初见端倪
1998	克隆羊成功
2000	人类基因组研究计划初战告捷
21世纪以后	物联网技术将虚拟世界与现实世界在新的层次上联结起来

西方科学技术发展到一个前所未有的新科技革命时代，科学技术对于我们时代的演变起到巨大的推动作用，并且还将继续影响下去，作用越来越突出。与此相对应，科技伦理思想也进入蓬勃发展与全面繁荣的时期（见表1.5）。

表1.5　现代科技伦理思想发展

时间	事件
1935	爱因斯坦发表《科学家和爱国主义》和《科学与战争的关系》，看到了科学技术产生"善恶"后果
1935	爱因斯坦在美国《科学》周刊上发表《科学与社会》，对科技伦理二重性进行全面、系统的阐述
1971	罗尔斯发表《正义论》
1969	"哈斯丁社会、伦理与生命科学研究所"成立
1976	华盛顿建立"哲学与公共政策中心"，麻省理工学院建立"经济伦理中心"
1977	特拉华大学建立"价值研究中心"
1987	瑞士的圣·伽伦经济与社会科学高等学校设立欧洲第一个经济伦理讲座教授的职位
1997	联合国教科文组织（UNESCO）第29次会议批准成立了"科学知识与技术的道德世界委员会"（The World Commission on the Ethics of Scientific Knowledge and Technology，COMEST）
1999	联合国教科文组织和世界科学理事会（ICSU）在匈牙利首都布达佩斯召开了世界科学大会（WCS），会议的主题是"21世纪科学的新任务"。会议认为，伦理是所有科学事业的一部分，伦理是和社会整体不可分离的
2002	"科学道德与责任常设委员会"形成了《科学伦理和责任的标准：经验性研究》《科学伦理和责任的标准：内容、背景和功能分析与评估》和《伦理标准的定量数据》等文件

一方面，科技的发展与应用引起了学者对社会责任的反思。如在《科学家和爱国主义》和《科学与战争的关系》等文中，爱因斯坦发出了科技二重性的警世语录："科学是一种强有力的工具。怎样用它，究竟是给人带来幸福还是带来灾难，全取决于人类，而不取决于工具。刀子在人类生活上是有用的，但它也能用来杀人。"❶ 再如，2000年4月，美国计算机工程师、Sun公司的创始人乔伊发表了《为什么未来不需要我们》一文，再次谈及纳米技术可能的危害和社会伦理后果，特别是纳米技术与计算机技术、基因技术结合后带来的巨大的毁灭性力量："在基因工程、纳米技术和机器人（GNR）中的毁灭性的自我复制威力极有可能使我们人类发展戛然而止。自我复制是基因工程的一种主要研究方法，它利用细菌的自我复制机制，而主要的危险来自于纳米技术的灰质"。❷ 乔伊由此得出结论，认为21世纪的技术——基因工程、纳米技术和机器人的危险将远远超过包括核武器、生物武器、化学武器在内的大规模杀伤性武器。国际科学界、政府和非政府组织已经建立起了一些非常重要的科学伦理团体，并形成了一些非常重要的文件。随着信息技术革命浪潮的兴起，应用伦理学的研究领域不断扩展。此外，《聚合四大科技提高人类能力：纳米技术、生物技术、信息技术和认知科学》❸ 堪称"21世纪科学技术的纲领性文献"，由美国70多位一流科学家共同完成。本书断言，这四大科学技术的聚合将会"加快技术进步速度，并可能会

---

❶ 爱因斯坦. 爱因斯坦文集：第3卷 [M]. 许良英，等，译. 北京：商务印书馆，1979：56.
❷ http://www.wired.com/wired/archive/8.04/joy.html.
❸ 米黑尔·罗科，威廉·班布里奇. 聚合四大科技提高人类能力：纳米技术、生物技术、信息技术和认知科学 [M]. 蔡曙山，等，译. 北京：清华大学出版社，2010.

再一次改变我们的物种，其深远的意义可以媲美数十万代人以前人类首次学会口头语言。"

另一方面，成立了各类科技伦理研究机构和研究组织。如 1997 年 10～11 月召开的联合国教科文组织第 29 次会议，批准成立了"科学知识与技术的道德世界委员会"，其目标包括：作为联合国教科文组织的一个咨询团体，作为知识分子交流思想和经验的论坛，它必须能够察觉风险态势的早期征兆，促进科学共同体和决策者、公众之间的广泛对话。近年来，已先后就淡水伦理、外太空伦理、能源伦理、信息社会伦理以及环境伦理和可持续发展问题召开了数次会议，并要求各国政府明确促进可持续与平等发展的科技伦理的日益增长的重要性。❶

1999 年 6 月，联合国教科文组织和世界科学理事会在匈牙利首都布达佩斯召开了世界科学大会，会议的主题是"21 世纪科学的新任务"。会议认为，伦理是所有科学事业的一部分，是和社会整体不可分离的，各国政府应当鼓励设立相应的机构来处理与科学知识的利用和应用有关的伦理问题，而非政府组织或科学机构则应积极地在其主管领域成立伦理委员会。❷

2002 年 9 月，"科学道德与责任常设委员会"（The Standing Committee on Responsibility and Ethics in Science，SCRES）完成了对世界各地不同资源的伦理标准的分析，并形成《科学伦理和责任的标准：经验性研究》《科学伦理和责任的标准：内容、背景和功能分析与评估》和《伦理标准的定量数据》等文件，使科技伦理越来越受到当代国际社会的高度关注。

总体而言，东西方科技伦理的发展有共同的诉求和内容，主要探讨科学家应肩负的道德责任与义务；规定科学技术领域的道德要求。因为现代科学已经远远超越了传统科学的、为增进认识而进行纯知识探索的范畴。尽管科学仍属于认知领域，但已不是科学的全部，甚至仅占据科学的很少部分，科学更多的是作为一种人类操纵自然和干预事物进程的手段而存在并体现自身价值的一项社会事务。可以说，科学的这一工具特性使得科学转化为一种实践性的行动，并由此建构起科学与伦理相关联的基础。正如甘绍平所指出的，科学"作为一种行动，它就与人类的其他行动一样，逃脱不了道德上的评价"。科学与伦理的关联就在于，"不论科学研究的目的如何，科学家研究方法的投入在道德上就有可能产生问题"，它使得当"一个有责任意识的科学家在判别一个研究项目时，不仅要着眼于其理论目标，而且还要考虑到为了达到此目标所使用的手段的合法性，并进而顾及投入这一手段可能产生的后果"。❸ 也就是说，科学家在进行科学研究时，对该项研究可能的社会后果是负有部分责任的，即使基础科学研究也是如此。

三、科技伦理学的发展

"伦理与科学是驱动人类文明前进的两个车轮，科学研究应当在伦理和现实范围内进行"，❶在爱因斯坦看来，人类一切活动的价值基础和判断标准是道德之善："一切人类的价

---

❶❷　董群. 国际社会科技伦理的发展态势——以几个重要文件为背景［J］. 东南大学学报（哲学社会科学），2006（4）：25，26.

❸　甘绍平. 应高度重视科技伦理对基础科学研究的指导作用//高技术发展报告［C］. 北京：科学出版社，2005：140.

❶　这是 2005 年 11 月 24 日黄禹锡在公开道歉并宣布辞职的记者会上说过的一句话。

值的基础是道德。我们的摩西之所以伟大，唯一的原因就在于他在原始时代就看到了这一点"。❶ 在价值判断中，道德之善高于科学之真，科学之真以道德之善为基础。

科技伦理意识的形成最直接地导源于科学研究内涵的演变。在此过程中，科学制度性目标的拓展使得科学研究不只是一种以"扩展知识"为目标的活动，而且还是一种以促进知识"资本化"为目标的活动。可以说，科学的新的制度性目标使得科学成为一种负载伦理价值的实践性行动。与之相关联，由于科学技术已经发展到操作生命的水平，因而也使得科研行为本身具有了某种风险。可以说，"从来没有其他任何一个人文学科像伦理学这样迫切需要自然科学"。❷

1. 科技伦理学的产生与发展

实际上，面对种种伦理冲突带来的挑战，一种民主商谈机制应运而生，并且已成为国际社会应对和化解伦理冲突的有效机制。民主商谈机制的一个重要作用就在于，通过不同主体间的对话形成科研的基本伦理准则，从而为科学行为应对价值冲突和道德两难提供最基本的判断标准。可以说，"一个伦理价值判断是否适当，为首的标准就是看它是否符合社会基本的伦理原则"。❸

然而，在一个纷繁复杂的多元社会里，开展负责任的研究和担负起保障科研行为伦理质量的责任，或者面对多元价值带来的两难抉择如何作出恰当的伦理判断，显然并非一件容易的事情。正是在这个背景下，科技伦理作为一个崭新的研究领域而诞生。

英国哲学家斯提芬（1832～1904）首先提出科学伦理学的概念。苏联科学家、宇航学的创始人齐奥尔科夫斯基（1857～1935）于1930年出版了《科学伦理学》一书，标志着科技伦理学作为一门相对独立的学科的诞生。科技伦理学是在科学技术研究和应用的实践过程中产生的。20世纪70年代中期，美国俄亥俄州立大学的 W. 曼纳教授首先提出并使用了"计算机伦理学"这个术语。1985年，德国信息科学家 R. 卡普罗教授在其《信息科学的道德问题》的论文中，首次将信息科学作为伦理学研究对象。1996年，英国学者 R. 西蒙和美国学者 W. B. 特立尔共同使用"信息伦理学"概念。

作为一种文化现象，科学技术不仅是能产生物质力量的价值上中性的知识系统，而且还有着伦理的向度和方面，从根本上说是有价值取向的。科学技术的伦理本质，首先缘于它是一种文化现象。也就是说，当科学技术作为一种文化现象登上历史舞台时，它的伦理价值也就凸现出来了。虽然科学技术作为一种知识体系，本身并不包含或显现其特定的道德价值，但作为人类社会活动及其成果的一个组成部分，总是和人类的生存和发展相联系的，因而必然成为道德评价的对象。从本质上讲，科学技术是一种力量，一种革命的力量，它能够促进人类社会的进步，为人类带来利益，增进人类的幸福。今天，科学技术是第一生产力，已经成为人们的基本共识。科学技术通过与生产力诸要素的结合，从而转化为生产力，已经和正在为人类创造巨大的财富。从这个意义上说，科学技术对人类具有最大的"善"的价值。

如果我们着眼于"科学技术与人"来审视科学技术这种文化现象，那么，科学技术的

❶ 爱因斯坦. 爱因斯坦文集：第3卷［M］. 许良英，等，译. 北京：商务印书馆，1979：376.
❷ Wilson D. The Biological Basis of Morality［J］. The Atlantic Monthly, 1998, 281 (4)：53-70.
❸ 张华夏，刘华杰. 科学发展与伦理问题//江晓原，刘兵. 我们的科学文化——伦理能不能管科学［M］. 上海：华东师范大学出版社，2009.

人文精神也是不言而喻的。伦理价值的源泉在人，显而易见，科学技术的伦理本质同人文精神有着特殊的亲缘关系。当然，人们对科学技术的人文精神的认识有一个过程，那是一个对近代科学技术反思的过程。基于这个思路，对科学技术伦理本质的探讨和把握也就是顺理成章的事情了。

"科技伦理学既要研究科学技术与伦理道德的关系，又要研究科技道德现象，研究具体科技领域中的种种道德问题。"❶

科技伦理学是以科学技术与伦理道德的关系作为自己研究的逻辑起点。它既不研究自然规律本身，又不研究如何应用自然规律去改造和控制自然界的技术问题，它只是从人们研究科学技术的动机、目的和手段方面，应用科学技术所造成的社会后果方面，来考虑人与自然的关系，以便通过这种人与物的关系，来研究科技人员个人与个人、个人与社会的相互关系。需要指出的是，制定出调节人与自然相互关系的科技道德规范，目的也是处理好人与人之间的道德关系。科技人员的社会活动是多方面的，有关调节这些活动的道德规范，都是科技伦理学必须注意到的研究对象。关于科技道德的作用问题，科技道德主要有调节、评价、认识、教育四种作用。当今世界，新科技革命的兴起给人们带来了全新的生活，但也给人们带来了许多前所未有的新问题。从新科技革命的视野来关注道德问题，并把伦理学的规范性研究成果应用于具体的科学技术领域，无疑是科技伦理学研究的重要内容。事实上，正是为了从理论和实践上回答科技发展提出的种种道德问题，与各个科技领域相关的伦理学便应运而生了，形成了科技伦理学的许多分支学科，如生态伦理学、生命伦理学、医学伦理学、网络伦理学、核技术伦理学等。就其性质而言，这些学科都属于应用伦理学。可以断言，随着科学技术的发展，与之相应的道德问题的研究也将不断深入。科学技术发展无止境，相应的道德问题的研究也是无止境的。

2. 科技责任伦理学的发展

科技伦理同责任概念联系紧密。科技伦理的核心问题就在于：探寻科学家在其研究的过程中、工程师在其工程营建的过程中是否及在何种程度上涉及以责任概念为表征的伦理问题。针对科技的两重性价值，爱因斯坦开出的药方：一是建立"世界政府"，二是要求科学家勇担社会责任。"新的科学革命，已经把科学家的社会责任这个道德问题，及其尖锐地提到议事日程上来"。❷

在西方伦理思想上，责任主要是指行为主体对行为及其后果的担当，是一种对行为及其后果的问责。责任伦理，就是试图借助责任原则，唤起各个行为主体的危机意识，从而为防止人类共同的灾难寻求规范约束。因此，在当今人类对自然干预能力增强的时代，有必要发展一种以未来的行为为导向的、预防性的、前瞻性的责任意识。科技伦理学，通常也称为科学伦理学或科研伦理学，是科学技术与伦理学交叉的一门边缘学科，是关于科技人员职业道德的伦理学说。科技伦理学是随着科学技术的发展而产生的一门重要的学科。❸ 科技伦理学是在科学技术研究和应用的实践过程中产生的。在科技活动中，必然会遇到科技人员个人与他人、与社会之间的矛盾，人类和大自然之间的矛盾，这就要求有相应的道德行为规范来调整这些矛盾，即科技工作人员应该主动检视其行为可能导致的后果并对其负责。

❶ 杨怀中. 科技伦理学究竟研究什么 [J]. 江汉论坛, 2004 (2)：84 - 87.

❷ M 戈德史密斯，A L 马凯. 科学的科学 [M]. 赵红洲, 蒋国华, 译. 北京：科学出版社, 1985：25.

❸ 冬园. 关于科技伦理学的若干问题 [J]. 道德与文明, 1993 (3)：20.

"制度要是得不到个人责任感的支持，从道义的意义上说，它是无能为力的。这就是为什么任何唤起和加强这种责任感的努力，都成为对人类的重要贡献。"❶ 科技伦理的道德要求是责任伦理，责任伦理实际上是一种以"尽己之责"作为基本道德准则的伦理。"责任伦理"概念最初由德国著名哲学社会学家马克斯·韦伯于 20 世纪初提出。而责任伦理学的兴起则源于德国学者汉斯·约纳斯于 1979 年出版的《责任原理：技术文明时代的伦理学探索》一书。

1919 年年初，在《政治作为一种志业》的演讲中，韦伯首次提出了"责任伦理"范畴："一切具有伦理意义的行为，都可以归属到两种准则中某一个之下；……这两种为人类行动提供伦理意义的准则，分别是信念伦理和责任伦理。"❷ 责任伦理则关注行为后果的价值和意义，强调人应当对自己的行为承担责任，理性而审慎地行动。表面看来，信念伦理与责任伦理是极其对立的，因为前者的价值根据在于行为者的意图，而后者的价值根据在于行为的后果。但如果进一步去探索二者背后的深层动因，就会发现二者又是统一的，因为它们都根源于行为者内心所秉持的信念。所以，信念伦理只关注信念而不关心后果，责任伦理则是将信念与责任有机地结合在一起。

之后有一批学者也都认同韦伯的研究成果，并从不同领域、不同侧面深化责任伦理问题的研究（见表 1.6）。

表 1.6　责任伦理学理论进展

姓名	国籍	代表作	主要内容
汉斯·尤纳斯	美国	《责任原理：技术文明时代的伦理学探索》	着眼于整个人类生存的危险来探讨责任的伦理问题
乔尔·范伯格	美国	《理性与责任》（1965）	从哲学和伦理学的角度分析知识的本质及生命的意义等问题
唐纳德·肯尼迪	美国	《学术责任》（1999）	提出学术责任是一种特殊的职业伦理责任的观点
埃曼努尔·列维纳斯	法国	《伦理与无限》（1985）	以"他者"为责任伦理学的逻辑起点
汉斯·昆（孔汉思）	德国	《全球责任：寻找新的世界伦理》（1990）	认为生态危机不仅是"生态的"危机，更是人类关于生态的"伦理价值"的危机
汉斯·萨克瑟	德国	《技术与责任》（1972）	认为责任概念与技术相联系
汉斯·伦克	德国	《技术与伦理》（1987）、《应用伦理学导论：责任与良心》（1997）	提出"道德权利先于利益考虑""普遍的道德责任原则上先于任务和角色责任"等 10 条原则（后来又扩展为 16 条）

❶　爱因斯坦. 爱因斯坦文集：第 3 卷 [M]. 许良英，等，译. 北京：商务印书馆，1979：286.
❷　马克斯·韦伯. 韦伯作品集：学术与政治 [M]. 钱永祥，等，译. 南宁：广西师范大学出版社，2004.

姓名	国籍	代表作	主要内容
特里·L. 库帕	美国	《行政伦理学：实现行政责任的途径》（1982）	探讨行政伦理责任，倡导责任政治和政府责任
威廉·史维克	美国	《责任与基督教伦理学》（1999）	对责任伦理进行了分类，并从生活的角度观察了道德和责任
彼得·斯特劳森	英国	《自由与怨恨》（1962）	从情感反应态度来界定道德责任
约翰·M. 费舍尔	美国	《责任与控制：一种于道德责任的理论》（1999）	论述了个体为自己的行动、疏漏、后果和情绪所应负的道德责任，特别阐述了在具体情况下应该负有的相应责任
马克·拉威泽	美国		
费迪南·斯库曼	美国	《责任、品格和情感——道德心理学新论》（1988）	解决了一系列有关责任人必须为自己的行为和他们的角色负责任的问题
腾·凡·戴恩	美国	《道德责任与本体论》（2000）	从本体论角度论述道德责任
鲁卡斯	英国	《责任》（1993）	提出可接受的合理理由为责任判定依据
彼得－保罗·维贝克	荷兰	《将技术道德化：物之道德的理解和设计》（2011）	揭示了存在于道德和技术人工物相互作用领域中的两个维度

上述学者的著作就环境责任、企业社会责任、学术责任、政府责任、全球责任等形成了较为成熟的观点和主张，并使责任伦理成为目前涉及范围广阔的实践伦理体系之一。与此同时，越来越多的学者将责任伦理的内涵扩展到处理人与自然、人与土地、人与环境之上，并从人类切身的环境变化方面进行责任反思。如奥尔多·利奥波德在其巨著《沙乡年鉴》中，试图寻求一种能够树立人们对土地的责任感的方式，同时希望通过这种方式影响到政府对待土地和野生动物的态度和管理方式。利奥波德在强化人们维护生存共同体健全的道德责任感。利奥波德的土地伦理观以生态学视角重新审视自然有机体，深化了人类对环境的认识并推进了美国和世界的环保实践。而罗尔斯顿的环境伦理学则立足于西方伦理思想的整体发展，通过伦理拓展主张人类的道德视域应扩展至自然生态系统，通过伦理转向坚持人类价值理论和道德价值观的生态——环境转向，通过伦理整合论证了自然与文化、自然价值与人类德性的辩证关系，通过伦理反思批判了西方"现代性"道德价值观和不公正的现代资本主义社会结构。

四、科技责任伦理意识的基本原则

伦理学大师尤纳斯（1903～1993）认为应该强调责任与谦逊。他指出，"由于科技行为对人和大自然的长远和整体影响很难为人全面了解和预见，应当存在一种责任的绝对命令

律令，并呼唤一种新的谦逊"。❶

所谓新的谦逊，与以往人们因为弱小而需保持的谦逊不同，这是用责任意识去衡量相关人员的行为，较之以至善的信念做标准更为明确具体。科技时代的责任意识着眼于责任的预防性、前瞻性、关怀性、远距离性和整体性。

责任伦理学思想的提出并不是孤立的现象，它与当前时代的发展状况有着紧密的联系。发展在给人类带来便捷高效的同时，环境也日益蕴含着较大的风险和危机。在对自然责任和政治责任这两种具体责任形式的比较分析中，尤纳斯归纳出责任的三个特征，分别是整体性、持续性和未来。所以综合来看，新的责任伦理的基本原则有以下几种。

1. 责任伦理倡导"尽己之责"的伦理精神

责任伦理超出信念伦理的地方，在于自己的行为除了依据对义务的最高信念而行事之外，人作为唯一的责任主体能自觉强调对行为后果勇敢地承担，即应"顾及后果"，而不是如信念伦理对人的责任的漠视。责任伦理既是一种责任形态，也是一种伦理范畴，它注重主体动机与行为的联系性和规范性，"责任"贯穿行为始终，在行为的判断、选择、执行、结果等环节中也始终离不开责任。环境责任伦理的主体不仅包括经济活动的主体，而且包括经济活动内外所有相关者。在此要注意三种责任概念：义务责任指的是经济活动主体要遵守甚至超越本身的积极责任；过失责任指的是伤害行为的责任；角色责任指的是，由于处于一种承担了某种责任的角色中，一个人承担了义务、责任，并且也会因为伤害而受到责备。

爱因斯坦指出："关心人的本身，应当始终成为一切技术上奋斗的主要目标，关心怎样组织人的劳动和产品分配这样一些尚未解决的重大问题，用以保证我们科学思想的成果造福于人类，而不致成为祸害。"❷

马克思说："科学绝不是一种自私自利的享乐。有幸能够致力于科学研究的人，首先应该拿自己的学识为人类服务。"❸科学技术研究活动可以培养人们的求实精神、创新精神和献身精神。科学技术史中有作为的科学家，大多都具备这三种精神，这与他们长期从事科学技术研究活动是分不开的。科学技术应用活动，必然广泛地涉及人们的利益，从而扩大道德领域，产生新的道德规范，影响整个社会的道德面貌。

从个体来看，求实、创新、献身精神，是科学家获得成果的主要因素，科学家若缺乏这三种道德观念，弄虚作假，投机取巧，在事业上必然一事无成。从社会群体来看，社会公众在伦理价值取向方面重视科学技术的价值，对它采取积极支持的态度，就会促使科学技术迅速的发展，如果社会公众在伦理价值方面轻视科学技术的价值，对科技采取消极的乃至反对的态度，科学技术发展必然缓慢。从整个人类社会历史发展的趋势来看，科学技术的发展促进道德的进步，道德的进步也有利于科学技术的发展。两者相互影响、相互促进。

就研究科技道德现象而言，科技伦理学实质上又是一种职业伦理学，既有职业伦理学的一般性质，又有其自身的特殊规定性。

❶ 刘大椿，段伟文. 科技时代伦理问题的新发展 [J]. 新视野，2000（1）：34.
❷ 爱因斯坦. 爱因斯坦文集：第3卷 [M]. 许良英，等，译. 北京：商务印书馆，1979：73.
❸ 拉法格. 回忆马克思、恩格斯 [M]. 北京：人民出版社，1973：2.

2. 责任伦理倡导强调生态原则

责任伦理提倡恪尽职守的"天职"意识。责任伦理强调实践主体对实践行为后果的自觉担当,这是一种伦理责任的道德自觉。正是对责任的强调,可以有效地约束人类理性带来的那些"人类中心论"色彩的科学技术现代化对人类生存与发展的破坏后果,如核生态危机等。最终通过实践主体彰显责任伦理意识、增强道德自觉、最大限度地消解人类行为的破坏性后果的产生。正如罗尔斯顿所指出的,"以前一直被认为是理所当然的行为,现在得接受某种约束。不受伦理限制的巨大力量很容易被受到滥用。地球以最大的慷慨养育了人类,但它不能也不应该只养育人类。……只有当我们从道德上关注整个生态企业时,我们才能生活得更好。这种伦理通过平衡资源预算来护卫人的生命,但更为重要的是,它还要护卫完整的生态系统中的所有生命。我们既有能力也有义务这样行动,以便我们能够继续适应这个地球——生命的根基和支撑者。"❶ 人类应使对人文的关怀与对生态的关怀相一致,应将对社会的责任升华到对自然、对整个地球生态系统的责任,这样才能避免20世纪生态系统的悲剧重演,实现人、社会和自然的协调发展。

3. 责任伦理倡导整体性和可持续性原则

由于人类行为对人和大自然的长远和整体影响很难为人全面了解和预见,应当存在一种责任的绝对命令,并呼唤一种新的伦理。责任伦理的提出,是为了推动整个社会防范意识的建立,预防人类不负责任的行为带来的威胁,阻止罪恶与痛苦,维护生命个体与生命种类的延续。伦理学作为应然的制约力量应该发挥作用,但传统伦理学体系均因为自身的缺陷而无法实现这个目标。因此尤纳斯提出了"责任命令"的伦理原则。在尤纳斯看来❷,每个人都对作为整体的人类的发展延续负有责任,都要考虑如何行动来维护人类在地球上的持久存在。作为对"责任命令"的论证,尤纳斯区分了它与传统伦理学的区别:传统伦理学都是"纵向"的,忽略当下,目标是实现终极的最高的善,责任伦理是"横向"的,关注于每一个现在的具体情况,灵活调整不断适应变化着的情况;传统伦理学都是种形式上的责任,责任伦理作为一种关于权力和知识的功能结构,是种实质责任,并且具有单向度和不可逆等特点。尤纳斯和拉兹洛都强调一种整体性责任伦理观,但尤纳斯侧重于责任伦理的整体性和连续性,拉兹洛则侧重于责任伦理实践。

4. 责任伦理倡导前瞻性原则

以未来责任为导向。可以说,道德的正确性取决于对长远未来的责任性,因此,现代社会的发展使责任成为必需的新原则,特别是对未来的责任。

现实主义者认为科学研究应该以人类目前的状况出发,首先是解决现实问题,未来主义要求科学研究要照顾到未来。现实主义者把人类目前的利益放在第一位,认为未来是不可预测的。未来主义则强调这一代人应当关注下一代人的可持续发展,不能以牺牲子孙后代的利益为代价。当现实主义和未来主义发生冲突时,科学家应该要坚持及时后补救原则:以现实的人类生存为第一要义,同时对破坏未来的种种后果提出预先的警示,并及时提供采取补救措施的技术路线。

---

❶ 罗尔斯顿. 环境伦理学 [M]. 杨通进,译. 北京:中国社会科学出版社,2000.
❷ 朱彦元. 汉斯·尤纳斯的责任伦理 [D]. 大连:大连理工大学,2006.

五、参考文献

[1] E 舒尔曼. 科技时代与人类未来——在哲学深层的挑战 [M]. 李小兵, 等, 译. 北京: 东方出版社, 1996.

[2] 尤纳斯. 责任之原则——工业技术文明之伦理的一种尝试 [M]. 美因河畔法兰克福: 法兰克福出版社, 1979.

[3] 甘绍平. 应用伦理学前沿问题研究 [M]. 南昌: 江西人民出版社, 2002.

[4] V 布什, 等. 科学——没有止境的前沿 [M]. 范岱年, 等, 译. 北京: 商务印书馆, 2004.

[5] 刘大椿. 在真与善之间——科技时代的伦理问题与道德抉择 [M]. 北京: 中国社会科学出版社, 2000.

[6] 张华夏. 现代科学与伦理世界 [M]. 长沙: 湖南教育出版社, 1999.

[7] E 特纳. 技术的报复 [M]. 徐俊培, 等, 译. 上海: 上海科技教育出版社, 1999.

[8] H W 刘易斯. 技术与风险 [M]. 杨建, 等, 译. 北京: 中国对外翻译出版公司, 1997.

[9] D D 瑞斯尼克. 科学伦理的思索 [M]. 何画瑰, 译. 台北: 韦伯文化公司, 2003.

[10] 戴维·雷斯尼克. 政治与科学的博弈: 科学独立性与政府监督之间的平衡 [M]. 陈光, 白成太, 译. 上海: 上海交通大学出版社, 2015.

[11] 阿安吉拉·吉马良斯·佩雷拉, 西尔维奥·芬特维兹. 为了政策科学: 新挑战与新机遇 [M]. 宋伟, 等, 译. 上海: 上海交通大学出版社, 2015.

[12] 哈里·科林斯, 特雷弗·平奇. 人人应知的科学 [M]. 潘非, 何永刚, 译. 南京: 江苏人民出版社, 2000.

[13] 哈里·科林斯, 特雷弗·平奇. 人人应知的技术 [M]. 周亮, 李玉琴, 译. 南京: 江苏人民出版社, 2000.

第二章　科研规范与科学家的社会责任

科研学术规范的要求和科学家社会责任的提出，一方面是由于科学研究活动中出现了一些急功近利的行为、部分科研工作者违反了科学道德等。理想的科学研究被描述为一个科学家求真、至善、臻美的过程。在这个过程中，科学家揭示着自然界的客观规律，开发应用有利于人类利益的技术，去追求人类社会的持续、和谐的发展。但是，理想状态只能是一个无限接近而无法到达的状态，科学和现实社会就会产生各种各样的冲突和矛盾，科学技术与伦理道德的关系就成为人们关注的一个焦点。另一方面是由于战争问题、环境问题及科学带来的其他负面效应问题的出现而提出。在大科学时代，科学家"为科学而科学"的清高和超脱已不符合时代的要求。国际社会（包括科学界、各国政府、非政府组织）已清楚地意识到，科学家和科学共同体对于人、人类社会、自然界应当担负起应有的责任。

一、科学研究中的不负责任行为

狭义的科研伦理主要关注科学家在研究和学术领域中的行为，以及参与决策咨询和科学传播等活动中的行为，通过规范研究者的行为促进负责任的研究实践。它主要依据诚信标准将科研行为分为"负责任的研究行为"和"不负责任的研究行为"两大类。其中，"不负责任的研究行为"又可分为"科研不当行为"（或"有问题的行为"）和"科研不端行为"两类。

"不负责任的研究行为"是科学活动中的雾霾，而科学的社会规范正是对科学活动中的有效经验进行总结、提炼而形成的一套约束科学家的价值观和规范系统。❶通过制定一套有效的社会规范来力促科学家和科学共同体进行负责任的研究，从而使科学造福于人类。

1. 科研不端行为

"科研不端行为"是指那些严重违背诚实原则和伦理准则的最恶劣的研究行为。大科学时代，在计划、实施或评议研究项目，或者在报告研究成果中伪造、弄虚作假或剽窃等科学不端行为的大量出现，严重影响着科学的认知目标和实践目标的实现。

美国白宫科技政策办公室发布的《关于科研不端行为的联邦政策》❷将学术不端行为定义为"在建议、开展和评议研究成果的过程中所出现的伪造、篡改或剽窃。"美国《联邦政策》对"伪造、篡改、剽窃"这些核心概念做了进一步界定：①伪造是指伪造资料或者结果并予以记录或报告；②篡改是指操纵研究材料、设备或过程，或篡改或遗漏数据或结果，以至于研究记录没有精确地反映研究工作；③剽窃是指窃取他人的想法、过程、结

---

❶ 李景源，孙伟平. 价值观与价值导向论要 [J]. 湖南科技大学学报，2007（4）.

❷ Executive Office of the President. Federal Policy on Research Misconduct（Off. Sci. & Tech. POL'Y Federal Register, 2000）.

果或文字而未给予他人的贡献以足够的承认；④科研不端行为不包括诚实的错误或者观点的分歧。

德国马普学会于 1997 年通过、2000 年修订的《关于处理涉嫌学术不端行为的规定》中列出了"被视为学术不端行为方式的目录"，其指出"如果在重大的科研领域内有意或因大意做出了错误的陈述、损害了他人的著作权或者以其他某种方式妨碍他人研究活动，即可认定为学术不端"。

丹麦《研究咨询系统法案》对学术不端行为的定义是，在编制、完成或报告研究成果时随性任意或非常粗心大意，篡改、伪造、剽窃以及其他严重违背良好科学实践的行为。❶

在芬兰，对科研不端行为的定义则是从道德角度出发的，更强调"违背良心"这一问题要点，并认为学术不端是一种有违背科学研究良心的，在发表中伪造、篡改或不正确处理研究结果的行为。❷

挪威的《研究伦理和正直法》对学术不端行为作出如下定义：采取蓄意而为或者明显忽略的方式在研究规划、研究实践或研究报告中篡改、捏造、剽窃和其他严重违反良好科学实践的行为。

由此可见，国际上，学术不端行为方式主要为伪造、剽窃、篡改这三种（见表 2.1），行为的客体主要针对研究结果，主观上通常以故意为要件。

表 2.1 科技史上知名的学术不端事件

时间	当事人	国籍	领域	类型	事件及经过
1904	布朗洛	法国	物理	伪造数据	在 3 年内发表了 26 篇与 N 射线相关的论文和 1 部著作，其他法国科学家也纷纷跟进，到 1906 年时已有 120 多名科学家发表了近 300 篇研究 N 射线的论文
1912	查尔斯·道森	英国	人类学	伪造发现	伪造在英格兰辟尔唐地区的一个碎石采掘场发现了"辟尔唐人"
1981	藤村新一	日本	考古学	伪造发现	伪造发现"史前古器物"
1988	巴尔的摩	美国	生物	伪造数据	1986 年 4 月，巴尔的摩和嘉莉在《细胞》杂志上发表了题为《在含重排 MU 重链基因的转基因小鼠中内源免疫球蛋白基因表达模式的改变》的实验论文。国会和联邦经济情报局的调查结果最终显示：实验的日期与嘉莉的记录不一致，她是用截取日期转贴到日期记录纸带上的方法来造假
2002	舍恩	美国	物理	伪造数据	1998~2001 年发表的 24 篇论文中，舍恩至少在 16 篇论文中捏造或篡改了实验数据
2011	藤井善隆	日本	医学	伪造数据	在其 20 年的学术生涯中，发表的文章有 183 篇涉及伪造数据，这使他成为目前单个作者撤回论文数量最高纪录的保持者
2005	黄禹锡	韩国	生物	伪造数据	2004 年和 2005 年发表在美国《科学》杂志上的有关培育出胚胎干细胞的数据属伪造，黄禹锡所谓的"独创的核心技术"无法得到认证

❶ 张镧. 科研不端行为的法律规制比较研究［D］. 武汉：华中科技大学，2008：8.
❷ 孟伟. 西方发达国家如何应对科研不端行为［J］. 科技导报，2006（8）：91－94.

时间	当事人	国籍	领域	类型	事件及经过
2006	陈进	中国	计算机	剽窃	陈进通过汉芯造假事件，骗取国家科技部以及上海市政府等政府部门上亿元科研经费
2014	小保方晴子	日本	生物	伪造数据	小保方晴子在《自然》杂志发表两篇诺奖级论文，声称发现了成年动物体细胞克隆的全新方法，即一种新型"万能细胞"STAP细胞，这些细胞具有和胚胎干细胞相同的特性。小保方晴子存在捏造、篡改等学术不端行为

各国也纷纷采取了各种对科研不端行为的惩戒措施。如美国联邦政府早在1992年就成立了"科研诚信办公室"，作为处理科研不端行为的专门机构；丹麦设立丹麦科研不端委员会，作为调查处理科研不端行为的最高国家机构，将对全部学科科研不端行为的调查和监管集中到这个外部机构；挪威的教育和研究部成立了专门的官方管理机构——挪威研究伦理委员会（下属数个专门的伦理委员会），其作为独立的外部机构对于确保科研诚信具有重要的意义；德国的马普学会成立了常设委员会，专门负责调查学术不端行为，并提出采取具体的惩罚措施，包括警告、没收研究资金，开除和法律指控等。

2. 科研不当行为

"科研不当行为"介于负责任的研究行为和科研不端行为之间，它虽然违背了科研诚信的基本原则，但没有突破相关的道德底线。较之科研不端行为，此类行为实际发生率更高，并在对其进行判定、约束和惩罚等方面难以达成共识，因而也被称为"灰色行为"。[1] 目前对此类行为的研究与治理已成为研究伦理的重点。[2]

科研不当行为，既包括科学研究活动中，滥用学术权力牟取私利的学术腐败行为，也包括并未涉及学术权力滥用的一般违反法律及学术规范的学术不端行为。目前，学术不端行为的表现可概括如下。

1）职称评定中弄虚作假等行为。职称评定制度是具有中国特色的科研工作者的评价制度。在个人履历表、资助申请表、职位申请表以及公开声明中故意包含不准确或会引起误解的信息，以及故意隐瞒重要信息，在有关人员职称、简历以及研究基础等方面提供虚假信息。

2）科研资源分配中的腐败行为，包括骗取经费、装备和其他支持条件等科研资源，滥用或严重浪费科研资源。中国相关规范中规定的学术不端行为实质包括学术腐败，即滥用学术权力牟取私利，如在学术评审和项目申报中突出个人利益等行为。这与中国科研活动较强的行政引导色彩以及不健全的科研评价制度有着直接的关联。

3）研究成果发表或出版中的学术不当行为。比如将同一研究成果提交多个出版机构或刊物发表，将本质上相同的研究成果改头换面发表，将基于同样的数据集或数据子集的研究成果以多篇作品出版或发表。甚至侵犯他人著作权，如侵犯他人的署名权；未参加创作，在他人学术成果上署名；引用时故意篡改内容，伪造注释。

❶　科学技术部科研诚信建设办公室. 科研诚信知识读本［M］. 北京：科学技术文献出版社，2010：9-10.
❷　美国医学科学院，美国科学三院国家科研委员会. 科研道德——倡导负责行为［M］. 苗德岁，译. 北京：北京大学出版社，2007.

4）在涉及人体（动物）的研究中，违反知情同意、保护隐私等规定；违反实验动物保护规范；等等。

5）故意干扰或妨碍他人的研究活动行为。利用权力或同行评议之机，故意损坏、强占或扣压他人研究活动中必需的仪器设备、文献资料、数据、软件或其他与科研有关的物品。

6）低水平重复行为。受市场经济所带来的一些不良风气所影响，科研工作往往要求在短时间内快出成果，带有了强烈的个人功利色彩，脱离了科学研究的目标，一些科研工作往往被实惠和利益所驱动，跟风借势，缺乏新意，低水平重复。

7）违背公平的审批评价行为。目前，捆绑申请、分散研究、总体交付、以数量充当质量现象等在一些重大的科研管理中层层的出现；在重大评估与评奖中也不乏拼凑成果、包装意义、蒙混过关等现象；在人才引进与选拔过程中也常出现"不尽如人意"的结果等。

8）"病态科学"行为。美国著名物理学家和化学家、1932 年诺贝尔化学奖得主欧文·朗缪尔在 1953 年发明"病态科学"一词，指科学家一厢情愿地研究一种不存在的自然现象，由于过分强烈的主观愿望而相信虚假的结果。

科研不当行为不仅是学术、文化公害，将会对社会产生全方位的影响，甚至严重损害了社会的公平体系。

3. 科研不负责任行为的原因

（1）科学的可靠性与不确定性的争议是内因

科学追求确定性，但科学研究过程和结果中却充满不确定性。美国亨利·N. 波拉克在《不确定的科学与不确定的世界》❶ 一书中强有力地抨击了两种危险的态度：一种是在用人们难以理解的概率描述的复杂世界中拼命寻找不可能的确定性；另一种是非常相信科学家是当今通过科学实验产生确定性的魔术师。

一方面，科学研究对确定性的追求，是人们的一种期待与理想。对知识的追求在古希腊就已有之，但是科学知识不同于传统意义上的知识，只有基于经验的、经过严密的推理得到的知识才能称得上是科学知识。哲学本体论对本体、本原或基质的寻求，就是一种对确定性的追求，比如泰勒斯的"水"、毕达哥拉斯的"数"、中国的"五行"、老子的"道"等表示着一种确定性。近代著名数学家和哲学家笛卡儿从另一个角度展开了对确定性的探讨，这就是他所谓的"我思"。牛顿力学是追求确定性的典范。拉普拉斯关于计算宇宙未来的论断则是确定性追求的最大胆的梦想。

另一方面，科学研究中存在不确定性。人类在对确定性的追求中业已认识到不确定性的作用。古希腊的阿那克西曼德认为万物的本原是"阿派朗"（apeiron，也译为"无限定"），阿派朗意味着是某种具有不限定性质的东西。中国的老子提出："道可道，非常道。名可名，非常名"。这表明"道"本身具有不确定性。具体说来，第一，科学研究方法中的"归纳问题"。19 世纪以来，由于自然科学有关辩证观点的不断揭示，哲学上不断显现出不确定性的身影。科学哲学家波普尔提出证伪主义，坚持理论可以被证伪而不能被证实。这就说明了经验、理论本身具有不确定性。20 世纪的科学哲学发展表明，科学理论是不能得到证实的，只能得到确证（只能保证过去正确），只能被证伪，这就体现出科学理论或科学知识不是切实可靠的，它具有不确定性。第二，科研过程中的

---

❶ 波拉克. 不确定的科学与不确定的世界 [M]. 李萍萍，译. 上海：上海科技教育出版社，2005.

"观察渗透理论"现象。科研中的差错包括：①仪器误差；②方法误差；③人的误差；④撰写论文过程中的主观因素；⑤数据处理储存过程中的失误。第三，科研中的测不准原理。诺贝尔奖获得者普利高津在《确定性的终结》一书中也指出了同样的含义："现在正在出现的，是位于确定性世界与纯机遇的变幻无常世界这两个异化图景之间某处的一处'中间'描述。"❶

在科学的可靠性与不确定性之间，科研诚信是社会和公众对科学信任的重要保障。然而，现在科研人员诚信意识淡薄甚至缺失，导致不端行为频频发生。由于诚信意识不强，使得科研人员缺乏自我约束力，在研究过程中弄虚作假，随主观意愿行事，为所欲为。科研行为不端者漠视作为科学进步必然要求的诚信，是因为没有从根本上认识到诚实守信对科学研究的作用和意义。

（2）名利追求和社会评价体系的不完善是外部因素

一方面，现代知识产权制度激励大量企业资金、私人资金、风险基金等投入科技研发，如果避开科技成果的"私有利益"是难以想象的。私营公司塞莱拉基因公司以基因图谱对医药界的巨大吸引力筹措资金（以试验成果的经济价值作为利益来给予许诺），与官方组成的"多国部队"——国际人类基因组计划组织展开竞赛，双方竞相提前完成基因测序工作。在知识产权制度安排下，出现"专利和知识产权与'知识公有'和'无私利性'"的冲突是不可避免的，故不宜用科学规范对技术活动进行规范。同样，科技成果的社会应用也需要相应的规范（准则）来规范和引导。

另一方面，科研管理体制存在问题。例如，在我国科研领域，行政权力大于学术权力，行政对学术的管理采用的是等级制，根据科研人员的成果数量评职称、分配科研基金、评奖等。行政权力对科研活动的不适当介入，对学术事务进行过多行政干涉。而行政管理的特点之一就是"一刀切"，习惯于量化管理，混淆了物质生产与作为科研活动的精神生产。

同时，激烈竞争造成心理压力。进入现代科学，从事科研的人数众多，但资源相对稀缺，加剧了科学共同体的竞争。竞争应该是科研活动的动力，有些人可以将竞争的压力转化为动力，而有些人面对竞争的压力却做出违背科研规律违背道德的行为。从科学最早的岁月开始，对名望的追求就一直伴随着为使自己的学说占上风，而不惜对真理稍加改进以至于凭空编造数据的念头。科研工作者群体中在项目经费、科研奖励、研究管理职位等方面必然存在一定形式的竞争，伴随一定的利益分配关系，从而给科研工作者形成一定的压力。

二、科学家研究伦理规范的反思

1. 科学研究伦理学兴起的背景

1981 年布劳德和沃德出版的《背叛真理的人们》❷ 和 1982 年拉福莱特出版的《出版物中的盗窃：科学发版物中的欺瞒、剽窃和不端行为》❸ 是较早有关科学家不端行为的专著。

---

❶ 普利高津. 确定性的终结 [M]. 湛敏，译. 上海：上海科技教育出版社，1998.
❷ W Broad, N Wade. 背叛真理的人们 [M]. 朱进宁，等，译. 上海：上海科技教育出版社，2004.
❸ M C La Follette. Stealing into Print：Fraud, Plagiarism and Misconduct in Scientific Publishing [M]. Berkeley：University of California Press, 1982.

与此同时，世界各国学术界也陆续披露出诸如伪造、篡改、剽窃以及其他与科学研究相关的伦理问题，科学研究伦理学就是在这种背景下发展起来的。

罗宾·勒威·彭斯拉编写的《研究伦理学》[1]中，分三个研究领域来具体陈述科学研究的伦理原则和规范。在自然科学方面，作者强调科学家的职业道德，科学数据的应用、权威性和更新等问题；在行为科学方面，作者强调研究对人和人性需要的尊重；在人文学术方面，作者以历史学为例，强调历史研究的伦理原则，历史文本的利用和解释，口述历史和媒体、知识产权等问题。弗里德曼等人编著的《社会心理学》涉及研究伦理学问题时，对被试者的知情同意问题和涉及私人秘密的研究作了探讨。德伯拉·巴包姆等编写的《研究伦理学》对于研究行为和研究传播中的伦理问题做了多方面的讨论，这些讨论也适用于人文社会科学研究。

以人类和动物为研究对象的研究，如心理学、人类学、社会学等社会科学或行为科学，国际组织有一些行为准则和文件，如《纽伦堡法典》（1949）、《赫尔辛基宣言》（2002年修订版）、CIOMS/WHO 涉及人的生物医学研究的国际伦理准则（2000）等。

2. 科学研究伦理的核心内涵

诚实原则可以说是科研伦理的核心。诚实原则具体到科学研究中就是：科学家在研究过程的所有阶段，如数据的采集、记录、分析、解释、共享和储存，成果的公开和评价等，都应坚持客观、公正、诚实的原则。否则，科学的目标、追求真知、彼此信任、合作交流、社会公信、社会支持等基础都将丧失。不诚实行为包括：①采集数据不诚实行为；②记录数据不诚实行为；③修饰数据不诚实行为；④基金申请过程中的不诚实行为；⑤科学家编造或伪造自己的履历等不诚实行为。

美国的戴维·雷斯尼克总结了关于科学研究中的一些伦理原则，如表2.2所示。

表2.2 科学研究的伦理原则[2]

内容	具体内涵
诚实	诚实地报告数据、结果、方法和流程、发表状态、利益冲突，不可篡改、伪造或歪曲数据
客观性	在涉及其他科学家（如人事决策）或与公众的互动中（如科学咨询和专家司法作证），力求客观
慎重	避免粗心大意的错误或疏漏；慎重而苛刻地审查自己与同行的成果；保持研究活动的良好记录
开放	分享数据、结果、思想、工具和资源，开放面对批评和新思想
保密	保护学术交流的秘密，如待发表的论文和项目申请书、人事记录、商业与军事秘密、病历等
尊重同事	尊重同事和学生，避免伤害他们并有益于他们的生活，公平对待你的同事
尊重知识产权	重视专利、版权及其他类型的知识产权；未经允许不使用未公开数据、方法或结果，荣誉属于有功之人
自由	研究机构、研究资助者和政府都应鼓励新思想、研究和交流的自由
社会责任	努力对社会有益，避免或防止危害
管理职责	有效利用人力、财务和技术资源
教育	启蒙、指导、教诲和训练下一代科学家

---

[1] Robin Levin Penslar. Research Ethics：Cases and Materials［M］. Bloomington：Indiana University Press，1995.

[2] 戴维·雷斯尼克. 政治与科学的博弈：科学独立性与政府监督之间的平衡［M］. 陈光，白成太，译. 上海：上海交通大学出版社，2015：49－50.

内容	具体内涵
胜任	通过终生教育和学习保持并提高自身职业能力和专业素质
机会平等	促进学生和同事机会平等，在入学决策、人事决策和同行评议决策中避免歧视
合法性	了解并遵守相关的法律、监管条例和政策
关爱动物	当使用动物作研究时，要适当关爱它们。不做不必要的或涉及粗劣的实验
保护受试者	当研究中用到人作为受试者的权力和利益

3. 科学家社会责任的形成

在科学的社会影响加大，科学与政治、经济和社会生活的互动增强的情况下，"科学家的社会责任问题"由活跃在科研第一线的科学家提出来。在科学自身和社会发展的不同阶段，科学家的社会责任问题有着不同的内涵，反映了科学共同体对科学社会功能的认识不断提高和加深。

20世纪以来，随着科学技术事业的发展，科学技术对社会的影响越来越大，人们对科学技术的本性、科学技术的社会功能等问题越来越关注。尤其是第二次世界大战以后，许多科学家和社会有识人士对科学技术的社会后果以及科学家的伦理责任进行反思（如帕格沃什会议、"科学家宪章"等）。20世纪70年代以后，生物技术和信息技术的新进展引发了新的伦理问题，科学家们对诸如基因研究的潜在危害和自己的责任范围有了新的思考（如在瑞典乌普萨拉制定的"科学家伦理规范"），哲学家们也对科学技术活动的伦理问题进行研究（如尤纳斯的著作《责任之原则》）。

曹南燕在《科学家和工程师的伦理责任》一文中说道："责任是知识和力量的函数，在任何一个社会中，总有一部分人，例如医生、律师、科学家、工程师或统治者，由于他们掌握了知识或特殊的权力，他们的行为会对他人、对社会、对自然界带来比其他人更大的影响，因此他们应负更多的伦理责任。"因此，无论人们处于何种社会中，出于何种政治、经济、军事、科技等目的，都应当以特定的责任为依据，规范自己的行为选择，承担相对应的社会责任。

近十几年来，公民的"责任"问题广泛被人们关注和认可，人们越来越强调社会生活中的"责任"，因为它已经成为人们行为选择中主观目的和动机的出发点，渐渐成为当今社会中最普遍和规范性的概念。正如卡尔·米切姆所说的一样："在当代的社会生活中，责任在西方对艺术、政治、经济、商业、宗教、伦理、科学和技术的道德问题的讨论中已成为试金石"。❶

正如 F. J. 戴森所说："科学与技术，就像所有人类心灵的原始创作一样，发展的结果是难以预料的。如果我们有可靠的标准为依据，事先在知识体系上标定良莠，将更能明智地管制科技的发展。只可惜我们都缺乏这种高瞻远瞩的智慧，来判定哪条路通向灭亡与沉沦。任何手握重大科技生杀大权的人，不论他决定向前推进还是谱上休止符，都是拿全人类的生命做一次豪赌。"❷

---

❶ 卡尔·米切姆. 技术哲学概论［M］. 殷登祥，等，译. 天津：天津科学技术出版社，1999：72.

❷ F J 戴森. 宇宙波澜——科技与人类前途的自省［M］. 邱显正，译. 北京：生活·读书·新知三联书店，1998：10.

20 世纪 30 年代，以贝尔纳、李约瑟、斯诺等人为代表的一批英国进步学者首先明确地提出"科学家的社会责任"问题。当第二次世界大战爆发后，大多数同盟国的科学家都参与了军事武器的研制，特别是制造原子弹的工作。❶ 原子弹的使用使许多科学家在道德伦理判断上陷入进退两难的境地，并使得科学共同体对其"责任伦理"有了更为深刻的领悟。

第二次世界大战结束后，科学共同体对科技成果被越来越多地用于军事目的，特别是对原子弹和氢弹造成的恐怖感到普遍担忧，也更进一步意识到他们对维护世界和平与发展所应承担的责任。责任伦理概念的提出，对伦理学理论的发展产生了深远的影响。经过德国学者伦克以及德裔美籍学者尤纳斯的发展，责任伦理概念不但正在日益引起伦理学界的认同，而且一个作为应用伦理学分支学科的"责任伦理学"也正在不断形成和完善。正如尤纳斯在《责任之原则——工业技术文明之伦理的一种尝试》指出，道德就是必须对未来、对长远负责。此外，他在《科学与研究自由：凡是能做的，都是允许的吗?》一书中还提到：人类的力量已经变得非常强大，但是绝对不能用这种力量来毁灭人类自身及其后代。

在科研实践层面，科研伦理着力倡导负责任的研究实践，并通过构建科研行为的控制机制，从而塑造、影响科研行为，包括一套科研的诚信规范和职业的伦理法典，如 1946 年公布的《纽伦堡法典》和 1964 年世界医学大会通过并 6 次修订的《赫尔辛基宣言》，等等。

4. 影响科学家承担社会责任的因素

（1）内在因素

其一，科学家局限性的认识能力。科学家的社会责任的承担是多方面的，正确预测和评估他们科技研究成果在社会生活中的应用可能产生的后果是科学家承担社会责任中首先必须重视的一个方面。但研究领域局限、自身认识能力以及社会历史条件等外部因素往往对科学家造成影响，使得他们有时对科技成果的应用后果的预测和评价往往不够准确，这就势必会影响到他们正确承担自己的社会责任。科学家认识能力的局限性是影响科学家承担社会责任的一种不可逃避、客观存在的事实，同时成为科学家准确预测科技成果的社会后果的一个重大障碍。

其二，科学自身发展的不成熟性。科学发展的不成熟性是指将还不成熟的科学成果投入使用所带来的与预期相反的结果，或者说在这些科技成果中某一方面是有利的，但从长远的眼光和综合应用情况而言却是弊大于利的。

其三，科学研究的社会后果的不可预测性。巴伯曾在《科学与社会秩序》一书中论述了科学研究的社会后果的不可预测性。作为生活在特定的时代背景下的科学家，由于受到他们所在时代条件的框架约束，因此，在一定程度上是造成他们认识能力局限性的重要原因。❷ "原子技术的发展可以从 1900 年德国物理学家伦琴发现 X 射线说起，当时就没有人能从他的研究中预计到其今天对于原子能会有这么重要的意义，就连核物理权威卢瑟福到死都不承认核能可以被利用。1933 年他断言：'那些指望通过原子的衰变而获得能量的人，都是胡说八道。'但 1939 年德国科学家率先实现了铀的裂变反应，1945 年美国科学家成功研制了原子弹。"❸

---

❶ M 戈德史密斯，A L 马凯. 科学的科学 [M]. 赵红洲，蒋国华，译. 北京：科学出版社，1985.31.
❷ 杨小华. 科学家社会责任之缺失探因 [J]. 兰州学刊，2006：23.
❸ 傅静. 科技伦理学 [M]. 成都：西南财经大学出版社，2002：91.

（2）社会因素

其一，社会意识形态的影响。社会意识形态对整个人类社会的发展进步起到了巨大的能动作用，它有着特许的相对独立性，在一定社会历史条件下，政治意识形态也可能成为科学家在进行科学研究活动、为人类造福的过程中所承担社会责任的一大障碍。"李森科事件、罗森堡夫妇案件、中国'反右运动'直到李文和案都是当代政治意识形态与科技的典型事件。"其中，最具代表性的是李森科事件。李森科是苏联阿塞拜疆的甘仁斯基农业站的科技人员，20世纪30年代初期提出了能解决作物增产问题的所谓的"春化法"。❶

其二，功利主义影响。功利主义导向只会使人减少甚至失去对事物本身的兴趣和内在驱动力。目前，很多科研政策和科研评价体系具有明显的功利主义取向，表现为重应用研究轻基础研究、重理工学科轻人文社会学科、重眼前利益轻长远效益，特别是科研领域的人情文化，长此以往，必将导致我国科学的畸形发展。中国传统文化重视工具理性、欠缺纯粹理性的品格是当今功利主义科研政策导向的文化渊源。中国先民宗教意识的淡薄决定了古代科研活动必然是重术轻学、重实用轻理论，难以做到"为科学而科学"。

对此，美国著名科学家亨利·罗兰在《为纯科学说几句话》一书中说："要运用科学，就必须让科学自身独立下去，如果我们只注意科学的应用，必然会阻止它的发展，那么要不了多久，我们就会退化成中国人那样，他们几代人没有在科学上取得什么进展，因为他们只满足于科学的应用，而根本不去探讨为什么要这样做的原因。""希望从事纯科学研究的人必须以更多的道德勇气来面对公众的舆论，他们必须接受被每一位成功的发明家所轻视的可能。在这些发明家肤浅的思想中，这些人以为人类唯一的追求就是财富，那些拥有最多财富的人就是世界上最成功的人。每个人都理解100万美元的意义，但能够理解科学理论进展的人却屈指可数，特别是对科学理论中最抽象的部分。我相信这是只有极少数人献身于人类至高的科学事业的原因之一。"❷

三、科学研究伦理规范

1. 贝尔纳"仁慈的功利主义"

在为纪念贝尔纳的科学学奠基性巨著《科学的社会功能》发表二十五周年的论文集《科学的科学》里，贝尔纳写了一篇题为《二十五年以后》文章。在这篇回顾性的文章里，贝尔纳说："不可否认我在《科学的社会功能》一书中所隐藏的整个倾向，基本上就是一种仁慈的功利主义倾向……我个人毫不怀疑，科学可以身兼二任，既可以纯洁你的灵魂又可以为人类带来幸福"。用另一个科学学家马凯的话说："《科学的社会功能》一书的基本论点是：科学为每个人服务，科学有其社会作用，而如果有计划地加以利用，就可以大大地改善人类的命运。"❸

贝尔纳从科学领域到社会领域的人生经历、对马克思主义的坚定信仰以及作为具有强烈社会责任感的科学家所具有的优秀品质对他后来以"普遍造福于人类"为核心的科学伦

---

❶ 孙慕天. 跋涉的理性［M］. 北京：科学出版社，2006：68.

❷ Henry Augustus Rowland. A Plea for Pure Science［J］. Science, 1883（2）：242–245.

❸ M 戈德史密斯，A L 马凯. 科学的科学［M］. 赵红洲，蒋国华，译. 北京：科学出版社，1985：4.

理思想的形成有着重要影响。

科学不仅在物质层面上影响人类历史的进程，也在观念层面上影响人类历史的进程。科学在铸造世界的未来上能起决定性的作用。这也是贝尔纳的"仁慈的功利主义倾向"所在。科学之所以出现这种与"仁慈的功利主义倾向"相反的状况，完全是因为科学"陷入过时的政治和经济制度的罗网中"的缘故。因此，他将"仁慈的功利主义"的批判指向以下两个方面。

（1）批判以营利为目的的科学及其负价值

一方面，贝尔纳认为，以营利为目的的科学及其负价值表现为，受到权益集团控制的作为劳动者的科学家影响了科学研究的总方向。贝尔纳认为科学家在工作中从来就逃不了密切联系的其他三种人，即恩主、同事和群众。在这三种人中，对科学的总方向起决定作用的是"恩主"。贝尔纳认为："所谓的恩主，不论是富有的个人、大学、公司或政府部门，它的功能就是供给钱财使科学家能生活和能工作。恩主作为交换条件的是对科学家的实际工作，要参加自己的某些意见，如果最后目标属于商业利益或军事成就，那就格外要这样了。"❶ 在整个科学史上，贝尔纳认为科学家一直不得不勉强过着寄人篱下的生活。因此，科学家就不可避免地为那些无知的恩主服务。在这种情况下，科学必然在研究的总方向上受到恩主的控制，科学研究和教学必然成为工业生产的一个极为重要的组成部分。这就不可避免地导致科学与造福于人类的方向相背。

另一方面，以营利为目的的科学，朝着提高利润的方向改变了工业生产的过程。受到利润支配的科学是不能保证科学造福人类的价值目标实现的。他说："目前除了苏联以外，到处都是为了私人利润进行生产，科学是不是能得到利用主要取决于科学对利润的贡献。总的来说，科学是在有利可图的情况下，而且只有在这种情况下，才能得到应用。""直到现在，把生产——因而也就是科学研究——集中于重工业和可以在工厂中大量制造的商品的生产上仍然是比较方便的。生产者节约经营费用的需要支配了消费者的需要。假如把花在研究和改进机器制造上的时间和金钱用来研究和改进生活资料的生产、特别是食品和医药卫生用品的生产，我们就早已取得极大的进展了，不仅会过着更富裕的生活，而且会对生物学的问题有了深刻得多的认识。"❷

此外，以营利为目的的科学影响了科学的有效应用，使科学原理在第一次发现和第一次加以实际利用之间存在巨大的时间差距。贝尔纳说："我们正是在经济因素中才能找到迟迟不采用科学成果的原因以及造成科学的实际应用的一般性质的原因。"❸ 他举例说："机器纺织方法首先是应用于织造缎带，很久以后才应用于织布，而蒸汽动力则先后应用于花园喷水池、矿井抽水、最后才用来推动机器。"所以他说："马上获利的要求从一开头就妨碍了科学的应用。"❹

（2）批判"一切都为备战服务"

贝尔纳生活的年代也是法西斯统治猖獗的年代。法西斯统治下的科学，不仅扭曲了科学造福人类的目标，而且把科学及其应用引向极端———一切都为备战服务。贝尔纳认为正是法西斯主义的存在，才使科学处于危机之中。"随着法西斯主义的兴起，这些原则已经受到了直接进攻，而且要是允许这种进攻发展下去的话，就会危及科学的进步，甚至危及科

❶❷❸❹ 贝尔纳. 历史上的科学 [M]. 伍况甫，等，译. 北京：科学出版社，1981：8，194，196，198，202，300.

学本身的存在。"❶ 贝尔纳的科学伦理思想就是在这样的文化背景下产生的。第二次世界大战后，他还为保卫世界和平做出了巨大努力。正如马凯在《科学的科学》的序中所说，他"在阻止战争方面，花了大量的时间，做出了不懈的努力。"❷ 总之，他既是一位科学家，又是一位勇敢的战士；既是一位社会活动家，又是一位出类拔萃、品格高尚的杰出学者。

总之，在贝尔纳看来，法西斯主义在破坏科学的自由探讨和自由发表的基本原则的同时，还镇压和迫害科学家、干涉具体的科学教育。贝尔纳引用希特勒《我的奋斗》中的话最能说明纳粹对科学教育的干涉："国家必须把它的教育机器的全部力量用来培育绝对健康的身体，而不是让它的儿童充满知识。发展心理能力仅是次要的。我们首要目的必须是发展性格、特别是发展意志力以及勇于负责任的精神；科学训练要远远地放在后面。"❸ 因此，整个科学教育也变成为战争服务的工具。所以，纳粹的目标是"把科学事业变成国防部门的政策，即鼓励有助于直接间接的军事目的的各类科研，而且只鼓励这几类科研。"❹

贝尔纳的"仁慈的功利主义倾向"是利用科学"普遍造福于人类"。在什么样的制度下才能实现科学"普遍造福于人类"呢？贝尔纳系统地研究了科学与社会的复杂关系后发现，科学"普遍造福于人类"在资本主义和法西斯主义条件下是根本无法实现的。他通过对马克思主义的研究和当时苏联科学状况的分析，认为只有在社会主义条件下，科学"普遍造福于人类"的目的才能真正实现。

E. H. S. 伯霍普在《科学家的社会责任》中写道："贝尔纳著的《科学的社会功能》，它在提高全世界科学家的社会良心方面，产生了深远的影响。"❺贝尔纳本人的思想与品格集中表现在他作为科学家的强烈社会责任感上。贝尔纳的老师获得诺贝尔物理学奖，他领导下的同事获得了诺贝尔化学奖。斯诺认为，"倘使贝尔纳也具有这样一种恒心，那么，他定会很快完成大量的现代分子生物学的研究，并能够不止一次地获得诺贝尔奖奖金。"❻

2. 默顿规范

默顿对科学共同体运转进行了系统研究后提出，支配着科学活动、维系着科学组织、决定着科学发展的有四项规范标准，即普遍主义原则、知识公有原则、无私利原则、有条理的怀疑主义原则。这些规范最基本的功能就是对科学行为进行纠错。工业研究所的建立以及高科技产业的兴起，使科学规范中的一些原则如无私利性受到了严峻挑战。

科学系统的社会规范，是由美国科学社会学之父默顿在研究了科学史上大量事实后于1942年在一篇题为《科学和民主的札记》的短论中提出来的。默顿称之为科学的精神气质，一共归纳为四条，即普遍主义（Universalism）、公有主义（Communism）、无私利性（Disinterestedness）和有条理的怀疑精神（Organized Skepticism），简称UCDOS，以此凸显科学所独有的文化和精神气质。默顿在其1957年发表的《科学发现的优先权》一文中将独创性和谦恭加入默顿规范之列。

1）普遍主义，是关于科学成果的评价标准和科学界的准入资格的规范，即要遵循客观

---

❶ 贝尔纳.科学的社会功能［M］.陈体芳，译.北京：商务印书馆，1982：198，202，300.
❷ M 戈德史密斯，A L 马凯.科学的科学［M］.赵红洲，蒋国华，译.北京：科学出版社，1985：7.
❸ 希特勒.我的奋斗［M］.埃尔出版社：542.
❹ 贝尔纳.科学的社会功能［M］.陈体芳，译.北京：商务印书馆，1982：313.
❺❻ M 戈德史密斯，A L 马凯.科学的科学［M］.赵红洲，蒋国华，译.北京：科学出版社，1985：119.

性、普遍性。默顿认为"关于真相的断言，无论其来源如何，都必须服从于先定的非个人性的标准，即要与观察和以前被证实的知识相一致""普遍主义规范的另一种表现是要求在各种职业上对有才能的人开放"，● 默顿强调任何人不能以任何理由限制他人从事科学，除非这个人缺乏能力，否则不利于科学的进步。

2）公有主义规范有两重含义。其一，它要求把科学知识作为一种公共产品，无偿地交流和使用，反对把科学知识作为创造者的私有财产，要求科学家承认和尊重同行的知识产权。一个科学家的"知识产权"通过发表其成果而确立，对于这样的"知识产权"其他科学家应予以承认和尊重，即在无偿利用这一成果的同时应该注明其来源。用科学家"名字命名的理论和定律并不表明它们为发现者及其后代所独占，惯例也没有赋予他们使用和处置它们的特权。"其二，"科学家承认他们依赖于某种文化遗产，他们对这种遗产没有提出不同的要求"。❷

3）无私利性（非牟利性），这一规范涉及对从事科学研究的动机的制度性控制，它要求科学家为追求真理而工作，要求科学家以科学本身为目的，"为科学而科学""只问真伪、不计利害"，反对利用科学谋取个人利益，也不以服务他人和公共利益为直接目的。

4）有条理的怀疑精神强调科学永恒的批判精神。它既是方法论的要求，也是制度上的要求。科学中的"有条理的怀疑主义"规范，根植于西方源远流长的怀疑主义哲学传统。作为科学的一个制度性规范，"有条理的怀疑主义"有两层含义。其一，"质疑和审查"，它与哲学上的怀疑论、个人的怀疑精神是相通的，但又有本质区别，主张依据经验和逻辑，对现存的信念和权威持怀疑和批判的态度。其二，这种怀疑和批判是"有组织的"，是一种制度上的安排，而不仅是个人行为。

5）独创性规范要求科学家只有发现了前人未发现的东西，做出了前人未曾做出的成果，其工作才会被认为对科学的发展具有实质性的意义。默顿认为对于科学家而言，独创性是一种任务即增进知识。"正是通过独创性，知识才会以较小或较大的增幅得以发展""如果科学制度仅仅把独创性看做具有重大的价值，那么科学家们可能就会把对优先权的承认看得比现在更为重要"。❸

6）谦恭。默顿还指出了谦恭这一价值观的表现形式："承认前人所留下的知识遗产使我们受益匪浅"。●

这些规范中，无私利性是科学精神气质的基础和核心，集中表现了科学系统的价值观。科学的规范结构是科学系统自我控制的机制，科学的良心。

默顿学派的重要成员伯纳德·巴伯在遵循默顿基本科学社会学研究框架的同时，在《科学与社会秩序》完成了对默顿科学社会学理论的完善。①理性。巴伯指出"相信理性是一种精神善，是'理想型'自由社会的一个构成要素。毫不奇怪，这种信念在自由社会中那些科学昌盛的地方最为强烈，因为承认理性至高无上的威力是科学社会组织的一个中心精神价值""科学家对于理性的信赖特别强烈，也必须特别强烈，因为只有这样，当他们在其科研工作中遇到巨大的困难和一次又一次的失败时，才能把这一信仰坚持下去"。②感情中立。巴伯指出"感情的涉入是人们信奉科学价值和科学方法并奉献于科学事业的一个必要因素，就这一点而言，甚至在科学中也承认感情的涉入是一件好事"。在科学中，感情

●❷❸● R K 默顿. 科学社会学 [M]. 鲁旭东，林聚任，译. 北京：商务印书馆，2003：365，368，370，371，397.

中立价值是"附属于理性精神价值的，并且它在科学中要比一般地在自由社会中重要得多""是实现完满理性的手段和条件"。③宽容。"由普遍主义导致的宽容是一种绝对的精神善，没有一位科学家能有如此先见之明，能断定科学中的某种新思想必定是好的或坏的"。因此巴伯认为科学"需要容忍各种各样的人，因为科学贡献曾有各种类型的人作出，而各种类型的人都有经受训练并作出这种贡献的潜力"。可以看出巴伯是在默顿的普遍主义精神基础上提出了宽容精神。④个人主义。巴伯指出"对科学的社会组织来说是基本的而又与更大的自由社会共同分享的最后一种价值被我们称作个人主义，它在科学中尤其表现为反对权威主义"。❶巴伯将默顿规范中"有条理的怀疑"用"个人主义"代替，二者的共同点是对科学权威的质疑，不同的是"有条理的怀疑"强调集体性，"个人主义"强调的是个体科学家对权威的质疑精神。巴伯还对"无私理性"做了发挥，将"无私利性"与"利他性"等同起来，这与默顿所强调的一切科学行为都是为了拓展正确无误的知识的"无私理性"产生了背离，因为默顿的"无私利性"既不包含"利己"也不包含"利他"。

20 世纪 60 年代，科学界中的越轨行为引起了默顿学派内外学者的关注，如迈克尔·马尔凯、杰里·加斯顿、朱克曼、安德烈·F. 库尔南等。例如，朱克曼与库尔南在《科学的准则——分析和展望》一文中较为深入地讨论了科学规范的问题，并将之概括为 7 个准则（这 7 个准则最初由库尔南提出，得到朱克曼认可）。①学术诚实和客观性。科学家应该逼近自然界并尽量客观地进行研究。②宽容。新思想最初往往是难以让人相信的，对它们表示宽容并留意它们的事实根据是否符合可靠的科学要求就是明智之举。宽容也可表现为不同意见者之间的相互尊重。③对确信的质疑。这个由确信与质疑两个对立面组合而成的规则，遵循一个长期的哲学传统：真理往往从对立双方的对质中产生。科学家必须带着质疑的精神去对待被普遍确信的东西。④承认错误。系统地应用怀疑方法易于揭露那些必须公开承认的错误。⑤不自私的承诺。科学家应该是被求知的欲望所激发，而不是被获得私利或成为学术权威的欲望所激发。⑥有归属感。科学家应把他们的工作作为更大事业的一部分，并和他们的同事一起为这个事业做出贡献。⑦承认优先权。科学家应谨慎地承认其他研究者的优先权。❷哈格斯特龙在 1965 年出版的《科学共同体》一书中提出了礼品交换理论。公有主义规范要求科学家公开自己的研究成果，与同行保持沟通。哈格斯特龙从公有主义规范出发，指出科学家们基于获得承认的目的而交换彼此的研究成果（礼品），而这种礼品交换行为即科研成果的交流有助于拓展正确无误的知识。

3. 齐曼规范

约翰·齐曼（1925—2005）是著名的固体物理学家，英国布里斯托尔大学理论物理学教授，他以其众多的关于凝聚态物理学以及科学技术与社会的学术性、普及性著作而闻名国际。齐曼认为，学院科学经历了 200 年左右的发展历程，到最近数十年，科学的生产方式逐渐发生了变化。科学已成为一个既高度分化又高度综合的复杂体系，科学工作者分布在这个体系的高度职业化的位置上，从事着外行难于理解的知识生产。在这里，科学工作者领取薪俸，从事着高度专业化的工作。因此，原来的业余爱好者就难有立锥之地，科学成了一种高度建制化的行业，也成了科学家的一种谋生的手段。齐曼将上述变化称为"一

❶ 伯纳德·巴伯. 科学与社会秩序 [M]. 顾昕，等，译. 北京：生活·读书·新知三联书店，1991：100 – 106.

❷ 欧阳锋，徐梦秋. 科学规范的阐释和扩展——默顿学派对默顿科学规范论的丰富和发展 [J]. 科学技术与辩证法，2007（6）.

场悄然的革命"，革命的典型标志就是后学院科学的出现。

齐曼在其著作《真科学》中写道："有人可能提出抗议，认为在社会学和哲学意义上，学术精神气质颇为含糊，并且对生活而言真的是不成立的""然而，这个理想化图景抓住了学院科学在全盛期实践的多数典型特征"。齐曼也指出默顿规范的效用是有限的，因为它强调的是学院科学家所认为的其职业特征的社会学特征。"科学的管理原则随时间推移而变化"。齐曼看到科学自身所发生的变化，认识到真实的科学已经越来越偏离早已确立的学术模式，"学院科学看起来像是远去的世界""我们的范例正在变成一种新形式——后学院科学，它履行一种新的社会角色，受到新的精神气质和新的自然哲学的管理"。❶

不过，齐曼认为："好奇心无疑是许多（但并非全部）杰出科学家最突出的品质之一。例如，爱因斯坦、达尔文、巴斯德、居里夫人、霍奇金，等等。可以这么说，几乎任何一位真正著名的科学家，都有一种寻根究底的精神，都对各种新奇古怪的想法保持高度的警觉，并为之深深着迷。"❷ 因此，科学的本质是求知，求知的出发点是满足好奇心和进行求真。但是，齐曼认为，后学院科学时代，要做好产业科学，科学家适用的是"PLACE"而不是"UCDOS"。齐曼指出后学院科学具有产业化、官僚化、集体化、增长的极限、强调效用这些特征。产业科学具有多样化的目标而不仅仅是知识生产，"在很多方面，产业科学几乎是学院科学的对立面""产业科学是归属性的（Proprietary）、局部性的（Local）、权威性的（Authoritarian）、定向性的（Commissioned）和专门性的（Expert）"，这特征正好被缩写成"PLACE"。齐曼的"PLACE"可以看做是对默顿规范在后学院科学时期的一种修正，即齐曼承认科学规范的存在，只是这种规范是随着科学的变化而变化的，就如齐曼所写的："在每个层次以及其他社会环节相关方面，科学都得到了重新定义"。❸

4. 布什范式

由于纯基础研究和满足实用目的的基础研究存在着差异，科学家处于两种科学之间经常面临一种道德困境：是遵循科学的自由精神，还是遵从科学的社会功能（如遵从现实的雇主利益）。瓦尼瓦尔·布什在《科学：没有止境的前沿》中提出一套"布什范式"，试图克服这种道德困境。第二次世界大战后，科学家站在纯基础研究的立场上去整合另外一种科学，强调基础研究与技术进步之间是二分与线性的关系。这种解读在一定程度上调和了科学的自由精神与科学的社会功能之间的关系，成功地在长达半个世纪时间里缓解了科学家的困境。

四、科研伦理意识的养成途径

近年来科研伦理问题（科学道德、科研经费和学术规范等）频发并成为社会问题。在科技界有些科研人员只看重眼前的物质利益，忽视长期的科学抱负，因此会把科学研究引向急功近利和牟取钱财的错误方向。所以在强调建立完善科学研究机制的同时，我们更加需要呼唤科学伦理道德，营造一个良好的道德环境，为科学技术的发展开拓良好的发展环境。

---

❶❸ 约翰·齐曼. 真科学 [M]. 曾国屏，等，译. 上海：上海科技教育出版社，2008：70-73，81.
❷ http：//blog. sciencenet. cn/blog-330732-572239. html.

1. 科学共同体的职业规范

科学家在科学研究中应当保持严谨的态度和作风，应当尽可能避免在研究中出差错，特别应避免在陈述研究结果时出现差错。严谨是科研活动的道德责任要求。

在第一颗原子弹投入使用后，美国科学家成立了一个致力于有关科学组织和将科学家发现用于建设若干有价值目标的团体——美国科学家联合会。此外，也成立了其他一些具有相似目的的科学团体，如"科学的社会责任协会"。其他国家（如日本、德国、法国、荷兰、丹麦）的科学家，也追随美国科学家，成立了类似的组织，开始了各种类似的活动。例如，英国原子科学家协会就是根据美国科学家联合会的类似方针建立的。1946 年 7 月，美国、英国等 14 个国家科学协会的代表和观察家，在伦敦举行了首次会议，成立了世界科学工作者协会，违科学家伦理道德的科技成果滥用、学术造假、学术欺诈的不规范行为层出不穷，致使给人类社会的发展和进步造成巨大的阻碍和威胁，因此，科学家只有正确、有效地履行自己的社会责任，努力推动人类社会的全面进步和文明发展，才能在真正意义上不会辜负国家和人民对其的期望。

欧洲科学基金会在 2000 年 12 月颁布的《在研究和学术领域的科学行为规范》指出，为了确保科学得到科学界和全社会的信任，科研工作者必须严格遵照执行下列原则：在调查工作的设计和实施过程中，按最高的职业标准来执行，为科研而进行的数据采集和分析要遵循严格、开放的方式，对合作者、竞争者及前人的贡献，应采取诚恳、公正的态度，在科学探索的各个阶段，都要绝对地诚实，特别要避免：任何形式的欺诈、剽窃侵犯他人著作权、破坏其他科学家的工作成果、违反保密原则等。

与欧洲科学基金会几乎同时，德国的马克斯·普朗克学会也颁布了《科学研究中的道德规范》，● 非常具体地规定了科学研究的普遍原则和个人的研究行为规范。

1989 年，美国国家科学院出版了一本小册子《怎样当一名科学家——科学研究中的负责行为》。● 1989 年，美国科学院（NAS）、美国工程院（NAE）、美国医学研究院（IOM）的科学、工程与公共政策委员会联合出版了《怎样当一名科学家——科学研究中的负责行为》一书，对研究人员的规范也适用于社会科学（行为科学）。该书 1995 年修订后再版，成为许多国家教育年轻的科学研究人员和研究生的重要教材。1992 年，美国科学院科学、工程与公共政策委员会的研究行为与科学责任小组发布的报告，明确地从正面强调"负责任的科学：确保研究过程的诚信"。● 2002 年，美国科学院、美国工程院、美国医学研究院又组织研究并编写了《科学研究中的诚信：营造促进负责任的研究行为的氛围》一书，●对研究诚信的含义、重要性以及如何确保负责任的研究行为做了深入的探讨，强调研究者的自律以外研究机构的环境氛围对研究者的影响，并提出对科研机构的研究氛围进行评估的设想和加强研究诚信教育的建议。

● 中文译文参见中国科学院网站：http：//www. cas. ac. cn/html/books/0611d/ dl/2002/ckwx017. htm.

❷ On Being a Scientist：Responsible Conduct in Research ［M］. 2nd edition. Washington D C：National Academy Press，1995.

❸ Committee on Science Engineering and Public Policy. Panel on Scientific Responsibility and the Conduct of Research，Responsible Science：Ensuring the Integrity of the Research Process ［M］. Washington D C：National Academy Press，1992.

❹ Committee on Assessing Integrity in Research Environments. National Research Council of the National Academies，Integrity in Scientific Research：Creating an Environment that Promotes Responsible Conduct ［M］. Washington D C：National Academy Press，2002.

2. 政府的规约与监管

西方发达国家强调通过专门机构培训科学家道德伦理意识和责任意识，强调通过设置专门机构对科学共同体的成员进行培训，进而使科学家树立社会责任意识。培养科学家社会责任的责任，不仅落在科学家个体身上，也落在了科学家组织和专门的教育机构身上。

例如，欧洲国家十分重视在科学道德方面对青年研究人员的培训、发展及良师益友作用，普遍要求资深科学家向年轻科技人员传授知识时，同步地进行科学道德教育。法国农业科学院所属的绝大部分单位实施了各种形式（公开培训或实验室培训体系）的教育。德国则要求对青年科技人员讲授科学道德课。国外很多学者也都指出对科学共同体的成员进行社会责任的培训与教育的重要性。因为道德伦理意识的塌陷主要由于科学家自我约束机制的缺乏。因此，应当成立一些新的培训机构，通过这些机构把道德的准则教给科学家，使科学家接受这些准则，接受更广范围的科学责任（不仅仅包括对个体的人的责任，还包括对人类的责任）的观念。政府有义务设置这些机构。而且科学共同体组织也应当对组织内的成员进行伦理与责任培训，使科学家理解一个科学家不能是一个"纯粹的"数学家、"纯粹的"生物学家或"纯粹的"社会学家，因为他不能对他工作的成果究竟对人类有用还是有害漠不关心，也不能对科学应用的后果究竟使人民境况变好还是变坏漠不关心。不然，他不是在犯罪，就是一种玩世不恭。科学的完整性和科学伦理不应当只在最简单和最肤浅的方式上被传授、被教育，对于科学和技术的应用可能带来的潜在的危险，以及这些风险的范围，这些关于更多科学伦理的内容的培训应当在更广的范围和更深的程度上进行。特别是对于那些在特殊的科学领域里从事科研工作的人，如从事纳米科技、基因工程、克隆技术的科技工作者，对他们进行科学伦理和社会责任的教育和培训更为必要。

再如，1989 年 3 月，美国公共健康服务部设立了"科学诚信审查办公室"，负责制定公共健康服务部处理科学不端行为的所有政策，监察所属单位的研究活动是否执行公共健康服务部所制定的政策和程序，审查不端行为调查的最终报告、做出进行制裁或进一步独立调查的建议；1992 年合并改组为研究诚信办公室，负责调查对不端行为的调查和监督，制定相关方针政策和应对不端行为的具体措施，并与大学、学会及专业团体合作开展研究诚信和研究伦理教育，解决调查活动中产生的相关法律问题。此外，美国还在联邦政府机构设立独立于所设机构的"监察长办公室"，以受理关于科学不端行为的投诉和举报、开展专业的科学调查。在反复研究讨论之后，2000 年 12 月，总统行政办公室隶属的科技政策办公室采用的联邦政府关于研究中不端行为的政策，规定所有受联邦政府资助的研究人员必须避免研究中的不端行为，即"在计划、实施、评议研究或报道研究结果中故意伪造、篡改或剽窃"的行为。政策还对举报和调查研究中的不端行为的程序以及如何保护举报者与被举报者双方作了具体规定。各大学和研究机构根据政府的这一政策纷纷做出相关规定。

美国政府和研究诚信办公室在 20 世纪 80 年代到 90 年代前期的工作重点是对不端行为的界定以及调查和处理，到 90 年代后期，工作的重点逐渐转移到教育、培训和调研方面。2004 年，美国研究诚信办公室委托密歇根大学的科学史教授尼古拉·斯丹尼克编写了《科研伦理入门：ORI 介绍负责任研究行为》，❶ 这是为推进"负责任研究行为"的教育而写的，在很大程度上适用于各种一般的学术研究。

---

❶ 尼古拉·斯丹尼克. 科研伦理入门：ORI 介绍负责任研究行为［M］. 曹南燕，等，译. 北京：清华大学出版社，2005.

中国政府也积极行动，如 2016 年 9 月 1 日起正式实施的《高等学校预防与处理学术不端行为办法》（教育部令第 40 号），是教育部第一次以部门规章的形式对高等学校预防与处理学术不端行为做出规定。再如，中国国家自然科学基金委员会是中国最大的基础研究资助机构，其预算达 31 亿美元。它也是中国目前为止唯一发布科研不端行为调查数据的机构。

3. 公众"理解科学运动"

"科学的发展离不开公众的理解与参与，离不开社会的需求和支持。科学的进步必须赢得社会的充分信任，包括公众对科学、科学家的信任以及科学家之间的相互信任。公众知情权是我们科研活动和政策制定中越来越不可忽视的环节，科技成果在应用前，应当广泛争取社会公众对当代科技所涉及的伦理价值问题意见、建议，将一项科技发展可能带来的正反两方面的影响充分地展现在公众面前，使公众和科学家在伦理上形成一定程度的共识，提高科研的社会认可程度，确保公众的知情权。"[1]

20 世纪 80 年代以来，在科学技术与社会研究颇为繁荣的英美等国逐渐形成了一个新的研究领域——公众理解科学。这个领域根植于当代西方社会所兴起的"公众理解科学运动"，在英美两国首先出现了一场以"公众理解科学"为名的运动。1988 年英国皇家学会、科学促进会、皇家研究院联合成立了"公众理解科学委员会"，发起了许多意在促进科学共同体与公众进行交流的项目，包括评选每年的科学著作奖、"公众理解科学"活动的资助金计划、科学家媒体交流培训计划等。1993 年英国政府发表了题为"发挥我们的潜力"的白皮书，明确地把"公众理解科学"列为政府的一项工作，并拨出专款用于中小学和社区的科学教育、开展"科学、工程与技术"活动周等。

在近代自然科学发展的初期，科学大众化曾经是科学活动的一个重要方面。以 17～18 世纪的英国为例，由各类科学社团（包括皇家学会）所做的科学报告、科学演讲与科学演示等都是当时公众活动的内容之一。[2] 进入 19 世纪以后，科学学科出现了高度分化，科学活动成为一种专门的职业。科学与公众（专家与外行）之间的社会性距离开始凸现出来。公众在惊叹科学的巨大力量的同时，对科学活动的本质与社会影响、科学以及科学家的形象等的看法也出现了许多偏差和误解。格雷戈里指出，在 19 世纪大量的科学漫画中，科学家既作为真理的追求者受到尊崇，又被描述为"古怪的家伙"而受到嘲笑。[3] 科学与公众之间的这种"隔阂"也引起学者的关注。如科学交流学家尼尔肯等人以"科学技术的公众争论"为场点进行的研究在这个领域中也很有影响。尼尔肯分析了包括胎儿权利、动物权利、臭氧损耗、核能以及创世纪科学等多个争论，认为有关科学技术的公众争论不应该被简单地看作为理性的科学家与非理性的公众之间的冲突，而是不同的价值和社会群体之间的冲突，是社会中基本价值冲突的继续。这些冲突常常涉及两个方面的"利益"，例如政治特权对环境价值、经济利益对健康风险、个人权利对社会目标等。值得注意的是，尼尔肯还追踪了技术争论是如何随着时间而变化的，她发现"到 80 年代末，抗议者不断地用涉及权利的道德语言对科学进行攻击"。[4]

---

[1] 朱效民. 谈谈科学家的科普责任 [J]. 科学对社会的影响，2000：25.
[2] 法拉第就是因听公开演讲而从一名装订工学徒走上科学道路的。
[3] Jane Gregory, Steve Miller. Science in Public [M]. New York：Plenum Press, 1988：2.
[4] Dorothy Nelkin. Controversy：Politics of Technical Decision [M]. Newbury Park：Sage, 1992.

在中国，1998 年邹承鲁院士在美国《科学》期刊上撰文指出，中国有着重技术轻科学的传统，欺骗性的、宣传迷信的伪科学在社会上广有市场；科学精神并没有能够真正地在公众中扎下根，特别是有些高层人物以科学的名义贩卖迷信，牟取暴利，从而损坏了科学的面貌，严重影响到公众对科学的理解。广为人知的伪气功、"水变油"等欺诈公众的事件都有一些科研部门、媒体和政府机构掺和其中，诸如此类的现象令人触目惊心。另外，国内真正代表科学声音的媒体总体上数量不多，内容也多偏重于技术，有时还被伪科学所占据。因此，提高我国公众正确理解科学的能力将是一项长期而艰巨的工作，开展相关的研究不仅具有重要的学术价值和现实意义，也具有很大的紧迫性。

因此，关注现实生活中科学与公众交流的状况和机制，不仅要研究公众是如何理解和看待科学的，也要研究科学共同体对待公众的态度以及相应的交流努力，还要注重研究大众媒体在沟通科学与公众的关系中所扮演的社会角色等。

五、参考文献

［1］M 戈德史密斯，A L 马凯. 科学的科学［M］. 赵红洲，蒋国华，译. 北京：科学出版社，1985.

［2］威廉·布罗德，等. 背叛真理的人们［M］. 朱进宁，等，译. 上海：上海科技教育出版社，2004.

［3］尼古拉·斯丹尼克. 科研伦理入门：ORI 介绍负责任研究行为［M］. 曹南燕，等，译. 北京：清华大学出版社，2005.

［4］美国科学、工程与公共政策委员会. 怎样当一名科学家——科学研究中的负责行为［M］. 北京：北京理工大学出版社，2004.

［5］美国医学科学院. 科研道德：倡导负责行为［M］. 苗德岁，译. 北京：北京大学出版社，2007.

［6］查尔斯·李普辛. 诚实做学问——从大一到教授［M］. 上海：华东师范大学出版社，2006.

［7］W Broad, N. Wade. Betrayers of the Truth［M］. New York：Simon and Schuster, 1981.

［8］M C La Follette. Stealing into Print：Fraud, Plagiarism and Misconduct in Scientific Publishing［M］. Berkeley：University of California Press, 1982.

［9］On Being a Scientist：Responsible Conduct in Research［M］. 2nd edition. Washington D C：National Academy Press, 1995.

［10］Committee on Assessing Integrity in Research Environments. National Research Council of the National Academies Integrity in Scientific Research：Creating an Environment that Promotes Responsible Conduct［M］. Washington D C：National Academy Press, 2002,

［11］Robin Levin Penslar. Research Ethics：Cases and Materials［M］. Bloomington：Indiana University Press, 1995.

［12］Deborah R Barnbaum, Michael Byron. Research Ethics［M］. New Jersey：Prentice Hall, 2001.

第三章　人类重组 DNA 技术与基因伦理

自孟德尔发现基因的遗传规律以来，人类基因研究已经取得了很多突破。从克隆羊"多利"走出实验室，到人类基因组谱工作草图以及正式图谱的完成，基因科技应用的领域越来越广泛。其中，基因检测、基因增强、基因治疗甚至基因设计等已为人们所熟悉。如果说 20 世纪是基因科技基础研究趋向成熟、应用研究初露锋芒的阶段，那么 21 世纪必将是基因科技应用研究的鼎盛时期。比尔·盖茨曾预言：将来的世界首富一定出自基因范畴。1996 年诺贝尔奖获得者、美国化学家罗伯特·柯尔说："本世纪是物理学和化学的世纪，下个世纪显然是生物学的世纪。"生物技能是现代生物学开展及其与相关学科交叉融合的商品，其核心是以 DNA 重组技能为基地的基因工程，还包含微生物工程、生化工程、细胞工程及生物制品等范畴。

同时，当代基因伦理面临着基因科技迅猛发展的严峻挑战。随着基因生殖技术、基因克隆技术、人工智能技术、基因增强、神经医学等技术的融合运用和发展，不久的将来人类有望步入以人工进化来弥补甚至取代自然进化的后人类主义时代。《基因伦理学》一书中，库尔特·拜尔茨揭示了基因技术发展的过程，并指出：基因技术既是技术干预人的繁殖这样一个长期传统的临时终点，又是通向那些未来技术的开端。任何一项技术的进步，都会带来各种不同的评价，基因工程更是如此。美国分子生物学家卡瓦利埃坚信基因工程的危险性并不亚于核裂变，甚至比核裂变更为严重。诺贝尔和平奖得主英国的罗特布勒特则惊呼，由于基因技术，人类的未来正处于危险之中。可以说，基因技术在医学领域的应用使原有的生命伦理学面临极大张力。

一、人类基因技术发展

基因科技时代已经向我们走来，新的基因科技带来了一种新资源，一整套改造人类和自然的新技术，一种新的刺激贸易的商业形式，它同时在推动新的优生科学、新的社会学、新的组织和管理遗传水平上的经济活动的出现。总之，基因、生物技术、生命专利、人类基因的筛查和修补、新的文化思潮的出现以及对进化论的修订的需要，正在不同的深刻的层面上，影响并重塑着我们的世界。"基因科技是梦想工具"。❶基因科技正在以它强大的力量帮助我们重建我们自身、我们的体制乃至我们的世界。

1. 基因科技定义

生命科学的发展孕育了现代生物技术——基因科技。关于基因科技的概念至今没有一个公认的说法。美国经济部于 2001 年 9 月在"研究生物技术定义、产业范围、产值与产

---

❶　杰里米·里夫金. 生物技术世纪——用基因重塑世界 [J]. 付立杰，译. 上海：上海科技教育出版社，2000：10.

出"的内部会议中提出了一个官方定义：基因技术系指运用生命科学的方法（如基因重组、细胞融合、细胞培养、酵素工程、酵素转化等）为基础，进行研发和制造产品或提升产品品质，以改善人类生活质量的科学技术。

具体而言，狭义的基因科技也称为重组 DNA 技术，是将一种生命体（供体）的基因与载体在体外进行拼接重组，然后转入另一种生物体（受体）使之按照人们的意愿遗传并表现出新的性状。因此一般表示为分子克隆或基因的无性繁殖。

广义的基因科技定义为 DNA 重组技术的产业化设计与应用，包括上游和下游两部分。上游是指外源基因重组、克隆和表达的设计与构建（即狭义的基因科技），而下游涉及含有重组外源基因的生物细胞的大规模培养及外源基因表达产物的分离和纯化过程，因此，广义的基因科技更倾向于工程学范畴，它是一个高度统一的整体。上游 DNA 重组的设计必须以简化下游操作工艺和装备为指导思想，而下游的过程则是基因重组设计的体现，这也是基因科技产业化的基本原则。而与此同时，分子遗传学、分子生物学、生物工程学构成了基因科技的三大理论基石。

简言之，人类基因工程又称人类 DNA 重组技术，它是按照预先设计的蓝图，用人工方法在体外或体内把不同生物细胞中的脱氧核糖核酸分子进行切割、拼接与重新组合，再转移操作的生命体，以达到改变生命性状，甚至创造新的生命类型的目的。

2. 基因科技的发展

140 多年以前，在捷克漠勒温镇的一个修道院内，沉醉于豌豆杂交实验的孟德尔也许根本没有想到，他提出的遗传因子在半个世纪后被摩尔根定义为基因。1944 年，埃佛里证明了基因的物质基础是 DNA。1953 年沃森和克里克发现 DNA 的双螺旋结构，到 20 世纪 70 年代初，基因可在体外被随意拼接并转回到细菌体内遗传和表达，2003 年，人类基因组研究揭示出人体存在的确切的基因数量，2003 年 4 月 15 日，6 国科学家共同参与的人类基因组计划顺利完成了人类基因组序列图的绘制，标志着基因科技时代的来临（见表 3.1）。随着克隆技术的发展，人们不再将《失落的世界》视为科幻影片，基因科技正在使人类生活的方方面面发生变化。

表 3.1　基因技术的发展

时间	国家	人物	贡献
1856	奥地利	孟德尔	提出"遗传因子"概念
1909	丹麦	约翰逊	首次提出"基因"一词
1911	美国	摩尔根	提出了"染色体遗传理论"
1944	美国	埃佛里	证明了基因的物质基础是 DNA
1953	美国/英国	沃森、克里克	提出 DNA 的双螺旋结构
2003	美国、德国、日本、英国、法国、中国	—	人类基因组计划（HGP），完成了人类基因组序列图的绘制

二、基因治疗与干预

基因是控制一切生命运动形式的物质。基因科技的本质是按人们的设计蓝图，将生命体内控制性状的基因进行优化组合重组，并使其稳定遗传。目前，人类针对基因的干预可分为：针对体细胞的基因干预和针对生殖细胞的基因干预。正是由于基因科技直接以生命体以及人类自身为对象，是人类控制自身和自然的终极象征，所以基因科技不仅具有传统科技的一般特征，更是有着自己的独特性。

1. 基因检测

随着人类基因组计划的开展，人们对基因与疾病关系的认识更加深入，并由此衍生出一种新的健康服务项目——基因检测。它是通过提取被检测者脱落的口腔黏膜细胞或其他组织细胞，扩增其基因信息后，运用特定设备对被检测者细胞中的 DNA 分子信息进行检测，分析其含有的各种基因情况，从而使人们能了解自己的基因信息，预知身体患疾病的风险，从而通过改善自己的生活环境和生活习惯，避免或延缓疾病的发生。

目前有大约 20% 的人类基因，也就是超过 4000 个基因组可以被人类准确检测，而这些基因组大多与某些重大疾病相关，包括阿尔兹海默症、结肠癌、哮喘，乳腺癌等。2003 年，人类基因组的研究揭示了每个人都差不多由 2.5 万个基因构成，而其中的每条基因都决定了每个人不同的外貌、生理、性格、智商等因素。

"基因测序"是一种新型的基因检测技术，❶ 能够从血液或唾液中分析测定基因全序列，预测罹患多种疾病的可能性。基因测序技术日趋成熟，测序成本不断降低。这对于个人获得自身完整的基因组信息，有针对性地开展个性化医疗具有重大价值。

首先，基因检测为人类预防疾病提供参考。当前很多疾病，特别是肿瘤，一经确诊往往是中晚期。而通过基因技术可以得知被检测者身体所含有的各种疾病易感基因及肿瘤易感基因和耐药性等，从而使人们能及时了解自己的基因信息，预知一生当中易患哪种疾病，并提供预防建议。但是在一个逐步医疗化的社会中，这项技术依然未能得到认同。疾病的发生是一个复杂的交互过程，不是某些基因不良就会使整体健康受损。问题在于，这项检测服务尚未起到任何预防疾病的作用，反而把生病的标签贴在接受检测的健康人身上，使诊断没有界限，健康没有标准，加速了医疗化的进程，更增加了国家医疗保障的经济负担。

其次，基因检测有助于判断胎儿或婴幼儿是否携带某种遗传病或某种基因缺陷，判断某种疾病的发病时间段，其巨大的社会经济效益，吸引大批私人机构和企业的介入。随之出现了直接面向消费者的基因检测服务公司，如 23 and me、Navigenics 等。这些公司大多数都在美国成立。

随着基因芯片技术的完善，基因检测的精确度不断提高，其社会应用程度更加广泛，引起了公众的广泛兴趣，但与此同时也引发了社会、政治、伦理等方面的争论。如 2013 年 5 月，著名影星安吉丽娜·朱莉就是因为在基因筛查中检测出了 BRCA1 与 BRCA2 两个基因而采取了乳腺移除的手术。相关的研究表明，拥有这两个基因的女性一生罹患乳腺癌的风险为 80%，而切除乳腺则能使她们的乳腺癌发生率下降 93%。相似，通过检测其他与疾病相关的基因，患者可以提前获知自己患上某种疾病的风险，在疾病发生前进行准确预防，主动改善生活环境和生活习惯，实施健康管理，有效避免和延缓疾病发生。

---

❶ 传统的测序方式是利用光学测序技术，用不同颜色的荧光标记四种不同的碱基，然后用激光光源去捕捉荧光信号从而获得待测基因的序列信息。这种检测方法虽然可靠，但是价格不菲。最新的基因测序仪中，芯片代替了传统的激光镜头、荧光染色剂等，芯片就是测试仪。

2. 基因治疗

1990 年 9 月 14 日，位于美国马里兰州贝塞斯达市卫生研究所的医疗中心，美国医学家 W. F. 安德森等人将修改了基因的白细胞注入 4 岁小女孩莫莉的静脉，尽管整个过程只用了 28 分钟，却标志着首例"基因疗法"在人体治疗方面的重要突破。

基因治疗是指将外源正常基因导入靶细胞，以纠正或补偿因基因缺陷和异常引起的疾病，以达到治疗目的。从广义上说，基因治疗还包括从 DNA 水平采取的治疗某些疾病的措施和新技术。目前的基因疗法是先从患者身上取出一些细胞，然后利用对人体无害的反转录病毒当载体，把正常的基因嫁接到病毒上，再用这些病毒去感染取出的人体细胞，让它们把正常基因插进细胞的染色体中，使人体细胞就可以"获得"正常的基因，以取代原有的异常基因。

基因治疗一度在欧美掀起了一股研究热潮。据统计，该技术出现后的 15 年间，美国大约实施了 3000 例手术，但围绕利用基因治疗技术实施优生筛选的合法性，始终存在着十分激烈的争论。❶ 如自 2000 年以来，法国巴黎内克尔医院 Fischer 教授对 17 名患有严重联合免疫缺陷病的儿童实施基因疗法，正常的基因植入到患儿体内修复有缺陷的免疫系统，当时疗效很显著，但是从 2003 年开始，其中 5 名患者出现了类似白血病症状，后有 1 名患病儿童死亡。至此，美国开始意识到基因治疗可能具有潜在的、长期的副作用。大量基因治疗临床试验被搁浅，人们对于基因治疗的期望也跌入谷底。

基因治疗产生副作用的"罪魁祸首"就是输送治疗基因到达致病靶点的载体。目前，在基因治疗领域，学界主要攻克的对象就是载体，通过改造使其提高安全性和效率。其中，非病毒载体就是一种新的研究方向。理想的基因治疗应该能根据病变的性质和严重程度的不同，调控治疗基因在适当的组织器官内和以适当的水平或方式表达。可是，目前科学家还不具备这样的掌控力。

3. 基因增强

人类基因增强是指意在修改人类非病理特性的基因转移技术。基因增强技术通过直接改变在人体中已经存在的基因的表达，或者通过在人体中加入以前没有的基因来实现以上增强的目的。这包括体细胞核移植技术、体细胞和生殖细胞基因转移技术、制造人兽嵌合体、运用遗传学知识制造药物等（见表 3.2）。❷ 基因增强技术旨在通过基因干预的方式将人类功能提升到正常水平之上，这种技术由于并不具有医疗的必要性，并可能引发不良的社会后果而在道德上遭到诸多质疑。

表 3.2　基因增强技术的使用范围

种类	功能
基因兴奋剂	提高运动成绩的基因或 DNA。通过基因治疗方式导入运动员体内，增加心肌收缩力、氧运输功能、肌肉收缩能力和运动员的体能
增强人类认知能力的基因药物	采用基因药物解决认知障碍问题，这些基因药物能改进处于病理状态的人的记忆，增强健康人的注意能力，更能增进健康个体的记忆能力
增强人类情感能力的基因药物	目前，增强人类情感能力还只是基因增强工程的初步设想

---

❶ Brigham A Fordham. Disability and Designer Babies [J]. A5 Valparaiso University LawReview, 2011: 1473.

❷ Baylis F, Robert J S. The Inevitability of Genetic Enhancement Technologies [J]. Bioethics, 2004, 18 (1): 1–26.

基因增强技术和其他类型的生物医学增强技术一样，都是旨在"把人类形式和功能提升到维持或恢复健康所必要的程度之上"。而就增强技术的现状和未来的发展方向而言，它至少包括了四个方面的目的，首先是增强人类的生理功能，如扩大肌肉组织、增强耐力、减缓衰老等；其次是增强人类的心智功能，如提高记忆力和认知能力、增进想象力和多维思考的能力；进而是增强人类的心理功能，包括提高社交能力、增进外向型人格；最后甚至是增强人类的道德属性，如控制暴力行为、促进友善并提升同情的能力等。

基因增强技术首先是基因干预的一种形式。当前的基因研究已经表明一些基因因素极大地影响着甚至是决定着许多人类的表现型特征，如身高、体型、智力，甚至性取向和性格（如反社会型人格）等。而发现了支配这些功能和特征的基因，也就进一步引发科学家们试图去修正甚至改变这些基因，这也就是基因干预的尝试。基因干预导致的生理变化会影响到人的心理感受进而对全社会的道德标准提出挑战。随着基因技术的成熟完善，人类器官将会像机器零件一样可以更新换代，这在大大延长个人寿命的同时，可能使个人对健康良好的生活习惯、对生命的敬畏，乃至整个人生观发生根本改变。

4. 基因设计

近日，一则"全球首例定制婴儿在美国诞生"的消息传遍互联网，"生产"这个宝宝的美国洛杉矶诊所有个极其吸引眼球的口号：想要金发碧眼的女婴么？我们能办到！他们号称可以根据客户需求定制婴儿的性别以及身体特征，"定制婴儿"由此得名（见表3.3）。所谓的"设计婴儿"，其实还是试管婴儿。目前试管婴儿技术已经发展到第三代，即采用基因筛选技术。

表 3.3 世界各国"定制婴儿"大事记

时间	国家	事　件
1989	英国	英国哈默史密斯医院温斯顿爵士领导的研究小组于 1989 年开发出"定制婴儿"技术
1992	美国	美国首先报道用 PCR 检测囊性纤维成功，并通过胚胎筛选，诞生了健康婴儿
2001	美国	芝加哥生育遗传研究所的一个专家小组将受精后的卵子剔除了"李弗洛曼尼症候群"基因
2004	英国	英国全国健康保健署（NHS）首次为一对夫妇制造"设计婴儿"支付费用，这样一来，该婴儿的骨髓或者细胞可以被用来挽救其同胞兄妹的生命
2009.1	英国	为了让后代免于乳腺癌困扰，伦敦大学学院附属医院经基因筛选而免患遗传性乳腺癌的婴儿在伦敦降生，被称为"无癌宝宝"❶
2012	美国	新泽西圣芭芭拉生殖医学和科学研究所进行的一系列实验，成功诞生了 15 名婴儿
2012	中国	中国首例"设计婴儿"在中山大学附属医院降生，医院为一对携带地中海贫血基因的夫妇实施了基因筛选，对 14 个体外受孕的胚胎进行筛查后，选择 1 个健康的植入母体并顺利生产，目的是利用这个孩子的脐带血拯救她患有地中海贫血症的姐姐
2013.6	英国	为了挽救患有致命血液病的哥哥，一名特殊的"定制婴儿"在英国出生❷
2016.4	美国	世界首个含 3 人遗传基因的婴儿诞生，该婴儿的遗传基因由其父母及另外一名提供卵子基因的女性组成

---

❶ 孩子的父母具有乳腺癌家系，父亲的家族中三代中所有女性都患有乳腺癌。伦敦大学学院附属医院 2008 年为夫妇两人检测了 11 个胚胎，证实其中 5 个不含可致乳腺癌的 BRCA1 基因。医生将其中两个植入孩子母亲的子宫内，最后有一个发育成婴儿。

❷ 男孩名叫杰米，在胚胎时期，技术人员就通过一道基因筛选工作，确保脐带血中的造血干细胞可用来挽救哥哥的性命。

试管授精技术由英国生理学家罗伯特·爱德华兹研发，用以消除全球 10% 不育症夫妇面临的困扰。他发现，人的卵子可在试管中完成受精过程，分裂成胚胎后植入女性子宫继续发育。试管授精技术应用逐渐为社会所接受，国际辅助生育技术监控委员会在一份报告中说，从首名试管婴儿 1978 年诞生至今，全球估计共有 500 万名试管婴儿来到人世（见表 3.4）。

表 3.4　"试管婴儿"技术发展的三阶段

阶段	时间	国家	代表人物	技术手段
第一代	1978	英国	Steptoe、Edawrds	体外受精 - 胚胎移植（IVF - ET）技术，通常情况下是将精卵放在同一个培养基中，让它们自然结合，即所谓的"常规受精"，解决女性输卵管不通的问题
第二代	1992	比利时	Palermo	卵浆内单精子注射（ICSI）技术，这项技术可以解决常规受精失败的问题，对重度少弱精以及需睾丸取精的男性不孕症患者的治疗，具有里程碑的意义
第三代	1992	美国	—	植入前遗传学诊断（PGD）技术，是指在体外受精过程中，对具有遗传风险患者的胚胎进行活检和遗传学分析，以选择无遗传学疾病的胚胎植入宫腔

第三代试管婴儿也称胚胎植入前遗传学诊断，指在 IVF - ET 的胚胎移植前，取胚胎的遗传物质进行分析，诊断是否有异常，筛选健康胚胎移植，防止遗传病传递的方法（见表 3.5）。

表 3.5　植入前遗传学诊断技术的发展

时间	国家	代表人物（机构）	成就
1964	英国	Edwards	提出了 PGD 的思想
1989	澳大利亚	Handyside AH	首先将 PGD 成功应用于临床
1992	美国	—	PGD 进入对单基因遗传病的检测预防阶段
1993	美国	—	PGD 的工作热点转向了对染色体病的检测预防
2012	美国	华盛顿大学的科学家	仅通过采集孕妇的血液样本和父亲的唾液样本，科学家就能分析出胎儿的完整基因组，从而预测孩子未来的健康风险

所谓"定制婴儿"，指通过用"试管受孕"形成胚胎，再通过"植入前遗传学诊断"❶，最后发育成婴儿。成功培育出"定制婴儿"的科学家们说，这项技术是为了帮助人类征服那些潜藏在生命特征深处的疾病，是用更加纯洁的基因作为打开人类幸福未来的钥匙。利用转基因技术制造新的人类，这个新人类可以抵抗现在的遗传病，更健康、漂亮、聪明。父母甚至可以定制孩子，如果他们希望自己的孩子具有更多舞蹈、绘画天赋，便可以加强这方面的基因。这一切都不再是科幻小说。美国培育出世界首批转基因婴儿，这些婴儿与普通婴儿的区别是，他们不仅具有父系和母系的基因，还具有其他人的基因，也就是他们的父母不是两个人。

---

❶ 通常是先用"试管受孕"形成胚胎，然后检验胚胎的基因，再选择不具有特定基因（例如癌症）的胚胎植入母体。

三、基因技术引发的争议

当代基因伦理研究面临着基因技术迅猛发展带来的两难困境：一方面，方兴未艾的基因技术在诊治、预防疾病，增进人类健康、幸福，扩大人类自主选择权等方面为人类展现了诸多美好愿景；另一方面，基因技术的突飞猛进也给人类带来前所未有的伦理震撼和冲击，使人类置身于难以预测的重重风险之中。由此，两者如何权衡，成为当代基因伦理的两难选择。

1. 基因检测——筛查的争议

"基因筛查术"基于"基因测序"。"基因筛查"最有效的应用是预防重大疾病。作为一种新的检测方法，基因检测在基因诊断、治疗和预防及生物制药等领域不断应用，推动"定制医疗"模式的形成。但随着基因检测商业化应用日渐增多，引发的伦理问题日益尖锐。在基因检测技术的社会应用中，首先要解决的伦理问题是，出于医疗目的而进行的基因检测，所获得的基因信息与普通医疗信息是否存在差异，是否应予特别对待。

乔治·安纳斯描述了基因检测带来的三大隐忧：①基因预测的隐忧，把个人的基因档案比拟为"未来日记"，并宣称可在一定条件下利用基因信息来预测一个人的未来健康状况；②亲缘关系的隐忧，因为一个人的基因信息可能透露其家族成员的个人信息，与之有直接血缘关系的父母、同胞兄妹和子女的个人信息；③基因歧视的历史隐忧。[1]

总之，基因检测与筛查对于疾病诊断具有局限性，基因检测存在仓促医疗化问题。其应用也存在一些问题。

1）有限的预测价值。人类面临的疾病有上万种，但在临床检测中能够检测到的与基因相关的疾病只 100 余种，且一般仅限于单基因疾病，占疾病总数的比例不到 1%。

2）基因检测的准确性和稳定性也有待验证。曾经有关肥胖和 Ⅱ 型糖尿病的基因关联的认识被称为科学史上的重大发现，然而最近一项研究发现，这种关联基因的认定是错误的，并指出在其中起到关键作用的基因是 HH% X、IRX3、SOX4。

3）基因检测的可重复性也令人担忧。美国政府曾进行一项秘密调查，向 4 家基因测试公司递送了相同的 5 个 DNA 样本，结果不同公司对同一疾病分析得出的结论有 70% 是矛盾的。[2] 由此可见，基因检测本身存在较多问题，那么对于 DTC 基因检测服务的开展就更加值得人们去关注。

2. 基因治疗——增强的争议

基因治疗目的在于治疗疾病，大致可以分为体细胞基因治疗、生殖细胞基因治疗。由于遗传因素在许多疾病的形成中扮演着重要角色，如乳腺癌、糖尿病和一些精神疾病，因此，发现并修正受损的基因也为治疗这些疾病开辟了道路。

（1）疾病和健康的界限问题

医学于社会学层面面临的一个严重挑战就是：所谓正常的功能以及健康与疾病的概念并非纯粹描述性的概念，对它们的定义在很大程度上是相对于社会习俗、文化观念，甚至

❶ 李锦. 基因歧视的概念：一张普洛透斯式脸庞 [J]. 华中科技大学学报，2012，26（1）：117-124。
❷ Webmaster. 美审计署调查显示 DNA 测试公司结论可信度不高 [EB/OL].（2010-07-27）[2012-09-08]. http://www.antpedia.com/news/46/n-86146.html.

是道德规范的。这意味着一个人即便从生物学意义上来说偏离了人类所具有的典型功能，但是只要这种偏离符合社会规约和价值，他就仍旧可以被认为是健康的。例如，同性恋从自然选择的角度来看似乎偏离了人类的典型功能，但是在古希腊男性间的同性恋为社会广泛接受，没有人将其视为一种不正常。而在一些基督教国家，出于宗教信仰的原因，同性恋则被视为一种性心理上的疾病。再如，精神分裂症在现代社会中被视为一种精神疾病，但是在一些原始部落或者是信奉巫术的团体当中则会把具有这种特质的人视为"通灵者"。●

与此类似，正是因为现代社会崇尚开朗外向和身材高大，才使得害羞被称为社交焦虑症，而身材矮小也被定义为是不太正常的，甚至是一种需要治疗的疾病。而我们完全可以设想，在一个有着不同价值观的社会中，害羞或者内向甚至侏儒都是再正常不过的事情。也就是说，对正常功能的规定以及在健康与疾病之间的划分并非完全是从生物学角度做出的，它在很大程度上是相对于我们的社会规约和价值观念而定的。

（2）治疗与增强的界限问题

那些最初是为了治疗疾病的基因干预技术最终也可以被用来增强一个健康人的功能。如基因治疗技术的先驱者，美国著名的遗传学家和分子生物学家安德森认为：基于医学和伦理的理由，我们应该划出一条界线把任何形式的增强工程都排除在外。我们不应该僭越这条将治疗和增强区分开来的界线。●

格兰农就提出，虽然在治疗和增强之间做出区分可能是困难的，我们还是可以通过尽可能宽松而具体地来定义正常的功能，在健康和疾病、治疗与增强之间做出一个相对的区分。比如，一个患有严重贫血症的儿童有着骨骼畸形和心脏衰竭的风险，在这种情况下对他进行基因干预以提升他的血红蛋白水平是一种治疗；与此相对，一个轻微贫血、其血红蛋白水平只是略低于平均水平的运动员，为了在竞争中取得优势地位而想大幅度提高他的血红蛋白水平，则应被看成是一种增强。●

从社会风险角度看，基因增强在主张"父母在一定程度上根据自己的意愿培养子女"的观点时，却忽视了以下三个问题。①侵犯了子女的选择权和自由权。基因增强技术通常是由父母为其子女作出选择。即使基因增强能改进子女的某些性状，但是长大了的子女未必会欢迎他们所接受的改造。②可能对子女造成不良的社会心理影响。接受基因增强的胎儿一出生就与众不同，这可能会导致其人格、心理、精神发育障碍以及和整个社会的格格不入。一个人价值的体现，并不仅仅决定于其身体的状况，其心理、人格的健全更为重要。③可能对母子造成不可逆转的危险。基因增强主要通过基因转染实现，而转基因技术本身可能存在远期的副作用，对此，应高度关注。

尤尔根·哈贝马斯等哲学家和社会学家原则上反对基因强化和自由优生，而保罗·劳里岑等学者则从不同角度论证了基因干预的合理性。

3. 生命健康——定制的争议

目前大多数国家都明确反对将转基因技术用于人类胚胎，但许多科学家则认为在未来20年内转基因人类将成为现实。从转基因技术诞生之初，就有一些具有野心的科学家，希

● Sigerist H. Civilization and Disease [M]. Chicago：University of Chicago Press, 1943.

● Anderson W. Genetics and Human Malleability [J]. Hastings Center Report, 1990, 20（1）：24.

● Glannon W. Genes and Future People [M]. Boulder：Westview Press, 2001：97.

望将转基因技术用于人类繁衍，在他们看来，通过转基因技术来制造出更聪明、更强壮、更能抵御疾病的人类，可以使人类这个种族变得更强大。在许多科幻小说中，这种人被称为"超级人类"。实际上，通过基因技术使人类优化的方案还是一个遥不可及的梦想，但生命的"潘多拉之门"已开启，婴儿设计技术被称为"伸向婴儿内部的技术之手"。像其他基因工程技术一样，"设计婴儿"惹来不少争议之声。

（1）生命健康风险问题

人们首先关心的问题是各代"试管婴儿"的质量。实际上，这个问题也早已列入医学研究的议事日程。法国曾对 370 名第一代"试管婴儿"跟踪调查 6～13 年，发现他们的生活、学习和身体情况均良好。由于大多数"试管婴儿"生长在高收入和高文化水平的殷实家庭，条件较好，且均被视为掌上明珠，受到无微不至的关怀和教育，所以无法知道第一代"试管婴儿"有无特别天赋。还有人对 PGD 技术的长期后果忧心忡忡。PGD 技术真正应用不过十几年的时间，通过此项技术诞生的 700 名儿童虽然目前没有显示出任何健康问题，但据此认为该技术万无一失还为时过早。DNA 和化石证明人类起源于 500 万年前的东非，由类人猿进化而成。人类的进化可谓经过了漫长的历史，然而，转基因人类将改变人类进化方式。

澳大利亚一对夫妇通过筛选基因的技术诞下"设计婴儿"，本以为儿子"免疫"不会患上癌症，岂料在检查中竟发现儿子带有突变基因，日后有机会转化为癌症，于是向维多利亚省法院提出诉讼，向当地著名的莫纳什人工受孕医疗中心索赔。法律界人士估计，若索赔成功，这会是澳大利亚历来最大宗的医疗赔偿。

擅自改动胚胎的基因来创造"完美婴儿"无疑是存在一定风险的：首先，目前人类对于基因技术的掌控并不能达到完全精确的水平，很多转基因农作物的基因尚不能完全准确，影响也不能被普遍确定；其次，在更加复杂的人类受精卵上，目前也没有人能够保证能够完全准确的修改若干 DNA 的碱基。中途停止发育的胚胎，其染色体异常率达 70%，所以选择染色体正常的胚胎移植，还能提高 IVF - ET 的成功率。从理论上讲，凡能诊断的遗传病，应该都能通过 PGD 防止其传递，但限于目前的技术条件，PGD 的适应证还有一定的局限。

（2）生命多样性丧失问题

"定制婴儿"将改变人的自然出生方式，也会改造人类进化模式，是反自然的产物，一切按照人的要求去生产婴儿，必然让婴儿的自然多样性受到破坏。这种破坏也必然是对人类个性多样化与自然进化的破坏，这种破坏是深入内部、彻底断根的破坏，这种破坏不仅是对人类自身物理属性的破坏，也是对人类精神理性的破坏，最终将导致人类的物质属性与精神属性崩塌。

从某种程度上说，"定制婴儿"无疑正在挑战达尔文"自然选择"的进化学说，很难说结果是好还是不好。就在最近，美国媒体将英国当年的"无癌宝宝"与"安吉丽娜·朱莉的选择"摆在一起看。这个好莱坞著名女星因为携带乳腺癌基因而选择预防性双侧乳腺切除。"但，如果由基因来决定，恐怕朱莉当年就不会出生，世界将少一个癌症患者，也少了一个如此优秀的演员、慈善活动者。"

即便修改基因的技术完全成熟，对基因的鉴别也是一个非常棘手的问题：到底什么样的基因才算是"基因缺陷"呢？长得黑算不算？长得胖算不算？卷头发算不算？单眼皮算不算？相信对于不同的人来说，这些标准都是不一样的。如果人类可以擅自改动自己的任何基因，大家根据大众审美观都成了"相似的个体"，那么整个人类的基因多样性又该如何保证？

美国华盛顿特区经济趋势基金会总裁杰里米·里夫金在他的《生物技术世纪——用基因重塑世界》一书中曾感叹道："从此以后，遗传工程生物就像计算机或其他机器一样，被看作是发明。生命的内在价值和利用价值的界限统统消失，生命本身被降格为一种客观状态，没有任何可以区别于纯粹机器的独特或基本品质。"的确，假如未来人真能够像机器那样进行精确定制，完美得没有缺陷，那人类还能称得上是人类吗？凡·高有精神病，假设我们在他出生前消除了他的精神病基因，或者出生后做基因治疗，还会有画向日葵的凡·高吗？

基因技术进步确实存在遭到滥用的危险，而因为担心滥用就全盘否定似乎也不合逻辑，可是，不管你是反对还是赞成，"设计婴儿"已经向我们走来。在跨入"设计婴儿"这个争议重重的雷区时，我们迫切需要通过修正法律、审视传统伦理来寻找一个可行可信的指针。

（3）人兽胚胎与超人争议

多年来，随着医学技术的不断升级，科学家已经成功把人类基因克隆到细菌和动物身上。科学家也可以借由转基因技术创造出与现代人类不同的"超级人类"（见表3.6）。"转基因造人技术"一直都被各国禁止，因为它会改变人类血缘伦理体系，以及人类进化方式，甚至可能制造出恐怖的"人兽怪物"给地球带来不可预料的灾难，然而一些科学家却希望用它来制造未来的统治者——"超人"。

表3.6　近年来关于人兽混合胚胎的实验

时间	国家	科学家	科研单位	成果
1998	美国	乔斯·奇贝利医生	密歇根州立大学	将自己的DNA植入到母牛的卵子中
2003	中国	盛慧珍研究团队	上海第二医科大学	人类皮肤细胞与兔子卵细胞融合，被美国科技媒体视为首例成功制造出来的人兽杂交"客迈拉"❶
2000～2007	美国	伊斯梅尔·赞加尼研究团队	内华达大学	培育出了世界上第一只人兽混种绵羊，它的体内含有15%的人类细胞
2004	美国	杰弗里·普拉特医生	明尼苏达州马约医学中心	将人类干细胞移入猪的胚胎，制造了一些"客迈拉猪"
—	美国	韦斯曼研究团队	斯坦福大学癌和干细胞生物学医学研究所	将人类神经干细胞注入老鼠胚胎中，产生了脑部含有1%人脑细胞的老鼠
—	美国	美国科学家	加勒比海岛国圣基茨和尼维斯的圣基茨岛上一个实验基地	对一组小猴子进行了实验，每只猴子的脑内都被注入了800万个人类脑细胞
2008	英国	莱尔·阿姆斯特朗研究团队	纽卡斯尔大学	把从人类细胞中提取的细胞核植入剔除了细胞核的母牛卵子细胞中，成功制造出了欧洲首批人兽混合胚胎

---

❶ "客迈拉"（chimera）是希腊神话中一只狮头、羊身和蛇尾的吐火怪兽，是提丰百头怪兽（父亲）和厄喀德那（母亲）杂交的后代。把它引申到医学领域，正是对人兽杂交胚胎"长大"后的形象借喻。"混血客迈拉"是指近年来，一些科学家把人的干细胞植入动物的胚胎中，从而产生混种胚胎，并以此而制造出来的动物。

不少科学家提出质疑，认为这将大大增加人类传染动物病毒的风险。还有不少动物权利人士也担心，当人、羊细胞混杂在一起，会形成新的融合细胞，并诞生兼具人类与绵羊特征的混种怪兽。英国医学科学院曾发出警告称："如果政府不设立专门的道德监督机构，严密监控每一次人兽胚胎实验，电影《人猿星球》中的一幕恐将成真。"❶

4. 人类生物样本库的争议

人类越来越认识到基因资源以及保护地球生物多样性的重要。国际上，挪威斯瓦尔巴全球种子库、美国自然历史博物馆、英国生物样本库等应运而生，尤其是美国、欧洲、日本先后建立了大型基因数据库，这三大库里的生物信息数据几乎涵盖所有已知的脱氧核糖核酸、核糖核酸和蛋白质数据。建立大规模、以人群为基础的生物样本库，成为当前医学研究的重要基础性工作之一。目前的热点研究方法——人类全基因组相关性研究和全基因组深度测序分析，能够帮助寻找人类单碱基多态性和基因突变与疾病的关系，找出疾病的本质和发病机理。

不同于 20 世纪初的疾病/遗传登记，人类生物样本库是基于人类基因组图谱，运用信息技术，在大范围群体内展开与人类疾病资料相关的基因信息收集活动。根据使用目的不同，它又分为以下三类。

1）数据资料库。主要是人类 DNA 序列、动植物基因资料，作为基因科技研究的原始数据。主要代表是美国的基因库。

2）刑事 DNA 数据库。收集所有"被记录犯罪行为者"的 DNA 样本而形成，如英国的犯罪嫌疑人 DNA 数据库。

3）群体样本库。以寻找常见病的致病基因或其他致病因子为目的、以群体研究为研究方法、研究样本数量达到数万到数十万的人口基因数据库。主要代表为英国、冰岛、瑞士等国展开的"生物银行计划"。

人类生物样本库建设是以族群为单位进行基因采样。这就涉及如何看待知情同意的主体问题。同意权的主体该如何确定，是来自民选的行政首长或是族群（城市一般为社区）领导人同意即可，还是应该寻求每一个个别参与者的同意？即使达成客观合意后，其过程是否处于自愿而不是被强制状态，尤其是当研究机构含有国家公共权力介入时，是否会出现以公共利益为名要求某类族群接受强制性检测？为了克服基于个体主义的知情同意原则的局限性，UNESCO 在《世界生命伦理与人权宣言》中强调了群体同意的重要性"如果是以某个群体或某个社区为对象的研究，则尚需征得所涉群体或社区的合法代表的同意。但在任何情况下，社区集体同意或社区领导或其他主管部门的同意都不能取代个人的知情同意。"❷ 正如英国生物银行所强调的，样本库是一种公共研究资源，要服务于公共社会利益，研究者能通过样本库展开科学研究，获得直接的科学利益（如发表论文，取得基础研究成果等），也能够通过产业化研究，获得直接的经济利益（如开发出新药，形成新的临床研究方案等）。因此，英国生物银行是管理公共资源的"管家"。❸

---

❶ 《人猿星球》中，人类在核大战中化为乌有，人猿代替人类统治地球。

❷ UNESCO. 世界生物伦理与人权宣言［J/OL］.［2006 - 3 - 4］. http：//www. unesco. org/bioethics.

❸ UK Biobank Ethics and Governance Framework［J/OL］.［2007 - 3 - 1］. http：//www. ukbiobank. ac. Uk/docs/EGF_ version2_ July%202006. pdf.

四、基因生命伦理学的内容

基因伦理学对人类文明发展的前途具有重大的影响。基因伦理研究是生命伦理学的一个重要分支。基因伦理学作为道德哲学和医学伦理学的一个新的分支被提出来，它将从理论上研究基因技术带来的问题：如基因中心文化现象、基因检测技术、生物样本库建设以及基因增强带来的伦理问题。基因伦理问题追问的核心是：人的自然肉体（由基因决定的）是体现人的本质从而是神圣不可侵犯的，还是人的本质就在于人类凭借主观能动性能够对包括人的肉体在内的所有自然物进行操纵、统治呢？恰如拜尔茨的基因伦理学，我们必须深切关注基因技术的不断发展给人的本质所带来的威胁。人类正处于一场重大技术革命的开端。这场技术革命给人类带来的不仅是对自然的控制能力，更多的是人的生命体的"自我控制"能力的飞速增长，最终将会完全实现人对自然组织的控制。人的行为选择权空前地爆发，这就使人的行为选择的道德责任变得越发巨大、越发沉重。

1. 关于生命权的伦理问题

不论是用于优生、基因治疗还是克隆人，这都是在某种程度上对人的尊严、人的本质的最强烈的冲击。

英国"生育伦理评论组织"谴责称，基因筛选技术是"优生学的武器"。该组织发言人约瑟芬·奎恩塔维尔说："我们不是在抛弃疾病，我们是在抛弃残疾儿。如果你们做了数百次这样的基因筛选测试，那么接着就会打擦边球，选择婴儿的性别，然后就会选择婴儿的其他特征。"还有些生物伦理学专家也认为，这将会更难避免把 PGD 技术应用于容貌、智商等社会性特征的选择。

《设计婴儿》一书的作者罗杰认为，孩子同我们一样，是独立的有尊严的主体个体，他们不应该成为设计的对象，我们也没有资格成为设计者，因为设计标准我们无权定夺；孩子的独特性同样是神圣不可侵犯的，而这种独特性首先就体现在它出生时候的偶然性和不确定性。精子和卵子怎么样结合，又以哪一种方式结合，那一瞬间产生的基因重组纯粹是偶然的。这种偶然性本来就是这个即将诞生的个体不可剥夺的权利，而且是它最基本的一种自由。人生正是由于这种不确定性才获得意义。如果一切都是确定的，一切都在预料之中、是被决定了的，那人生还有什么意义？

英国著名医生威温斯顿勋爵对"设计婴儿"的未来感到担忧。他认为，即使仅仅是为了救治哥哥或姐姐的病症，"设计婴儿"从一出生起就肩负着这样重任，将给他或她的一生带来重大影响。这样，"设计婴儿"的一生都将笼罩在自己的出生不过是为了满足别人的利益这个阴影之中。此外，如果干细胞移植不成功，"设计婴儿"是否还要捐献骨髓？如果将来哥哥或姐姐患肾衰竭，"设计婴儿"是否还要捐肾？为了挽救一个孩子就选择"创造"另外一个具有特定基因构成的婴儿，这样做对吗？是否可以生育"设计婴儿"为自己提供移植器官呢？

一个立场激进的组织"负责任的基因学委员会"负责人纽曼教授说："我们反对此类研究。但我们反对的不是生育选择，而是反对由我们来挑选下一代人格特征的观点和方式。我们正在改变人的本质，而只把人看成是众多基因的集合体。"正如一些人所指出的，随着生物医学的发展，今后为实现某种目的而"设计婴儿"的要求会越来越多，不管他们是为了治疗还是选择胎儿性别，这种趋势是无法避免的。

英国反堕胎组织"生命"认为 PGD 技术向人们提出了"科学应该走多远"这样一个严肃的问题。他们认为，根据人类受孕与胚胎管理局的决定，现在人们完全可以为了制造骨髓而将"他"或"她"有意地制造出来。难道人们可以为了拯救一个生命而有意地制造另外一个生命吗？还有人指出，用这种方法人为地创造一个用来生产"零部件"的婴儿，无异于将制造出来的婴儿作为"商品"，这是向危险的方向迈出的一步。另外，他们对抛弃在治疗过程中培育的不合适胚胎也表示反对，认为这有损生命的尊严。

PGD 技术掀起了英国社会关于伦理方面的争论。一些民间组织认为，这项基因筛选技术违反了伦理道德，因为被排除掉的一些胚胎可能不会最终让婴儿患上疾病，但这项筛选技术却"剥夺了它们成长为孩子的机会"。即使有些胚胎的确有潜在风险，他们也有好几年健康快乐的日子会过。对于那些存在潜在致病危险的胚胎来说，其带来的某些疾病仍然可以得到治愈或者预防。此前应用 PGD 技术检测的基因仅限于可能导致年轻时发病的严重疾病，如遗传性胰腺病囊肿性纤维化，而一些针对的治疗疾病如乳癌和肠癌要到中老年才发作。一些携带遗传基因的人也未必会发展成癌症。

2. 关于基因歧视的伦理问题

科学家已发现众多疾病如心律失常、癌症、糖尿病等与基因密切相关。围绕着遗传信息的隐私权和获知权，基因信息在疾病的早期诊断和早期预防中发挥重要的作用。但基因检测的泛滥和基因信息的泄密会让每一位公民都可能遇到基因歧视。

随着人们对于获知和了解自身基因信息的需求也在不断增加，基因歧视倾向也随之产生。基因歧视是生物科技发达后产生的一种新兴社会现象，人们有可能从基因的角度对人类全体的遗传倾向进行预测，一旦个人遗传密码被破译并记录在案，将会对携带某些"不利基因"或"缺陷基因"者的升学、就业、婚姻等社会活动产生不利的影响。[1]

基因歧视可以是针对一个人、一个家族或一个种族。但实际上疾病的发生除了遗传因素外，环境因素如地理位置、营养水平、个人卫生习惯、社会经济状况、健康保健水平、精神压力和环境污染等因素也同样起着重要作用。携带有肿瘤、心血管病等疾病易感基因，只能说有某种疾病倾向，是一种危险因素。就像吸烟是肺癌的高危因素一样，吸烟者容易患肺癌，但并不是所有的吸烟者均要患肺癌。基因歧视尚未成为普遍现象，但在欧美发达国家已屡有发生。[2] 1992 年，在《美国人类遗传学》杂志报道的 41 位缺陷基因检测阳性被检者的遭遇就是一个典型的事例。这些被检者不能得到人寿和健康保险，被认为是"无症状的病人"而处于失业状态，一些人被告知不适宜生孩子，因而给被检者带来了许多困惑。在中国，以佛山公务员招录基因歧视案为标志，[3] 基因歧视的问题也日渐显露。

人类基因组研究以及基因知识的临床应用不应该给病人、当事人、受试者以及利益相关者造成伤害，而应该有利于他们。泄露了一个人的基因型以后遭到歧视，找不到结婚对象、就业困难、得不到保险；家庭也可能遭到歧视，造成家庭不和；群体可以是少数民族，

❶ Hudson K L, Rothenberg K H, Andrews L B, et al. Genetic Discrimination and Health Insurance: An Urgent Need for Reform [J]. Science, 1995, 270 (5235): 391 –393.

❷ Stewark K B, Keays D. Genetic Discrimination in Australia [J]. Journal of Law and Medicine, 2001, 8 (3): 50 –262.

❸ 2009 年 4 月，周某、谢某、唐某参加佛山市公务员考试，三人在各自报考的部门里，笔试和面试总成绩排名均进入了前三名。但在公务员体检中三人被发现平均红细胞体积偏小，于是被要求进行复查。复查项目为地中海贫血基因分析，该检查认定三人均为地中海贫血基因携带者，因此体检最后结论为"不合格"最终未被录用。

也可以是未来世代，少数民族可能由于某种基因缺陷，而使他们得不到公平的对待。

危及人性、人的尊严与自由是以哈贝马斯为首的反对基因强化和自由优生人士的主要关切。而支持者却以人性并不固定而且人性也应进化为自己辩护。福山质疑说："一旦我们能够饲养一些背上佩有马鞍、带着皮靴马刺的人，人类的政治权利将会怎样？"❶ 亚纳斯认为，这种技术是对人类的新型犯罪，会危及人性、人的尊严和人权。❷

3. 关于基因公平的伦理问题

首例定制婴儿诞生，富人使用"优生优育"特权或带来不公，对下一代的关注正让这则消息持续发酵，引发人们对培养"最完美宝宝"的畅想。不过，科学家对此态度不一，有医生担心，且不论"定制婴儿"的技术是否稳定，会否导致婴儿长大后出现其他问题，更严重的是，由于基因筛查技术费用昂贵，将导致社会新的不公平，埋下冲突的隐患。

此外，从基因图谱的信息使用角度来看，这同样涉及人的社会公平权利。社会的价值基础——公平，同样将在基因甄选技术投入普遍应用时遭遇尴尬的命运。基因筛选技术同样可以为父母提供挑选更长寿、更聪明甚至更英俊美丽的新生儿服务。而且只要父母们愿意，这些"优良品种"甚至不需要含有一丁点儿父母本身的基因。当然，这种服务不可能是平民父母们所能奢望的，巨额费用必将使其在很长一段时间内成为富贵人家所垄断的特权。

人类的整个近现代历史都在为实现社会平等而斗争，也仅岌岌可危地守住了"机会平等"这条底线。而当基因甄选技术能够为富人提供绝对具有先天优势的"定制婴儿"之后，机会平等这道社会平等的最后堤坝也将在瞬间崩塌。社会阶层的流通渠道会从根本上封闭，社会可能重新回到充满歧视和压迫的时代。

基因干预后的世界不是我们所期待的美丽家园。赫胥黎在《美丽新世界》所描绘的梦魇般的未来不是危言耸听。弗朗西斯·福山在《我们的后人类未来》中设想的场景看起来很美，其中最吸引人的莫过于人类平均寿命将达到110岁以上。如果未来真如福山所设想，那社会所承受的人口、消费、社保、环境压力将成倍增长。同时，因为老年人口比重增大，社会创新能力、普通劳动力、军队作战人员将严重不足。此外，技术和资金的不均会导致基因技术在不同阶层和国家之间存在差异，可能导致传统划分阶层的依据向生物基因方面转移，甚至出现基于基因差异的不平等；国际关系中，引发冲突的主要矛盾将由经济政治文化冲突转变为由生物基因引发的冲突。

4. 关于基因资源的伦理问题

人类基因资源具有特殊性和重要性。基因是人类最基本的遗传物质和生命的基石，它不仅决定着个体及其家庭的生老病死，还关涉着子孙后代的健康和幸福。此外，基因还属于稀缺资源，谁掌握了某种基因的特殊功能，则意味着同时掌握了巨大的经济、社会价值。相反，一旦一个种族的基因信息被某些不法分子侵占，则可能会给该民族或国家带来毁灭性灾难。

经济利益的驱使也是形成基因治疗热的原因。一些基因公司关心基因治疗的真正用心

❶ Fukuyama F. Our Posthuman Future: Consequences of the Biotechnology Revolution [M]. New York: Farrar, Straus and Giroux, 2002: 10.

❷ Fenton E. Liberal Eugenics & Human Nature: Against Harbermas [J]. The Hastings Center Report, 2006, 36 (6): 35-42.

在于谋求在后基因时代生存和发展的经济利益，而这些基因公司生存和发展下去的一条主要途径就是将基因治疗推进临床应用。据美国《时代周刊》报道，目前在美国从事基因治疗临床试验的每一个研究人员，都同一家生物公司有着这样或那样的联系。可见在利益关系的驱使下，科研人员对于基因治疗应用于临床的迫切心情。但是，如同基因检测存在着各种问题一样，在基因治疗方面目前也存在的一些先决问题需要解决。这些问题中包括技术问题，也包括伦理学、法学和社会学方面的问题。

基因是未来时代的"绿色黄金"，谁控制了地球上的遗传基因资源谁就控制了未来。为此许多发达国家面对上帝赐予人类的基因疆地，开始了大规模的"基因殖民"行动，力图通过"基因殖民"来控制未来世界。

5. 关于基因决定的伦理问题

"基因决定论"认为人是基因的产物，基因决定着人的命运。[1] "超人基因""正常基因"和"缺陷基因"的定义本身是模糊的。"正常基因"相对于"超人基因"是劣势基因，而"超人基因"相对于"超超人基因"又是劣势基因。所以我们无法界定基因的优或劣，也就是说基因无优劣之分，是平等的。人类基因组织伦理委员会提出"改造人类基因、使'良好的'特征遗传下去，这种做法的益处与安全性缺乏可靠的科学依据，有可能给人类后代带来危险，在伦理上也是不可接受的。"

基因特例主义认为，基因信息是指可以被收集、储存或使用的已被确认的个体基因数据，具有与其他医疗信息相区别的本体独特性，接触它可能创造独一无二的问题。奥尼尔就将基因信息的独特性表述为：[2] 作为独一无二的个人数据在个体遗传活动中的决定性作用；生命遗传活动本质在于基因信息的连续性传递；基因信息与人类特有的生物潜能密切相关；基因信息的风险性涉及个体、家族和种群。胡庆澧等[3]报道，UNESCO 在《国际人类基因数据宣言》也采用这一立场，强调了人类基因数据的特殊地位："它们能够预示有关个人的基因因素；它们对家庭，包括后代乃至几代人，有时甚至是对当事人所属的整个群体都可能产生重大影响；它们可能包含有某种在采集生物标本时尚不一定了解其意义的信息；它们可能对某些个人或群体具有文化方面的意义。"据此，特例主义强调，基因信息可以且应当与其他医疗信息相分离，并获得特殊的隐私保护。

反特例主义则认为，基因信息与一般的医疗信息在本质上没什么区别。这是因为，在科学上，除了以编码方式存在的基因信息外，还有大量非编码形式的基因信息，如基因组中的非编码 RNA、DNA 的甲基化等，且非编码基因也有生理活性。故基因特例主义不可能提出一个有效定义来鉴别基因信息是什么。从伦理上看，在范畴上区分对待基因信息和基因病（不同于其他的医疗信息和疾病），似乎并没有更好的道德理由和正当性基础。相反，强调基因信息的独特性，有可能强化基因决定论，割裂人、环境和社会的整体发展。

6. 关于代际冲击的伦理问题

英国《每日邮报》的一篇关于转基因婴儿的报道引发了极大的争议。这条新闻说，美国培育出世界首批转基因婴儿，这些婴儿与普通婴儿的区别是，他们不仅具有父系和母系

---

❶　何伦. 生命伦理学与医学人文学的关系 [J]. 医学与哲学：人文社会医学版，2010，31（7）：16-17.

❷　O'Neill O. Informed Consent and Genetic Information [J]. Studies in History and Philosophy of Science Part C：Biol Biomed Sci，2001，32（4）：689-704.

❸　胡庆澧，陈仁彪，张春美，等. 基因伦理学 [M]. 上海：上海科学技术出版社，2009：346.

的基因，还具有其他人的基因，也就是他们的父母不是两个人。即便人类真得产生了多种"优秀"基因集合的婴儿，他/她的伦理身份也难以确定：因为他/她的"优秀"基因可能来自于多个不同的供体，那么谁才是他/她的父母？他/她的基因所有权到底是谁？这种由"人工合成"的人类是不是和普通人一样能够拥有人权？无疑，"人工基因婴儿"也会和克隆人一样，给整个人类社会带来复杂的道德与伦理问题。

"定制婴儿"的出现，首先给我们这个时代现存的"代际合同"造成了巨大的冲击。西方社会学家用"代际合同"这个概念来描述一个社会中几代人之间关于权利与义务的习惯性规则。代际合同在不同的历史语境和地理环境中表现出不同的内容：古罗马的"父权传统"给予作为家主的父亲对子女的人身和财产完全的控制权；今天的西方社会则习惯于在子女达到法定年龄后即实现其对父母的完全人格与财产独立；而在现代中国，则仍然在社会风俗中保留着父母对成年子女一定的控制权。代际合同没有法律效力，但是它却在现实生活中最有效地形成了不同代际的个人之间的权利义务关系。

"定制婴儿"对当下的"代际合同"提出了一个严肃的问题：有没有权利使用自然选择之外的手段剥夺那些可能带有疾病基因的胚胎成长为人的机会，原因则仅仅是他们患病的概率较高于那些基因"纯净"的胚胎？这个问题不仅比全球广泛争论多年的"堕胎"问题更直接地关系到父代与子代之间的生存权分配原则，而且又一次拷问了人权领域一个纠结已久的命题：人有没有生存的自由？人在什么条件下能够合法地剥夺他人的生命？

试想一下，如果基因甄选技术被允许广泛应用，那么"甄选权"以什么为标准呢？如果是因为那些被抛弃的胚胎含有致病基因，如果发病会给社会造成负担，那是不是说明人的生命本身已经不是最值得珍视的财富，要重新沦为斯巴达式的工具意义呢？还是说仅仅因为我们是父辈，就能决定下一代的生死？那我们是不是要回到那个"父要子亡，子不能不亡"的时代呢？

7. 关于基因商业化的伦理问题

"定制一个婴儿，6000英镑！"随着2006年5月份，英国首家合法"婴儿设计"诊所的一声吆喝，"婴儿设计"的基因技术话题被彻底牵引出，这是生物技术与经济、法律、伦理以及文化的一次持续前沿较量。这件事表明基因技术之手已经伸向人类的婴儿内部，也标志着人类"婴儿设计"合法化的商业旅程开始，而且是扛着"拯救生命"的大旗开始它的合法商业之旅的。

目前，世界各国的基因检测服务业务快速崛起。据不完全统计，现在仅中国就有200家左右的基因检测公司。2016年，美国著名的《麻省理工科技评论》评选出了全球最聪明（创造力）的50家公司。在这50家公司里，生物医疗相关的公司总共有15家，其中有10家公司与基因相关。可以说，基因检测服务是目前整个基因测序行业产业化最成功的方向。国内以华大基因领头的无创产前基因检测产品已经有非常成熟的市场化模式。

但目前由于缺乏相关的法规，公司几乎不受任何限制就可以申请开展"基因检测"服务项目，这极易引起如下问题。

1）广告宣传夸大问题。关于基因检测广告的可信性是一个很难管理和规范的问题。如国内某些基因检测公司声称：通过儿童基因检测，能了解孩子学习、语言、舞蹈、性格、绘画、音乐、运动、情商等方面的天赋。在专家眼里，这些被称为"人生密码"的检测报告，并不靠谱。目前，中国对儿童天赋基因检测方面暂时没有相关条文。在美国，基因检测的广告由联邦贸易委员负责管理，即便如此，也因为互联网的广泛使用而大大增加了广告管理的难度。

2）疾病易感基因的标准问题。一般检测报告中，对某种疾病易感性基因检测结果通常被报告为患某种疾病风险概率。据报道，武汉张小姐花四万元做基因检测防癌，结果却如同"天书"一样无法解答。❶ 目前基因检测还没有统一的官方规范和标准，在实践中参照的标准是国内发表的文献，因此，检测结果的解读没有充足的科学性。很多易感基因的数据来源只是地区性、小规模的样本。

3）基因咨询的问题。根据《世界人类基因组与人权宣言》的相关规定，在做基因检测的前后应该提供相关的基因咨询。基因咨询是一种交流过程，旨在帮助那些面临遗传疾患风险的个人或家庭进行决策。因为基因检测不仅能提前告诉我们有多高的患病风险，而且还可能明确地指导我们正确地用药，避免药物对我们的伤害。但现在大多数公司关心的是希望说服咨询的人接受基因检测服务项目而非提供心理上的支持。

五、基因生命伦理意识的养成要素

面对基因这一前所未有的对人类自身生命带来巨大冲击的技术，人类更需要一种主动的和积极的应对战略。基于基因这一史无前例的颠覆人类革命的技术，人们应不断地改变和发展我们的伦理学的视野，再就是建构新的伦理道德哲学，在不断发展中探讨和解决基因技术所带来的伦理冲突和遇到的难题。新的技术呼唤新的伦理道德，基因技术的进步也呼唤产生新的基因伦理学。

1. 政府的监管责任

政府必须为基因技术设置底线，虽然这一底线的存在可能会牺牲一些利益，但却是为维护人性尊严所必需的。

首先，政府可以通过设立专门的机构来进行监管。美国是世界上生命伦理学发展最为迅速的国家之一，其显著特点之一就是设立了总统生命伦理委员会，为生物医学技术发展所涉及的社会、伦理和法律问题提供咨询。总统生命伦理委员会在近年来的一份报告中指出：生物医学技术的发展为增强人类功能提供了日益增多的可能性。而这些增强手段在道德上的合理性也引发了极大的争议。

其次，政府可以通过颁布相关规范来进行管理（见表3.7）。例如，德国对借基因检测选择生育的行为持严厉禁止立场。2008 年 5 月，美国总统布什签署了《反基因歧视法》，禁止保险公司以受保者携带某种易感基因为由，拒绝其投保或提高保险费用；同时也禁止雇主以遗传信息为依据进行雇用、解雇、升职和加薪等与雇佣行为有关的决定。❷ 英国是第一个制定基因检测相关法律的国家。它通过立法，禁止保险公司利用已知的基因检测结果或要求投保者进行基因检测，以便决定是否接受或索要高额保险费。❸

---

❶　http：//www. huanqiu. com/www/mobilenews/hot/2016 - 10/9519824. html.

❷　布什. 反基因歧视法 [EB/OL].（2012 - 05 - 09）[2012 - 10 - 22].　http：//baike. baidu. com/view/2255770. htm.

❸　Morrison P J. Genetic Testing and Insurance in the United Kingdom. Clin Genet，1998：54.

表 3.7　各国部分关于基因技术监管的相关文献

时间	国家/组织	文　件
1997	联合国教科文组织	《人类基因组与人权问题的世界宣言》
2002	中国	《关于禁止非医学需要的胎儿性别鉴定和选择性别的人工终止妊娠的规定》
2005	美国	《基因隐私和反歧视法案》
2007	中国	《医疗机构临床检验项目目录》
2008	英国	《人类受精与胚胎学法案》
2008	美国	《基因信息无歧视法案》（Genetic Information Nondiscrimination，GINA）
2009	德国	《人类基因检测法案》（Human Genetic Examination Act）

根据 2014 年一项研究显示，在全球 39 个国家的调查中，有 25 个国家反对人类生殖细胞基因的修饰，并通过法律来执行这项禁令，其中包括了加拿大、澳大利亚、英国以及法国等。另有 4 个国家已通过文件禁止这类研究进行，但未立法，这其中包括中国。而包括俄罗斯在内的 9 个国家对人类生殖细胞基因修饰的态度并不明确。

此外，政府要推动基因技术的社会应用研究。如针对基因检测和基因治疗在临床中的应用问题，1990～1996 年，ELSI 专门委员会资助了美国 30 多个州和加拿大等国家共 128 个研究和教育项目，资助额高达 3259 万美元。有关研究集中在 4 个领域：一是利用和解释遗传信息时如何保护隐私和达到公正；二是新基因技术应用到临床时，即"从板凳到床边"时如何处理知情同意等问题；三是对于参与基因研究的人类受试者，如何做到知情同意，保护个人隐私；四是公众和专业人员的教育。

2. 科学家的社会责任

哈贝马斯曾指出，无论是哲学家还是普通市民都没有任何理由可以将人类的未来交给陶醉于科幻小说的生物学家和工程师们。❶

首先，加强基因科技实践者的责任意识。基因术的研究者是其发展方向的掌舵人，若科技研究人员本着为人类造福的宗旨工作，结果便是促进人类社会的进步；一旦科技工作者带有不良的研究动机，那么能就会产生诸多不良后果。因此，只有加强科学工者道德和价值观教育，才能保证基因技术的良性发与应用。

表 3.8　科学界的相关伦理规范

时间	国家	名称	内　容
1975	美国	阿西洛马会议规范❷	全球科学家聚集在加州的阿西洛马会议中心，为安全地推进重组 DNA 技术制定指导方针，至今被科学界视为自我监督的典范
1984	瑞典	乌普萨斯规范❸	科学家们联名制定了"乌普萨斯"科技伦理规范

❶ Darnovsky M. Habermas Warns of Genetic Claims that bolster Xenophobia［EB/OL］.（2010 - 11 - 04）［2014 - 07 - 16］. http：// www. biopoliticaltimes. org/article. php？id = 5453.

❷ 基于对重组 DNA 技术领域可能存在的风险以及各种非自然发生的生物危害的高度关注，在伯格、罗伯特·波洛克等著名科学家的建议下，美国国家基金会、国家癌症卫生研究所于 1973 年 1 月 22 至 24 日联合资助召开了第一次阿西洛马会议，有 100 余名科学家参加了本次会议。

❸ 1981 年，世界知名科学家定期在瑞典的乌普萨斯大学举行集会，探讨科技伦理问题，形成了"乌普萨斯协会"。1984 年，科学家们联名制定了"乌普萨斯"规范。该规范呼吁科学家用正确的伦理准则来控制自己的科研成果及其应用，不断对其后果做出判断，并经常性地公开自己的判断，而抵制被认为是与伦理道德规范相悖的科研活动。

1974 年 4 月 17 日，美国分子生物学家伯格召集大卫·巴尔迪摩、赫尔曼·路易斯、罗布林等 8 位生物学家组成一个非正式小组，讨论现有的和计划的重组 DNA 实验是否存在严重问题，以及如果存在严重问题应该怎么做。1974 年 7 月，伯格等 11 位生物学家考虑到潜在的生物危害，联名在美国《科学》杂志上发表了一封公开信，向全世界的同行们发出呼吁，建议暂停重组 DNA 研究，拉开了一场关于潜在的生物危害之争的帷幕。

其次，加强科学共同体的伦理规范建设（见表3.8）。基因科技的伦理问题已引起了人类基因组研究计划本身和国际伦理学界的重视，国际人类基因研究组织于 1990 年专门成立了"人类基因组研究与伦理、法学、社会问题"委员会，❶ 专门研究基因科技所带来的伦理问题，成为"ELSL"子计划，作为人类基因组计划中的一个重要组成部分。这是以前科技研究活动中未曾出现过的。它的目标是：预测和考虑人类基因组计划对个人和社会的意义、考查将人类基因组绘图和排序后的社会结果。该委员会由来自于不同国家和不同专业的专家组成，为人类基因组计划提供指导和制订运行章程，以确保人类基因组计划与人类基因多样性研究计划研究符合伦理标准。该委员会建议人类基因组计划研究应遵循以下基本原则：人类基因组是人类共同遗产的一部分；坚持人权的国际规范；尊重参与者的价值传统、文化和人格的完整性；承认和坚持人类的尊严和自由。ELSI 委员会还建议：有关人类基因组的研究与临床应用，包括训练、计划、预试验和现场试验，以及质量控制等都应当在合乎伦理原则的基本前提下进行。

3. 公众的社会责任

欧美发达国家在现代生物技术等新兴技术研究的推进过程中很重视公众参与科学议程的机制设置和规制安排，先后探索出"参与式技术评估""协商式技术评估"等新兴技术的社会评估策略，从而有效规避或化解了由于前沿领域技术的应用研究可能引发的多种治理危机。

基因研究正掀起一场 21 世纪的医学革命。医疗实践的社会需要以及政府和广大民众在这一方面的重视，使许多实验室以及相关的研究人员都想率先在该领域有所突破，力争成为世界第一，追求学术荣誉。这也是形成基因治疗热一个很重要的原因。然而，在基因技术日益普及的同时，公众和社会对基因研究成果可能被滥用的担忧也与日俱增。

公共舆论是大多数人表达自己思想的一种方式，普及科技新知识，使公众树立正确的基因伦理观念以及生态观念。利用舆论的监督与评价功能，可以达到正本清源的效果。如英国公众与科学家爆发"转基因冲突"。

4. 媒体的社会责任

加强媒体的宣传力度，并且吸纳部分专业人士，定期召开会议，尽可能通过网络、电视、报刊书籍等各种渠道公开会议记录、报告等，使民众关注并积极参与讨论，扩展国民生命科学知识，提高国民生命伦理学意识。

---

❶ Ethical, Legal and Social Implication，简称为 ELSI。

六、参考文献

[1] 张新庆. 基因治疗之伦理审视 [M]. 北京：中国社会科学出版社，2014.

[2] 拜尔茨. 基因伦理学 [M]. 马怀琪，译. 北京：华夏出版社，2001.

[3] 罗杰·戈斯登. 设计婴儿：生殖技术的美丽新世界 [M]. 徐凌云，译. 上海：上海科学技术出版社，2004.

[4] 杰里米·里夫金. 生物技术世纪——用基因重塑世界 [M]. 付立杰，陈克勤，昌增益，译. 上海：上海科技教育出版社，2000.

[5] 李恩来. 明天的我：生物和医学技术的发展与人类未来 [M]. 广州：广东教育出版社，2001.

[6] 钱凯先. 克隆风云——现代生命科学论著 [M]. 杭州：浙江大学出版社，1999.

[7] 邱仁宗. 生命伦理学 [M]. 上海：上海人民出版社，1987.

[8] J 里夫金. 生物技术世纪 [M]. 付立杰，等，译. 上海：上海科技教育出版社，2000.

[9] 钟万君. 基因重组未来经济 [M]. 北京：经济管理出版社，2000.

[10] 李斌，毛垒. 你还是你吗？——人类基因组报告 [M]. 北京：新华出版社，2000.

[11] 高崇明，张爱琴. 生物伦理学 [M]. 北京：北京大学出版社，1997.

[12] 胡庆澧，陈仁彪，张春美，等. 基因伦理学 [M]. 上海：上海科学技术出版社，2009.

[13] 高兆明，孙慕义. 自由与善：克隆人伦理研究 [M]. 南京：南京师范大学出版社，2004.

[14] 哈里·科林斯，特雷弗·平齐. 勾勒姆医生——作为科学的医学与作为救助手段的医学 [M]. 雷瑞鹏，译. 上海：上海世纪出版社，2009.

[15] Fukuyama F. Our Posthuman Future：Consequences of the Biotechnology Revolution [M]. New York：Farrar，Straus and Giroux，2002.

[16] Habermas J. The Future of Human Nature [M]. Cambridge：Polity Press，2003.

[17] President's Commission for the Study of Ethical Problems in Medicine and Biomedical and Behavioral Research. Splicing Life：The Social and Ethical Issues of Genetic Engineering with Human Beings [R]. Washington D C：United States Government Printing Office，1982.

[18] Glannon W. Genes and Future People [M]. Boulder：Westview Press，2001.

[19] President's Council on Bioethics. Beyond Therapy：Biotechnology and Pursuit of Happiness [M]. Washington D C：PCB，2003.

[20] 理查德·道金斯. 自私的基因 [M]. 卢允中，张岱云，陈复加，罗小舟，译. 北京：中信出版社，2012.

第四章　虚拟现实技术与虚拟道德

虚拟现实技术（Virtual Reality，VR）作为 20 世纪后期继计算机技术、人工智能技术和多媒体技术之后，与网络技术并行交叉而兴起的新型信息技术，同样必将对人类的生存环境产生重大的影响。

2016 年被业界公认为"VR 元年"，VR 发布会、VR 演唱会甚至 VR 社交等一系列技术变革带来的新事物层出不穷。数字分析公司 Digi – Capital 的一份报告指出，VR/AR 产业到 2020 年总估值将达 1500 亿美元。预计到 2020 年，全球头戴 VR 设备年销量将达 4000 万台左右。❶ 虽然现在断言"虚拟时代"的来临为时尚早，但由这一技术带来的理论和实践问题，已经引起中外哲学界的浓厚兴趣。

一、虚拟现实技术发展轨迹

虚拟现实技术是 21 世纪发展的重要技术之一，从视频模拟游戏到虚拟驾驶体验，从音像产品到穿戴设备，虚拟现实技术的装备几乎"武装"到人类的所有神经知觉领域，其应用涉及教育、医疗、娱乐、营销、广告等众多行业。

1. "皮格马利翁的眼镜"与"虚拟现实技术"

著名美国科幻小说家斯坦利·温鲍姆❷于 1935 年发表了一部名为《皮格马利翁的眼镜》的短篇科幻小说。小说形象地描写了一副神奇的眼镜——可以为佩戴者在视觉和听觉的基础上加入嗅觉、触觉乃至现代"实景交互"等功能。这部科幻小说为虚拟现实应用描绘了一个较为完整的框架。这副"皮格马利翁的眼镜"被认为是世界上最早的虚拟现实眼镜雏形，戴上它之后，不仅可以深入眼镜描绘的世界之中，还可以听到、闻到、触摸到其中的人、事、物，最为令人惊叹的是，小说中的眼镜佩戴者甚至可以和画面中的世界发生交互行为，并影响镜中世界的历史进程。这也是世界上最早关于 VR 浸入式体验的详尽描述。此目标在近一个世纪之后的今天，仍是 VR 技术从业者们不倦攀登的技术高峰。

"虚拟现实"一词最早出现于法国戏剧家翁托南·阿铎《剧场及其复象》（1958）一书。阿铎认为，戏剧与炼金术一样，都是虚拟现实向象征世界净化升华的一个过程，阿铎将其称为"精神的复象"。❸

图灵奖获得者、计算机图形学之父、人机交互界面缔造者伊凡·苏泽兰在 1965 年定义了所谓"终极显示器"的概念。某一种"终极显示器"所提供的内容可以让使用者无法区分与现实世界的差异，主要包括以下三点：①通过头戴显示器可以展现 3D 的视觉和声音效果，能够提供触觉反馈；②由计算机提供图像并保证实时性；③用户能够通过与现实相同的方法与

---

❶ http://www.globalvrsummit.com.

❷ 科幻作家斯坦利·温鲍姆（1902～1935），超现实科幻题材是其擅长的领域，著有《火星历险记》等。

❸ 翁托南·阿铎. 剧场及其复象 [M]. 刘俐，译. 杭州：浙江大学出版社，2010：51–57.

虚拟世界的物体进行互动。这些半个世纪之前的规则沿用至今，为虚拟现实技术的发展确立了方向。虚拟现实三原则确立后的1968年，伊凡与他的学生制造了第一台与计算机连接的头戴式显示屏。限于当年的制造工艺和技术，这款头戴式显示屏因重量和体积问题并不能轻便佩戴，而需要从天花板上吊下钢索予以悬挂固定，其"达摩克利斯之剑"之名由此而来。

"虚拟技术"概念是1968年"虚拟现实"的先驱者萨瑟兰在它的博士论文中首先提出的。他设想用头盔显示装置来观看计算机产生的各种图像。❶ 而真正提出"虚拟现实"概念的是美国VPL公司的计算机科学家、艺术家、哲学家、虚拟现实之父杰伦·拉尼尔，他在1986年第一个把用虚拟技术的装置产生的结果称为"虚拟世界"。❷这里的"虚拟世界"，也就是我们所谓的VR，而拉尼尔所创立的企业也成为历史上首个制造并销售虚拟现实头盔的公司。1990年，在美国达拉斯召开的Siggraph会议上，明确提出VR技术研究的主要内容包括实时三维图形生成技术、多传感器交互技术和高分辨率显示技术，为VR技术的发展确定了研究方向。

目前，在我国的译法尚未统一，除译作"虚拟现实"外，较流行的翻译有："灵境"（钱学森译）、"虚拟实在"（金吾伦译）、"临境"（朱照宜等人译）、"虚拟境像"（钱玉趾译）、"虚拟真实"（康敏译）。❸

虚拟现实利用计算机技术模拟出的一个立体、高拟真的3D空间，使用者通过佩戴特殊现实装置（VR眼镜）进入虚拟空间后会产生身处现实的错觉。从应用上看，它是人们利用计算机生成一个逼真的三维虚拟环境，将模拟环境、视景系统和仿真系统合而为一，并利用人机交互设备、多媒体技术、网络技术、立体显示技术及仿真技术等多种科学技术综合发展起来的计算机领域的最新技术，综合应用了力学、光学、数学、机构运动学等学科。这种技术的特点就是用模仿的方式给用户创造一种虚拟的环境，通过感知行为，如视觉、听觉和触觉等，让用户有一种身临其境的感觉，并带有交互作用。

随着科技的不断进步，虚拟世界的内涵不断深化，扩增实境（Augmented Reality，AR）则进一步将虚拟资讯扩增到现实空间中的技术，时下大热的Pokémon GO❶就是通过AR技术让玩家透过荧幕等辅助装置在真实世界寻找虚拟的神奇宝贝。在屏幕上把虚拟世界融入现实世界并进行互动，通过虚拟和现实之间的互补、叠加来提升人们的感官体验。

总之，虚拟现实实际上包含狭义和广义两个层面。狭义的虚拟现实，是指由人工智能、计算机图形学、人机接口技术、传感器技术和高度并行的实时计算技术等集成起来所生成的一种交互式人工现实，是一种高度逼真地模拟人的现实世界行为的"模拟的世界"。广义的虚拟现实，不仅包含狭义的虚拟现实的内容，而且还指随着计算机网络技术的发展和相应的人类网络行动的呈现而产生出来的一种人类交流信息、知识、思想和情感的新型行动空间，是一种动态的网络社会生活空间。虚拟现实是一种"人工的现实"或"人造的世界"。

2. 虚拟现实技术发展历程

虚拟现实技术源于20世纪60年代，数十年的发展历史亦是几经沉浮，但时至今日，虚拟技术引发的关注可能带来质的突破（见表4.1）。

---

❶ 迈克尔，等. 个人计算机及因特网辞典［M］. 北京：世界图书出版社，1993：159.
❷ 陈晓荣. 虚拟世界的哲学蕴含［J］. 科学技术与辩证法，2003（2）：19.
❸ 康敏. 关于Virtual Reality概念问题的研究综述［J］. 自然辩证法研究，2002（2）.
❶ Pokémon GO是由任天堂、Pokémon公司和谷歌Niantic Labs公司联合制作开发的现实增强（AR）宠物养成对战类RPG手游。

表 4.1　虚拟现实技术发展历程

时间	国籍	学者	事　件
1838	英国	查尔斯·惠斯通	发现并确定立体图原理，在此理论基础上发明了观察立体图像的体视镜，这一产物至今仍用于观察 X 射线和航空照相
1852			发明了一种幻视镜，可以把透视图像倒映在人的眼睛上，这一原理实际上就是目前一些简易 VR 产品，如 Google Carboard 的工作原理
1901	美国	茱曼·弗兰克·鲍姆	提出"以电子展示的方式覆盖在真实生活中"的概念
1929	美国	爱德华·李·桑代克	设计初用于训练飞行员的模拟器
1957	美国	摩登·海里戈	发明了一台可以在观看电影时，产生风、气味、振动等体感交互的沉浸式体验机器"Sensorama"
1960			发明了历史上第一款头戴式虚拟现实显示器
1961	美国	飞歌公司	发明带有监控追踪系统的头盔"Headsight"用于军事训练，被认为是实现《皮格马利翁的眼镜》中交互体验预言的重要环节
1963	美国	雨果·根斯巴克❶	发明头戴式电视收看设备"Teleyeglasses"
1965	美国	伊凡·苏泽兰 诺兰·布什内尔	与他的学生制造了第一台与计算机连接的头戴式显示屏"达摩克利斯之剑"
1968			研制成功了带跟踪器的头盔式立体显示器"Head Mounted Display"（HMD）
1972	美国	诺兰·布什内尔	开发出第一个交互式电子游戏 Pong
1977	美国	丹尼尔·桑丁、汤姆·德房蒂、理查·塞尔	研制出第一个数据手套"Sayre Glover"
1985	美国	航空航天局（NASA）Ames 研究中心	启用虚拟现实设备"VIVED VR"计划，为 NASA 打造沉浸式宇宙飞船驾驶模拟训练中心，用于火星探测的虚拟环境视觉显示器
1987	美国	杰伦·拉尼尔❷	制造出虚拟现实头盔，包含一套动作传感器、计算机输入输出系统、VPL 虚拟现实眼镜、提供动作追踪捕捉的操作手套
1987	日本	任天堂公司	推出 Famicon 3D System 眼镜
1995			推出 Virtual Boy（虚拟男孩）游戏机
1993	日本	世嘉公司	推出 SEGA VR 设备
1998	日本	索尼公司	推出 PC Glasstron 个人头戴式显示器
2012			推出 HMZ - T1 型 3D 头戴式显示器，之后又推出了"索尼HMZ - T2""prototype - sr"等后续机型
2006	日本	东芝公司	推出头戴式显示器
2012	美国	Oculus 公司❸	推出一款为电子游戏设计的头戴式显示器"Oculus Rift"
2014	美国	谷歌公司	推出 Google Cardboard 廉价 VR 眼镜
2016	中国	HTC 公司与阿里云	将为 HTC Vive 虚拟现实应用商店 Viveport 提供 VR 云服务

---

❶ 雨果·根斯巴克（1884～1967），美国著名科幻杂志编辑，科幻文学的先驱之一。

❷ 杰伦·拉尼尔（1960～），计算机科学家（虚拟现实之父）、艺术家（作曲与表演）、哲学家，著有《你不是一个器件》《谁拥有未来?》《互联网冲击》等。2010 年被《时代》周刊评为 100 位最具影响力的人。

❸ 2014 年 3 月，脸书（Facebook）宣布以 20 亿美元收购沉浸式虚拟现实技术公司 Oculus VR。

出于对军事的需要和大型科学组织、科技产业的研发,"虚拟现实"研究于 1999 年在美国贝尔实验室初具规模。由于受限于芯片技术发展,尤其是移动计算的滞后,导致设备体积难以缩减,成本高昂,主要应用于工业设计制造、军事航天的模拟训练、地理测绘合成街景等领域。常见的如军队中的虚拟实境跳伞训练、虚拟实境飞行驾驶训练和工业仿真设计。20 世纪 90 年代之后,这一技术研究与应用开发范围扩大,出现了"桌面虚拟现实系统"(主要应用于个人计算机和低级工作站仿真)、"分布式虚拟现实系统"(主要应用于远程网络)、"增强现实式虚拟现实系统"(把虚拟环境和真实环境结合起来应用于现实各项技术作业)等。❶ 之后,VR 技术的研究热潮也开始向民间的高科技企业转移。著名的 VPL 公司开发出第一套传感手套命名为"Data Gloves",第一套 HMD 命名为"Eye Phones"。

进入 21 世纪,VR 技术进入软件高速发展的时期,一些有代表性的 VR 软件开发系统不断在发展完善,如 Multi Gen Vega、Open Scene Graph。美国《时代周刊》2015 年 8 月的封面文章显示,虚拟现实已经是硅谷最热的事物,索尼、三星、HTC 都卷入了这一轮由 Facebook 收购 Oculus 引发的热潮。以 Oculus Rift 头戴显示器、索尼 Project Morpheus 为代表的虚拟现实设备正在呼啸而来,低价的虚拟现实设备花几百美元就能买到。目前,成千上万的开发者们正在研发各种系列的模拟器,虚拟现实技术也越来越普及。

自 2014 年以来,在过去的 1 年多时间里,VR 相关技术的突破要远远超过过去的 20 年(见表 4.2)。

表 4.2　近几年主要的代表性 VR 产品

公司名称	产品名称	国家	时间	特点
Oculus VR	Oculus Rift	美国	2013	是一款为电子游戏设计的头戴式显示器。目前,Oculus 目标将 Rift 应用到更为广泛的领域,包括观光、电影、医药、建筑、空间探索以及战场上
	Crescent Bay		2014	是最接近量产版虚拟现实眼镜的产品,主要定位于沉浸式视频游戏
索尼	Project Morpheus	日本	2014	游戏只是索尼 VR 设备的第一步,索尼希望以后 VR 设备能进入买房、选衣服等日常生活,这些都可以通过 VR 设备进行"真实的"远程感受后再做决定。在某种程度上,这与 Zucker-berg 所预想的虚拟现实的未来有重合之处
	PlayStation VR		2016	目前是市面上最平价的高端消费者 VR 头盔
爱可视	Archos VR 眼镜	法国	2014	需要放入手机才能使用,除了价格便宜之外,另一个特点在于可以兼容现有的虚拟现实 App
卡尔蔡司	VR One	德国	2014	需要将手机塞入镜片后的托盘中,通过两眼视差来达到沉浸式 3D 体验
NVIDIA	Near - Eye LFD	美国	2014	其使用了一系列 3.3 毫米小焦距的微透镜阵列,而这个焦距也是人眼所能识别的最小焦距,因此得以命名为"Near - Eye"

❶ 吴启迪. 系统仿真与虚拟现实 [M]. 北京:化学工业出版社,2002:33-36.

公司名称	产品名称	国家	时间	特点
谷歌	Google Glass	美国	2013	可通过蓝牙连接网络或者利用网络连接用户手机
	Google Cardboard		2014	很大一部分作用在于降低开发 VR 的成本，普及虚拟现实，让更多人通过现有的智能手机获得 VR 体验，并在其上进行相关应用和游戏开发
微软	Holographic 和 HoloLens	美国	2015	
三星	Gear VR	韩国	2016	目前只能配合三星 Note 4 手机使用
	Project Moonlight		2014	
HTC& Valve	HTC Vive	中国台湾	2015	能提供流畅的、真正沉浸式的虚拟现实所需要的各种功能。
蚁视科技	AntVR KIT	中国	2014	包括了一台虚拟现实头盔、视频驱动器、遥控设备和锂电池。其中，虚拟现实头盔配备了分辨率 1920×1080 的非球面显示屏，AntVR 支持 3D 游戏和视频
Avegant	Glyph	美国	2014	Glyph 并没有传统意义上的屏幕，而是采用视网膜投影的形式，将画面投影至眼球。这项技术也被称作 VRD 虚拟视网膜技术
NextVR	VR 直播	美国	2014	全新的 360°全方位立体虚拟现实摄影机，不仅能够拍摄高质量的电视画面，用来录影、拍照或是直播，更重要的是能够为虚拟现实设备拍摄内容，兼容 Oculus 虚拟现实头戴式显示器和三星的 Gear VR
任天堂、Pokémon、谷歌	Pokémon Go	日本、美国	2016	利用电子显示屏幕在现实世界捕捉虚拟小精灵的游戏

中国自 20 世纪 80 年代开始研究虚拟现实技术。最为人熟知的可能就是早年广为宣传的数字圆明园了，该项目通过虚拟现实和增强现实技术，将复原的圆明园数字影像叠加到现存遗址之上。在百度、阿里巴巴、腾讯、乐视等行业巨头纷纷布局 VR 产业的同时，公众也充满了期待。

3. 虚拟现实技术的发展趋势

虚拟现实技术的实质是人为构建一种能与之自由交互的"世界"，在这个"世界"中参与者可以实时地探索或移动其中的对象。纵观 VR 的发展历程，未来 VR 技术的研究仍将延续"低成本、高性能"原则，从软件、硬件两方面展开。发展方向主要有：

1）动态环境建模技术。虚拟环境的建立是虚拟现实技术的核心内容，而动态环境建模技术的目的就是对实际环境的三维数据进行获取，从而建立对应的虚拟环境模型，创建出虚拟环境。

2）实时三维图形生成和显示技术。在生成三维图形方面，目前的技术已经比较成熟。关键是怎样才能够做到实时生成，在不对图形的复杂程度和质量造成影响的前提下，如何让刷新频率得到有效的提高是今后重要的研究内容。另外，虚拟现实技术还依赖于传感器技术和立体显示技术的发展，现有的虚拟设备还不能够让系统的需要得到充分的满足，需要开发全新的三维图形生成和显示技术。

3）适人化、智能化人机交互设备的研制。虽然手套和头盔等设备能够让沉浸感增强，但在实际使用当中效果并不尽如人意。交互方式使用最自然的视觉、听觉、触觉和自然语言的话，能够让虚拟现实的交互性效果得到有效的提高。虚拟现实技术实现人能够自由与虚拟世界对象进行交互，犹如身临其境，借助的输入输出设备主要有头盔显示器、数据手套、数据衣服、三维位置传感器和三维声音产生器等。因此，新型、便宜、鲁棒性优良的数据手套和数据服将成为未来研究的重要方向。

4）大型网络分布式虚拟现实的研究与应用。分布式虚拟现实是今后虚拟现实技术发展的重要方向。分布式虚拟环境系统除了要让复杂虚拟环境计算的需求得到满足之外，还需要让协同工作以及分布式仿真等应用对共享虚拟环境的自然需要得到满足。分布式虚拟现实可以看成是一种基于网络的虚拟现实系统，可以让多个用户同时参与，让不同地方的用户进入同一个虚拟现实环境当中。目前，分布式虚拟现实系统已经成为全世界的研究热点，中国也由杭州大学、北京航空航天大学、中国科学院软件所、中国科学院计算所以及装甲兵工程学院等单位共同开发了一个分布虚拟环境基础信息平台，为中国开展分布式虚拟现实的研究提供了必要的软硬件基础环境和网络平台。

5）智能化语音虚拟现实建模。虚拟现实建模是一个比较繁复的过程，需要大量的时间和精力。如果将 VR 技术与智能技术、语音识别技术结合起来，可以很好地解决这个问题。我们对模型的属性、方法和一般特点的描述通过语音识别技术转化成建模所需的数据，然后利用计算机的图形处理技术和人工智能技术进行设计、导航以及评价，将模型用对象表示出来，并且将各种基本模型静态或动态地连接起来，最终形成系统模型。人工智能一直是业界的难题，人工智能在各个领域十分有用，在虚拟世界也大有用武之地，良好的人工智能系统对减少乏味的人工劳动具有非常积极的作用。

4. 虚拟现实的特征

虚拟现实是人创造的工具，是人进行虚拟实践的工具，是被人拓展的新的生存空间与实践空间。1994 年，美国哲学家迈克尔·海姆曾归纳出 7 个特征，作为虚拟现实的本质规定，即模拟性、交互性、人工化、沉浸性、临场感、全身沉浸和网络传播。❶ 这些指标对虚拟现实的衡量确有助益，相互之间却难免重叠交叉。综合来说，虚拟现实呈现出如下的特征。

（1）模拟性（逼真性）

迈克尔·海姆在《虚拟现实的形而上学》一书中认为，"虚拟现实是一个事件或实体，并非真实却效果逼真"。虚拟世界的虚拟性是模型方法的深化和进步。"虚拟"把抽象模型和实物模型的优点结合起来，无论是实物模型还是概念模型，都变成了虚拟中的现实，成为一种（虚拟的）情景模型，并且具有更高的逼真性。

模拟性即指多感知性，指除一般计算机所具有的视觉感知外，还有听觉感知、触觉感知、运动感知，甚至还包括味觉、嗅觉、感知等。存在感指用户感到作为主角存在于模拟环境中的真实程度。理想的模拟环境应该达到使用户难辨真假的程度。

---

❶ 迈克尔·海姆. 从界面到网络空间——虚拟实在的形而上学 [M]. 金吾伦，刘钢，译. 上海：上海科技教育出版社，2000：111 - 132.

理想的虚拟现实应该具有一切人所具有的感知功能。无论游戏还是电影，通过 VR 技术都在追求无限接近现实。虚拟现实以模仿的方式为用户创造一种虚拟的环境，它将虚拟用户与计算机生成的三维虚拟环境结合在一起，通过视、听、触等感知行为使得用户产生一种沉浸于"真实"环境的感觉，使参与者在虚拟世界中就像身临其境一样。虚拟环境中的"自然"物质特性，依照"自然规律"发展变化。

从未驾驶过飞机却可以体味飞行员的感觉；不是宇航员却可以"漫步太空"；未能走遍世界各地，但却能够看到名山大川、深谷小溪，体味风土人情；常常超速驾车的人，在虚拟系统里可以体味两车相撞的过程及严重后果，具有极高的教育价值；在虚拟教学中，学生可以看到酸雨、沙尘暴、泥石流等的形成及后果，以激发其保护自然的决心和行动。这种虚拟真实与现实真实通过不透明的显示器进行阻断，用高质量影像的全景展示对用户的视觉进行"欺骗"。

（2）交互性

交互性指用户对虚拟环境中对象的可操作程度和从虚拟环境中得到反馈的自然程度（包括实时性），主要借助于各种专用设备（如头盔显示器、数据手套等）产生，从而使用户以自然方式如手势、体势、语言等技能，如同在真实世界中一样操作虚拟环境中的对象。

虚拟世界的功能效应具有交互性和多维性的特征。虚拟世界作为一个整体，其行动后果是在人们网络行动交互过程中显示和扩展出来的，虚拟世界的社会功能后果也可以通过文本、声音、图像等多种多样的形式或维度进行表现，因而在广度和深度上都是现实社会所无法比拟的。

（3）知觉的人工化

人类能感知到的现实是有一定生物学局限的，它只是依靠我们的生物知觉的呈现来判断的，而包括虚拟现实技术的出现与应用，正在扩展人类对于"现实"的认识。

人们沉浸在虚拟现实视频的时候，使用者对经验世界的感觉和认知界限是模糊的。使用者沉浸于虚拟现实时，知觉和幻觉合为一体，形成了客观世界中难以出现的知觉和幻觉感知并置的状态。这种虚拟现实改变着人们与信息的传统关系，作为文本的抽象符号正在被计算机重新结构化后的视觉影像替代。

VR 视频通过空间叙事层次、叙事场景和感官肢体互动，形成了很强的代入感，甚至强化了身份认同和社会认知。

（4）沉浸性

沉浸性又称临场感，指用户感到作为主角存在于虚拟环境中的真实程度，是 VR 技术最主要的特征。影响沉浸感的主要因素包括多感知性、自主性、三维图像中的深度信息、画面的视野、实现跟踪的时间或空间响应及交互设备的约束程度等。

虚拟现实技术力求给用户带来无限接近真实的浸入式体验。呈现在操作者眼前的是逼真的感官世界，加之操作者的亲自"实践体验"，使人自身在虚拟世界中完全沉浸，仿佛置身于真实的世界。虚拟世界意味着在一个虚拟环境中的感官沉浸。作为沉浸性的前提是心理认同，实际上是一种观念上和情感上的移入和接纳的过程。完全沉浸可以延伸出去，进而占据我们整个人的心灵，可以激发我们的想象力，这样有助于提高我们对世界参与的程度和质量。

（5）临场感（全息性）

乔纳森·斯特尔不满于商业资本对虚拟现实是"一套技术装置"的强势界定，试图从传播学角度重新理解虚拟现实：虚拟现实指的是由传播介质所引起的一系列知觉体验，以此实现某种临场感，故而虚拟现实区别于纯粹的心理现象（如梦境或幻觉），因为这些体验并不要求知觉的介入。斯特尔还提出了两个重要的评价指标：生动性（广度、深度）和互动性（速度、范围、映射）。马里奥·古铁雷斯等人则将虚拟现实的指标提炼为：沉浸感和临场感。前者在程度上有深有浅，靠的是用户的感知（视觉、听觉、触觉等）；后者则比较主观，与用户的心理相关。古铁雷斯等人建议将虚拟现实放置于"真实—虚拟"的连续体中进行考察，即一条"真实环境—增强现实—增强虚拟—虚拟现实"的连续性光谱。

计算机生成的三维虚拟环境会赋予操作者各种动作信息，通过人机交互设备，双向传送给虚拟系统和操作者。基于虚拟现实技术的交流改变了这种状况，它弥补了包括传统媒介和网络媒介在内的交流不足，用一种新的身体交流的方式实现了集视觉、听觉、嗅觉、触觉等感觉在内的沉浸式交流，是一种在场的交流。并且利用这一技术，人们可以到达任何一个地方实现和任意一个人的全息交流。

（6）高峰体验常态化和经验生活逻辑化

高峰体验常态化和经验生活逻辑化，是虚拟现实系统的一大显著特点，具有其他技术无法比拟的优越性。

一方面，人的需求具有随机性、复杂性、多样性，不同的时间、不同的地点需求会突然爆发，充满了不可预见性，突然爆发的同时伴有极速体验的欲望。以 VR 技术支持的体验平台，能够提供一个使人们这种愿望随时随地进行体验的平台，使现实生活中无法做到的情感体验平常化，即高峰体验常态化。如远离家乡的游子拥抱父母的感觉，陷入网瘾无法自拔的少年与父母沟通的情景，体会伟大母亲分娩的感觉等。

另一方面，VR 技术是人们利用计算机生成一个逼真的三维虚拟环境，将模拟环境、视景系统和仿真系统合而为一，编入特定的计算机程序，将源于经验的感情生活实例逻辑化，即经验生活逻辑化。例如，现实生活中出现的实例有的无法再现，而虚拟技术支持下的"虚拟"体验，可以将这些实例进行逻辑化的编程、再现，使人们可以多次体会到生活中经历过的事情，从内心使人们对所经历的事情多次思索，从而加深对生活的认识。

二、虚拟现实技术的应用与争议

在 20 世纪 60 年代到 80 年代初，虚拟现实主要应用于军事领域，如模拟飞机巡逻、宇航员模拟训练等。80 年代之后，虚拟现实已经广泛应用于医疗、医学教育、语言教育、工程制造、博物馆、建筑设计、网络游戏等多个领域中。随着虚拟技术的不断发展与广泛应用，虚拟技术在各行各业呈现出特有的优势。但伴随着应用的拓展将很可能带来一系列新型伦理陷阱。

1. VR 对休闲娱乐的冲击

VR 设备最接近普通消费者的切入点是娱乐领域。娱乐领域是分布式虚拟现实系统的一个重要应用领域。它能够提供更为逼真的虚拟环境，让人们能够享受其中的乐趣，有更好的娱乐体验。

1980 年的《Tron》是第一部描绘虚拟现实的好莱坞电影。1991 年的 Pac‑Man 是应用虚拟现实3D镜像的视频游戏。2007年的初音未来❶是世界上第一个使用全息投影技术举办演唱会的虚拟偶像。这款软件可供人们学习并以低成本制作音乐，打破了传统音乐高高在上的殿堂限制。以"初音未来"为代表的虚拟技术实现了娱乐从制作、包装、发行到交流的全平民化。在2013年开幕的E3游戏展上，Virtuix公司展出的一款名为Omni的虚拟现实游戏平台。允许玩家在Omni游戏平台中做出行走、跑动甚至跳跃等各种动作，如果再配合Oculus Rift创造的全方位3D视野，就能将玩家完全带入游戏中。而且Omni游戏平台底部配有一个环形滑动斜坡，能够实现玩家的原地跑动。

娱乐方式被全新改变的同时也带来了虚拟技术与现实社会的伦理碰撞。沉浸式虚拟现实是最理想的追求目标，实现的方式主要是戴上特制的头盔显示器、数据手套以及身体部位跟器，通过听觉、触觉和视觉在虚拟场景中进行体验。可以预测短期内游戏玩家可以戴上头盔身着游戏专用衣服及手套真正体验身临其境的"虚拟现实"游戏空间，它的出现将淘汰现有的各种大型游戏，推动科技的发展。但怎么样解决虚拟现实中的色情和杀戮问题？这是虚拟现实必须要面对和解决的一个问题。

其一，VR设备中关于极限暴力的问题。通过VR设备可以实现真实操作或者体验暴力。更进一步，这些技术可能潜在地被军事使用。虚拟酷刑仍然是酷刑。为了带来更加刺激的感官体验，不少常规游戏中的偏门题材被搬到了VR设备上，如跳楼等。为避免给使用者带来的体验太过于强烈，如何控制"计量"将成为关注的焦点。如索尼的VR设备Projecct Morpheus在推出同期发布了数款Demo，依靠强大的机能带给用户真实的视听体验，其中一款"伦敦劫案"的Demo中，玩家可以控制演示中的角色开枪自杀，这一桥段因为太过真实而遭到严重抗议。最终索尼在外界的质疑声中移除了该演示桥段。但这次事件却明确显示了一个问题：如何控制、回避不良元素在VR设备中对使用者造成的影响。我们也需要确保虚拟现实体验不是在培养充满危险的暴徒，他们只热衷于枪杀修女和抢劫。

其二，很显然色情是VR领域必然出现的应用，成人影片厂商涉足VR也仅仅是时间问题。2016年3月，最大的色情视频网站Pornhub开设了免费的VR频道。在这里你能看到360°的视频，还有真人在视频中与观看者进行互动。虽然有些东西无法通过数字信号进行传递（如体温和呼吸），但一些触觉反馈设备与VR的结合已经大大增强了体验的真实性。《卫报》甚至刊文讨论"虚拟情色如何带来世界和平"。

2. VR技术在医疗卫生领域的应用及问题

根据RnR Market Research研究机构发布的一份报告，2014～2019年，全球VR医疗服务市场的复合增长率将达19.37%。VR与医疗的结合可以在四个方面实现：医学干预、临床诊断、医疗培训、健康保健（见表4.3），未来医疗将会是VR最大的市场。

---

❶ 初音未来软件2007年8月31日发售并开放价格，初音未来（初音ミク）是世界上第一个使用全息投影技术举办演唱会的虚拟偶像。其本身是一款电子音乐软件，可供有一定音乐基础的人自行设计音乐并为其演唱。由日本女声优藤田咲为其配音。软件集音乐创作、乐器演奏、人声演唱、舞台表演等功能为一身。其将人类的声音录音并合成为酷似真正的歌声，舞台上的3D投影形象酷似真人，代表了日本3D和智能技术的最高水平。初音未来经过了精心的包装，"她"的名字叫初音ミク（はつねみく）（Hatsune Miku），"她"的年龄是16岁，身高158cm，体重42kg，擅长的曲种是流行歌曲，擅长的节奏是70～150BPM，擅长的音域是A3～E5。"她"的面部、发型和海军服皆与其被设计的年龄相仿。这个"非人类"已经被包装成为一个非常确指的"人类"——尚未完全发育成熟的16岁少女。

表 4.3　虚拟现实技术已在临床实践中得到应用的情况

国家	机构	项目内容
美国	佐治亚理工学院	利用 VR 技术为战区老兵进行受创心理诊疗❶
美国	路易斯维尔大学	尝试用 VR 来治疗焦虑症和恐惧症❷
美国	斯坦福大学	利用 VR 来搭建外科手术的练习设施
美国	华盛顿大学	推出了一款虚拟现实的视频游戏（SnowWorld），以帮助患者处理疼痛❸
美国	斯坦福大学	推出内窥镜鼻窦手术模拟机，用患者的 CT 扫描创建三维模型，供培训者模拟手术，此例于 2002 年已投入使用
美国	德克萨斯大学	创建了一个培训项目，帮助自闭症儿童学习社会技能。❹
美国	斯坦福大学	为老年人创建了一个虚拟现实体验程序，可以让他们体验外部世界，如骑自行车、在海滩上散步等
英国	医院	利用 Patient VR❺ 实现医学培训

　　VR 可用于解剖教学、复杂手术过程的规划，在手术过程中提供操作和信息上的辅助，预测手术结果以及远程医疗等。另外，科学的可视化不仅能将大量枯燥的原始数据转换成易理解的图像，而且允许科研人员在空间和时域上前后移动，是医疗卫生领域的重要研究手段。

3. VR 技术关于虚拟媒体的冲击

　　虚拟现实无疑属于兼具"科技性、媒介性和大众参与性"❻ 的传媒艺术。2015 年被誉为"虚拟现实新闻"（VR Journalism，后文称 VR 新闻）元年。英美主要媒介机构都在尝试 VR 这一最新的新闻记录和传播媒介（见表 4.4）。

---

　　❶　早在 1997 年佐治亚理工学院发布所谓的 Virtual Vietnam VR（虚拟越南虚拟现实）时，虚拟现实已被用于治疗创伤后应激障碍。最近，诊所和医院正使用虚拟现实技术模拟战争，如伊拉克战争、阿富汗战争等，帮助退伍军人重复体验他们经历的创伤性事件。在安全、可控的虚拟环境中，他们可以学习如何处理危机，从来避免危险的发生，保护好自己与他人。

　　❷　暴露疗法是治疗恐惧症的方法之一。在此案例中，用虚拟现实技术为患者创建一个可控的模拟环境，使患者可以打破逃避心理、面对他们的恐惧，甚至还可以练习应对策略。

　　❸　在该游戏中，患者可以向企鹅扔雪球，听 Paul Simon 的音乐，通过抑制疼痛感、阻碍大脑中的疼痛通路来减轻治疗过程中的疼痛，如伤口护理、物理治疗等。由美国军方负责的 2011 年的一项研究显示，对因爆炸烧伤的士兵来说，SnowWorld 的止痛效果比吗啡更好。此外，医学杂志《神经科学前沿》上发表了一项研究报告，对虚拟现实游戏在减轻幻肢疼痛中可能扮演的角色进行了研究。报告指出，传感器能够接收来自大脑的神经信号。在游戏中，患者使用虚拟肢体来完成规定的任务，这能帮助他们获得一定的控制力和学习能力。例如，他们能够学着如何放松自己那痛苦地握紧着的拳头。

　　❹　该项目利用大脑成像和脑电波监测技术，用虚拟化身法让孩子处于工作面试、相亲等情形之下，这能帮助他们了解社会的一些情况，使他们的情感表达方式更具有社会认可性，更好地融入社会。通过对参与者进行脑部扫描发现，完成培训项目后，与社会理解能力有关的大脑活动区域，其活力有所提高。

　　❺　Patient VR 是一部建议系列的医学虚拟现实电影，观看者戴上头盔后会扮演一个因胸痛经历手术的虚拟患者。因为使用的是 360° 拍摄手法，观看者会身临其境地体验到这位患者通过救护车被送进急诊室，然后再被送进手术室。这个视频的目的是帮助那些治疗这类患者的医生能更好地理解患者的情绪和感受，就像是他们经历了这一系列痛苦一样。

　　❻　胡智锋，刘俊. 何谓传媒艺术［J］. 现代传播，2014（1）.

表4.4 世界各大媒体的"虚拟现实新闻"产品

时间	媒体	新闻名称	内容
2012	美国南加州大学安纳伯格传播与新闻学院的 Nonny de la Peña 和团队	《洛杉矶的饥饿》❶	讲述洛杉矶街头一名男子排队领取免费食物时因癫痫病发作昏倒的故事
2014. 3	Nonny de la Peña	《使用武力》	叙述了一名移民在美国边境被边警不恰当使用武力致死的故事
2014	南加州大学互动媒体实验室	Project Syria❷	旨在利用虚拟现实技术再现内战中的叙利亚
2014	《得梅因纪事报》和甘乃特报业集团合作	《变革之收获》	讲述了关于爱荷华州四家传统农场面临时代变迁挑战的新闻
2015. 11. 5	《纽约时报》与 VRSE 虚拟现实公司合作	《无家可归》（The Displaced）	报道了儿童难民的艰难生活
2015. 9. 16	ABC 新闻部与虚拟现实公司 Jaunt 合作	《发自叙利亚》	报道了叙利亚首都大马士革的考古学家在城市面临战争威胁时的文物抢救工作
2015	PBS	《埃博拉爆发》	将观众带到了几个中非国家，记录这一死亡病毒在当地人中的肆虐
2015. 10. 13	CNN 与虚拟现实公司 Next VR 合作	总统候选人辩论	使用 VR 转播美国共和党总统候选人辩论
2015. 1	Vice 新闻与 VRSE 公司合作	《百万人大游行》	报道了 2014 年 12 月发生的纽约百万人大游行
2015. 6	FOX 体育频道与 Next VR 合作	高尔夫球赛	使用虚拟现实直播了 2015 年美国高尔夫球公开巡回赛
2015. 10. 27	NBA 与特纳体育和 Next VR 合作	NBA 比赛	2015～2016 赛季首场比赛（金州勇士 VS 新奥尔良鹈鹕）使用了虚拟现实进行直播

❶ 与南加州大学互动媒体实验室的产品相类似，作为前 Newsweek 记者，Nonny 也把虚拟现实技术运用到了突发事件之中，这一次她把目光对准了等待救济的洛杉矶贫民。对于现代美国人而言，饥饿仿佛是一个很遥远的概念。而在 Nonny 看来，这依然是困扰许多国家的症结所在："事实上，即便是在美国本土饥饿也潜藏在我们身边"。《洛杉矶的饥饿》的场景设定在 8 月炎热的洛杉矶。几位城市贫民在骄阳下焦急地等待着救济食品的发放。一位糖尿病人突发癫痫倒在地上，不停地抽搐。通过虚拟现实技术，体验者可以近距离直视瘫倒在地的老人。他脸上的表情、痛苦的呻吟声以及不断抽搐的身体，体验者通过所佩戴的头盔都能够身临其境地感知。除了老人之外，体验者还能以第一视角目睹围观者的表情、反应。这种近距离的强烈感官刺激在很多体验者脑海中深深印上了事发当时的恐惧、无助。心有余悸的体验者随即可以看到女工作人员无奈地叫喊。"人太多了！人太多了！"是的，洛杉矶街角的救济所不过是全球饥饿人群的一个剪影。更多饱受饥饿折磨的人远在视频之外，我们甚至都不曾认为他们真的存在。在 Nonny 的作品中，我们可以看到虚拟现实技术的力量，强烈的视觉冲击力给大量体验者留下了极其震撼的感官经历。Nonny 表示，"很快，有项目相关联的慈善机构就收到了大量的捐款，这就是虚拟现实技术带给新闻的变化。它让新闻更有力度。"

❷ 南加州大学互动媒体实验室带来的 "Project Syria"，进入体验模式，每一位体验者都置身于叙利亚繁忙的大街上，跟随着体验者的视角看到的是忙碌嘈杂的集市和熙熙攘攘的人群。不过很快，"砰"的一声巨响，体验者立刻能感受到身边腾起了烟雾以及爆炸特有的硫黄味。短暂的耳鸣和近乎晕厥的体验让每一个体验者仿佛亲临了爆炸现场。体验者可以看到慌乱中奔走的大人和儿童，甚至可以闻到受伤者血液的腥味混杂着焦土特有的阵阵恶臭。整个体验过程中，体验者身临其境，仿佛就置身于叙利亚刚刚遭受炸弹袭击的街道上。

时间	媒体	新闻名称	内容
2015.11	《纽约时报》	Walking New York❶	可以通过浏览整个纽约地图，选择你想去的地方
2015.11		现实新闻	发布了记者 Ben Solomon 制作的巴黎民众悼念遇害者的虚拟现实新闻专题片

目前在 VRSE 的平台上，除了像《纽约时报》这样的传媒机构上传了产品。还有许多独立的制作人也参与到了其中。新闻的题材也涉及"自然风景""突发事件""战争场景""现场还原"等，呈现出多元化发展的态势。虚拟现实报道提供给读者"游戏化"沉浸式场景体验，是技术革新，却又远不止于技术。新闻"虚拟"之后，改变的不仅是呈现方式，合作模式、媒介伦理等都需要重新考量。

其一为对新闻真实性的忧虑。虚拟现实是不是对新闻真实性的挑战和破坏？新闻的求真性与 VR 的虚拟性之间存在着难以调和的矛盾。VR 新闻通过高度的拟真和沉浸带给人们更加逼真的感官体验，然而这种对新闻情境的高度模拟本质是认为建构和操纵的。李普曼曾说，"我们所见到的事实取决于我们所站的位置和眼睛的习惯"，❷"媒介世界"不等同于"现实世界"，无论是文字、图片还是 VR 视频，都不可避免地存在着信息传递过程中的失真。虚拟现实新闻在给予用户极强的真实感体验的同时，也使得新闻的编辑手法更加隐秘。不同于接受文字、图片信息的间接感受，VR 有可能诱使用户在"第一视角"中将新闻报道等同为事实真相，而成为操控公众认知的"更加隐蔽和强大的工具"，❸造成假新闻难以甄别。因此，业界需要在实践中对虚拟现实新闻的制作规范形成共识。

其二为强烈的情感冲击。当媒体报道遇到了 VR，其终极目标就是为读者营造一个足够真实的环境，真实到可以让媒体用来为读者讲述一个更生动的故事。一位参与"Project Syria"的工作人员称，VR 环境的代入感会为体验者带来更强烈的感情冲击。

4. VR 技术对教育的冲击

虚拟现实技术会让教育发生变革，能够为学生提供生动、逼真的学习环境，学生能够成为虚拟环境中的一名参与者，扮演一个角色。

1）远程教育。虚拟现实系统中，会存在智能虚拟向导，可以带领学生更好地体验虚拟环境。

2）虚拟校园。虚拟现实系统可以创设虚拟的校园场景，使学生在其中学习、讨论。我国教育部在一系列相关的文件中，多次涉及虚拟校园，阐明了虚拟校园的地位和作用。

3）虚拟漫游。虚拟漫游是指在虚拟现实的环境中，学习者能够以第一人称的视角进行游览，可以自我调节游览速度及游览视角，将自己置身于虚拟的场景中，产生身临其境的感觉，校园和景观可以用虚拟漫游系统方便游客或访客进行三维第一人称视角游览。

---

❶ 《纽约时报》是最早尝试运用虚拟现实技术的传媒机构。不过相较于个体新闻人喜欢围绕突发事件展开，《纽约时报》选择了另一条道路来试水虚拟现实技术。他们推出了"Walking New York"这款虚拟技术体验式产品。通过《纽约时报》的官网就可以直接看到这款体验式产品的介绍。不过要想身临其境地感受纽约市的壮美风景，你必须配备能够实现虚拟现实场景的"头盔"才行。

❷ 刘涛，王宇明. 新媒体背景下全景化新闻报道探析 [J]. 今传媒，2013（2）：105–107.

❸ 常江. 虚拟现实新闻：范式革命与观念困境 [J]. 中国出版，2016（10）：8–11.

4）虚拟实验环境。虚拟实验是指基于虚拟现实环境所呈现的接近真实的实验。利用虚拟现实技术建立的各种虚拟实验室在教育上的应用前景极其广阔，尤其是在物理、化学、生物等学科更是如此。同时老师也可以在虚拟现实系统中与学生们进行学术交流。如麻省理工学院的游戏实验室利用 Oculus Rift 开发出了一个 VR 科学演示应用，名叫 "A Slower Speed of Light"（较慢的光速）。❶ 同样在课堂中，VR 也可以用来向学生们演示课本中难以直观理解的科学现象，尤其是物理学。

5）虚拟实训基地。利用虚拟现实技术建立起来的虚拟实训基地，其"设备"与"部件"多是虚拟的，可以随时生成新的设备。通过虚拟现实技术，学习者可以模拟出接近真实的技能训练操作平台，在这个平台中，学习者能够真切地体会到操作感，极大地有利于其掌握所学技能。所以，当前许多高校都在积极研究虚拟现实技术及其应用，并相继建起了虚拟现实与系统仿真的研究室，将科研成果迅速转化实用技术，如北京航空航天大学在分布式飞行模拟方面的应用。

但问题是，从学生的网瘾发展到虚拟现实的网瘾。让孩子在客厅中带着沉重的头盔和塑料眼罩怎么看都是在重走电视机和游戏主机的老路。

5. VR 技术对军事、航空的冲击

在军事与航空航天上的应用是 VR 技术发展的强有力催化剂。模拟训练一直是军事与航天工业中的一个重要课题，这为 VR 提供了广阔的应用前景。

虚拟现实技术的应用，使得军事演习在概念和方法上有了一个新的飞跃，即通过建立虚拟战场来检验和评估武器系统的性能。美国国防部高级研究计划局自 20 世纪 80 年代起一直致力于研究称为 SIMNET 的虚拟战场系统，以提供坦克协同训练，该系统可联结 200 多台模拟器。虚拟现实技能训练目前已经在很多领域得到了应用，尤其是军事、航天领域，用虚拟现实技术创建的虚拟战场可以使士兵们进行演练，并直观地感受战场的环境、气候的变化等。

在航空上，可以利用 CAD/CAM 与 VR 结合进行新型飞机设计。某些飞行模拟器中也采用头盔显示器模拟各种实战场景，让人感觉相当真实。载人航天研究中，训练时，航天员坐在一个模拟"载人操纵飞行器"功能并带有传感器的椅子上。椅子上有用于在虚拟空间中直线运动的位移控制器和用于绕航天员质心调节其姿态的姿态控制器。航天员头戴立体头盔显示器，用于显示望远镜、航天飞机以及太空的模型，并用数据手套作为与系统进行交互的手段。经过该虚拟系统的训练，航天员终于在 1993 年 12 月成功地完成了将哈勃太空望远镜上损坏的 MRI 用从航天飞机上取出的备件进行更换这一复杂而又费时的任务。另外利用 VR 技术，可模拟零重力环境，替代非标准的水下训练宇航员的方法。虚拟的太空环境，可以使航天员真实地感受到失重，有利于航天员尽快适应失重环境。

三、虚拟现实技术带来的伦理问题

虚拟现实技术在社会生活中的广泛应用使其对人类的生活方式、生产方式乃至人的心理和思维方式产生了极其深刻的影响。虚拟社会的特征使其呈现出不同于现实社会的新面

---

❶ 严格意义上来说这并不是一个游戏，而是让你在第一人称视角下体验把光速变慢后的世界。

貌，因此，在现实社会中形成的道德及其运行机制在虚拟社会并不完全适用，许多原有的道德观念和道德规范受到极大挑战，从而给我们当前的道德建设带来许多难题。人类永远不会停止对现实本质的思考，也不会停止对虚拟生活的担忧。纵观历史，我们不禁提出这些疑问：虚拟现实会不会成为毒品？会不会造成灾难性后果？是否会导致政府瘫痪？虚拟世界会取代现实世界吗？

1. 虚实难分的伦理困境

现实和虚拟之间的关系一直让人着迷，科技进步让两者的关系越来越近。随着我们进入了一个超高分辨率显示屏、3D音频和高级人工智能的时代，几乎可以创造出非常真实的虚拟现实世界。

美国哲学家迈克尔·海姆曾感叹道："如果西方文化被实在的意义困惑了2000年，那么我们不能指望我们在2分钟，甚至在20年弄清楚虚拟现实的意义"。❶ 然而，海姆还是从语义分析角度下了一个定义："虚拟实在是实际上而不是事实上为真的事件或实体"。然而，何谓"实际上为真""事实上为真"？他只轻描淡写地指出："任何模拟都会使某些东西看上去是真实的，但事实却不是"。美国学者霍华德·莱茵戈德说，"虚拟现实是另一个世界的神奇窗口，或者说真正的现实在屏幕之后陡然消失"。

虚拟现实就是利用计算机技术把人们想象中的图景转化为一种虚拟境界和虚拟存在，这种人工的虚拟现实（虚境）是个物理性与心理性结合、工具与客体合一、主体与客体共构的复合的人工环境。这种虚拟境界和虚拟存在对于用户视觉来说，就像真实的客观存在一样。这种虚拟真实与现实真实通过不透明的显示器进行阻断，用高质量影像的全景展示对用户的视觉进行"欺骗"。人们沉浸在虚拟现实视频的时候，使用者对经验世界的感觉和认知界限是模糊的。使用者沉浸于虚拟现实时，知觉和幻觉合为一体，形成了客观世界中难以出现的知觉和幻觉感知并置的状态。

2. "控"与"被控"的伦理难题

科幻作品为我们描绘了一幅关于虚拟现实的恐怖图景：沉溺其中的人们或将混淆虚拟与现实的界限，自我迷失，甚至受人操控。

一方面，充分的沉浸的体验对人的行为和心理学有一个更大和更加持久的冲击，也许有人格解体的风险。在一个虚拟的环境里沉浸后，你的身体也许对你并不是真实的。我们从橡胶手幻觉知道我们的大脑可以被愚弄，认为一只无生命的橡胶手是我们自己的。在虚拟现实的环境中，我们能被愚弄，认为我们是我们的化身。消费者必须了解并不是所有风险都是事先被知道的。另一个问题是我们容易被我们的周围摆布。在一个沉浸的虚拟环境里的一个相似的下意识影响将是容易的。安慰剂效应、躯体化障碍、强迫症等，不管出于什么原因，大脑对于生理和心理都具有强大的控制力。如果现实生活的体验能触发抑郁症或躯体变形，那么没理由说高质量的虚拟现实体验不会引发类似的生理或心理上的反应。

另一方面，虚拟现实其实还有一个途径，那就是像《黑客帝国》里那样直接将比特流与人脑进行连接，那就不存在感知觉难以欺骗的问题了，一切似乎都会变得如梦境般真实。但那会带来全新的伦理危机，如果那时受到一段病毒代码的感染，那么身体被代码控制去

---

❶ 迈克尔·海姆. 从界面到网络空间——虚拟实在的形而上学［M］. 金吾仑，刘钢，译. 上海：上海科技教育出版社，2000：120.

为非作歹，受控制方要承担法律制裁吗？在比特流与脑电波能直接沟通后，人会不会在沉浸式的虚拟现实中迷失自我？人会不会过度依赖万事都顺着自己的虚拟现实情侣？这些问题我们可能都将面对。虽然现在来谈这些似乎是杞人忧天，但也许，这就是明天将要面临的烦恼。

人们迫不及待地把游戏驱动器和身体连接，进入一个如假包换的虚拟现实。在游戏中，人们可以肆意地作恶与杀戮，因为所有的结果都可以一键撤销。可怕的是，现实和幻觉之间原本脆弱的分界线正在分崩离析。如肿瘤般蠕动的游戏驱动器不啻构成了一个隐喻：虚拟现实成了无法摆脱的寄生兽，而使用者则是任其摆布的宿主。

3. "冷汗综合征"与"紧张之谷"

Oculus CEO 布伦丹·艾瑞比对虚拟现实技术导致的不适症状非常敏感，他称之为"冷汗综合征"或"紧张之谷"。2015 年 10 月 13 号，CNN 与 Next VR 公司合作直播民主党总统候选人的竞选辩论，近 1 小时的直播使不少观众无法忍受头盔的闷热和沉重。

用户体验是所有新科技运用都要不断研究和完善的问题。虚拟现实设备近年来开始不断便携化，笨重的头盔被轻便的数码眼镜代替。VR 拍摄和剪辑技术正在改善，已出现不需后期拼接的全景拍摄设备。但技术体验的舒适感和安全感仍然是难题。体验者能明显感觉到延时、重影和模糊感，这也是当今 VR 技术普及所需要完成的突破。

首先，现有的虚拟现实方案与 3D 电影一样，都面临着一个现实问题，那就是很多人会出现身体的不适感。一些头戴式显示器，虽然他们给人强烈的真实感，但也让人感觉到了眩晕感。目前 3D 电影和头戴式显示器之所以能够出现 3D 效果，其实是利用了人眼的视差原理，在观看 3D 电影或者带头戴式显示器玩游戏时，人眼的对焦习惯其实是与我们日常生活中不同的，尤其是在使用头戴式显示器后，人体的平衡系统会因视觉被屏蔽产生严重的影响。从应用角度来说，娱乐将是虚拟现实技术应用的一个重要领域，但现有的虚拟现实技术会带给人强烈的不安和舒适性。日本是研究 3D 显示技术非常早的国家，但 3D 显示设备的正式上市的时间却并不长，就是基于健康的原因，甚至早期的 3D 显示设备会被要求标注长期使用有害健康的提示。

其次，用户体验 bug 还需解决。即便与 VRSE 这样相对成熟的虚拟现实技术平台合作，在现有技术条件下，用户体验方面还是有 bug。比如，目前的手机硬件能力还未能做好迎接 VR 时代到来的准备，为了体验新闻产品，用户必须忍受长时间的等待。也许一位好奇的或恶意的游戏开发者可以很容易地摸索出一种旨在引起心理或生理伤害的体验。

再次，与受制于源代码的不同，头盔尚未能实现不同平台的完美兼容。实现虚拟现实技术必须配置相应的头盔。目前除了谷歌、Facebook、三星之外，全球在生产 VR 头盔的厂家有很多。虽然在 2014 年 9 月 Oculus 公司在 Oculus connect 大会上宣布公开 Oculus Rift DK1 外设源代码及工程原理图。但目前 VR 硬件设备市场依然没有出现一套统一的规制。

最后，VRSE 界面加载速度较慢，更贴切实际的问题阻碍了虚拟技术的推广。老式头戴设备延迟高、分辨率低，给用户极差的体验感，甚至引起运动病理障碍，比 Oculus Rift 还要差。Arcade 用户还必须解决头戴设备交换使用的卫生问题。

4. "沉浸"与"成瘾"问题

虚拟现实既是一项技术，也是一种体验，它允许知觉的介入，提供沉浸感与临场感。如果习惯生活于虚拟现实带来的感官参与和沉浸刺激的技术环境，人们便会放弃对互联网信息技术的批判意识与警惕心理，并且产生一种依赖，从哲学角度来说，这是人的一种精神异化。遁入幻想世界是人类的永恒梦想，虚拟现实被视作其终极途径。虚拟现实技术的发展障碍，不仅是人们将虚拟现实比作毒品的抵制心态。人们会变成虚拟现实这一新媒介的奴隶吗？

一方面，VR可以创造很强幻觉的事实让它成为很大的精神伦理风险。杰瑞·加西亚作出了一个广为人知的比较。在一次虚拟现实展会后，他说："既然迷幻药是违禁物品，那么我真想看到他们怎么处理虚拟现实技术。"记者霍华德·恩格尔德在1991年的书《虚拟现实》中写道，他总被问及虚拟现实是否会成为电子毒品。1990年，《华尔街日报》刊登了虚拟现实技术先驱杰伦·拉尼尔的一篇名为《电脑模拟将提供超现实体验》的文章。虚拟现实能诱导出现强的幻觉，甚至感觉好像拥有并控制另一个身体。20世纪90年代媒体的报道中，处于起步阶段的VR技术成了一款包罗万象的工具，能让人们享受体验，但也像一个潘多拉魔盒。如有些甚至把它当成一个传输幻觉和控制思维的工具了。就在20世纪八九十年代，就有一批虚拟现实的狂热者们，其中有的是网络朋克和迷幻剂吸食者，反主流文化著名人物蒂英西·里瑞就在早期支持该技术。

另一方面，虚拟现实或为致幻剂，科幻作品警告我们失控的危机已在。以往要靠长途旅行、长时间阅读、长期社会交往才能获得的经验，如今可以一键获取，以至于原来的神奇和感动都变得廉价易得。在《无尽的现实：化身、永生、新世界，以及虚拟革命的黎明》一书中，布拉斯科维奇和拜伦森认为，"虚拟世界几乎和人类历史一样古老"。讲故事、绘画、雕塑、戏剧、手稿、印刷术、摄影术、摄像术、电气化、广播、计算机以及互联网，作者认为这些媒介的效果与南美原住民煎服的"死藤水（可使人产生幻觉，陷入所谓的"通灵"状态）在某种意义上并无二致，都是允许人们从脚下的物理世界凌空而起，抵达另一个幻想世界。❶ 虚拟现实之所以广受追捧，在于它是更为廉价、也更为安全的致幻剂。

5. "去身体化"与"去主体"的问题

在虚拟现实中，你将会拥有一个怎样的"化身"？它会遵循什么样的规则？这是否会重塑我们的社会态度，比如让我们在现实中变得更加暴力？

毋庸置疑的是，在虚拟技术时代，个体正在经历前所未有的虚拟化改造，不断为信息技术所吸纳。正如斯科特·巴克孟在《终端身份：后现代科幻中的虚拟主体》中所指出的那样：在终端身份时代，主体与信息技术紧紧绑定，"被模拟、变形、更改、重组、基因改造，甚至被消融殆尽"。❷

虚拟现实技术把传统社会赖以支撑之物连根拔起，成为一种新型的、被紧紧联结的主体，使得我们转变为"后人类"，并将我们强行纳入"网络离散"的状态，以便和全球大规模的数据流动相对接。巴克孟指出，鲍德里亚的文章试图将身体转化为一种装置，这种装置可以为远程界面所完全吸纳。身体不再是隐喻或者象征，皮肉之下别无他物。如今，身体意味着无限的界面，这也意味着主体破碎、泯然于众。❸

凯瑟琳·海尔斯在《我们如何成为后人类》一书中指出：信息的"去身体化"促使人

---

❶ Jim Blascovich, Jeremy Bailenson. Infinite Reality：Avatars, Eternal Life, New Worlds and the Dawn of the Virtual Revolution [M]. New York：Harper Collins, 2011：24 – 36.

❷❸ Scott Bukatman. Terminal Identity：The Virtual Subject in Postmodern Science Fiction [M]. Durham：Duke University Press, 1993：244 – 246.

类开始转变为后人类。"去身体化"意味着人类逐渐抽离肉身而成为信息的集合体，人的意识甚至能够像下载计算机数据那样被下载并永久保存，成为"缸中之脑"。❶ 身体存在与计算机模拟之间并无本质区别或者说并非不可逾越，传统意义上"自我"的概念不再适用于后人类。在自由人文主义者看来，认识先于身体，身体是有待掌控的客体；在控制论者看来，身体不过是承载信息代码的容器而已；后人类主义则走得更远，直接"擦除"主体性身体，身体尽可为机械所替换，主体意识无须依傍。

兰登・温纳提醒我们：技术的背后有时并没有一个巨大的阴谋，而是技术本身启动了一种趋势，以其自身的逻辑，不可避免地重新构架这个世界。

1985 年，唐纳・哈拉维发表了《赛博格宣言：20 世纪晚期的科学、技术和社会主义的女性主义》。哈拉维宣称，自然生命和人造机械之间的界限已不复存在。"我们的机器令人不安地生气勃勃，而我们自己则令人恐惧地萎靡迟钝"。❷ 哈拉维断言我们都将成为"赛博格"，一个"控制论的有机体，既是机器和有机体的杂糅，也是现实和虚拟的混合"。❸ 这也正如文化历史学家迈克・杰伊曾经提出的"楚门妄想症"的精神疾病。❹

无论是"去身体化"还是"身体体验方式的改变"，在多感官体验的取向上是一致的：视听触等诸种感官体验，将在不断进取的虚拟现实中得以实现。现代视觉文化笼罩下被长期忽视、压抑的身体，不再屈居于视觉之下，而是与日渐崛起的虚拟现实携手来到我们的面前。肯・希利斯在《数字感觉：虚拟现实中的空间、身份及具身化》中认为，虚拟现实承诺我们可以弃置肉身、以纯粹的数据形式"浪游"于赛博空间之中，但这其实并不容易办到。我们或许可以享受"从脆弱易朽的肉身世界和真实空间逃逸出来的自由"，但这不过是一种新的身体感觉形式罢了，并非真正地"脱离肉身"。❺

6. 自由性与社会责任淡化难题

虚拟社会为人们提供的极大自由度，远远超出了人们社会责任的范围，由此引起的道德失范问题愈来愈多、愈来愈严重。这种情况是非常危险的，它会破坏网络秩序，威胁到社会的正常运转。

一方面，虚拟社会给人们提供了极大的自由度，人们摆脱了传统社会管理和控制，进入到一个"反正没有人认识我"的新天地，往往有一种"特别自由""解放了"的感觉和想为所欲为的冲动，这很容易使他们忘掉自己的社会角色、社会地位和社会责任，做一些平时不可能做的明显不道德的甚至是违法的事情。

---

❶ 缸中之脑（Brain in a vat），又称桶中之脑（Brain in a jar），是知识论中的一个思想实验，由哲学家希拉里・普特南在《理性、真理和历史》（1981）一书中阐述："一个人（可以假设是你自己）被邪恶科学家施行了手术，他的脑被从身体上切了下来，放进一个盛有维持脑存活营养液的缸中。脑的神经末梢连接在计算机上，这台计算机按照程序向脑传送信息，以使他保持一切完全正常的幻觉。对于他来说，似乎人、物体、天空还都存在，自身的运动、身体感觉都可以输入。这个脑还可以被输入或截取记忆（截取掉大脑手术的记忆，然后输入他可能经历的各种环境、日常生活）。他甚至可以被输入代码，'感觉'到他自己正在这里阅读一段有趣而荒唐的文字。"有关这个假想的最基本的问题是："你如何担保你自己不是在这种困境之中？"

❷❸ Donna J Haraway，Simians，Cyborgs，Women. The Reinvention of Nature［M］. New York：Routledge，2013：149－152.

❹ 即患者们深信有人正在偷偷拍摄他们的生活，并在电视上作为真人秀播出。杰伊富有洞见地指出，这不仅是一种特定的精神疾病，也是全球化时代人类普遍的偏执症候：无孔不入的媒介扭曲了我们的现实观念，让我们笃信自己就是宇宙的中心。参见：Mike Jay. The Reality Show［N］. Aeon，2013－8－23.

❺ Ken Hillis. Digital Sensations：Space，Identity and Embodiment in Virtual Reality［M］. Minneapolis：University of Minnesota Press，1999：1－2.

另一方面，计算机程序（尤其是计算机游戏程序）编制的非人性化原则，使人在不自觉中患上了"精神麻木症"，失去了现实感和有效的道德判断力。未来人机系统是高度自动化、精确化的，但是如果人在丰富多彩而又往往模糊不清的情感世界中，也自动化、精确化而缺少人情味的话，则会导致人们对现实生活中的他人及社会的幸福漠不关心。

四、虚拟现实技术的伦理建制

近年来，虚拟技术的普及性和更先进的科技会带来新的道德恐慌。虚拟现实技术和应用引起了哲学界的关注。虚拟现实的伦理品行规范建设成为虚拟现实技术发展的伴生品。

1. 欧洲虚拟伦理的进展

在欧洲，许多国家积极进行了虚拟现实技术的研究和应用。如英国在 VR 开发的某些方面，特别是在分布并行处理、辅助设备（包括触觉反馈）设计和应用研究方面，在欧洲来说是领先的。英国 Bristol 公司发现，VR 应用的焦点应集中在整体综合技术上，他们在软件和硬件的某些领域处于领先地位。英国 ARRL 公司关于远地呈现的研究实验，主要包括 VR 重构问题，他们的产品还包括建筑和科学可视化计算。德国在 VR 的应用方面取得了出乎意料的成果。德国将虚拟现实技术应用在了对传统产业的改造、产品的演示以及培训三个方面，可以降低成本，吸引客户等。在改造传统产业方面，一是用于产品设计、降低成本，避免新产品开发的风险；二是产品演示，吸引客户争取订单；三是用于培训，在新生产设备投入使用前用虚拟工厂来提高工人的操作水平。瑞典的 DIVE 分布式虚拟交互环境，是一个基于 Unix 的、不同节点上的多个进程可以在同一世界中工作的异质分布式系统。荷兰海牙 TNO 研究所的物理电子实验室开发的训练和模拟系统，通过改进人机界面来改善现有模拟系统，以使用户完全介入模拟环境。2008 年 10 月 27~29 日在法国举行的 ACM Symposium on Virtual Reality Software and Technology 大会，整体上促进了虚拟现实技术的深入发展。

德国约翰内斯古滕堡大学美因茨分校（JGU）的一些学者正在研究公众与研究人员使用虚拟现实可能导致的伦理问题，并做出了一份清单。根据这份清单，迈克尔·玛达里博士和托马斯·美兹因格尔❶教授提出了具体的建议来尽量减少风险。

随着能够创建沉浸在虚拟三维世界幻觉的头戴式显示器在市场上出售，从家用计算机上生成虚拟世界的技术能力将会很快提供给公众。在研究、教育和娱乐中使用 VR 的机会被媒体广泛讨论，但是玛达里和美兹因格尔试图提高公众对伴随这些机会的风险的认识——风险目前还远远没有受到注意。玛达里和美兹因格尔都参与了多年欧盟的"虚拟化身和机器人再化身"（VERE）项目的研究，关注于化身的幻觉。研究显示沉浸在虚拟现实中会导致离开虚拟环境后的行为改变。有人感觉拥有和控制的身体不是他自己的，而是虚拟世界的化身。重要的是，VR 创造出一个情景，其中用户的身体外观和视听环境是由虚拟世界的主人决定的。这种设定提高了 VR 创建出"心理操纵"的可能性。"研究显示虚拟现

---

❶ 托马斯·美兹因格尔是德国美因法的约翰涅斯古藤伯格大学的哲学家，专门研究思维的哲学和神经科学。他与玛达里合作的文章 "By Anil Ananthaswamy Virtual Reality could be an Ethical Minefield – Are We Ready?" 发表在著名的科学出版物开放获取平台：机器人和人工智能前沿杂志上。参见：https：//www. newscientist. com/article/2079601 – virtual – reality – could – be – an – ethical – minefield – are – we – ready。

实带来的风险是新的，远远超过了传统在隔离环境里的心理实验的风险，而且超过了现存的大众媒体技术的风险。"VR 实验的参与者显示出很强的情绪化反应以及行为改变，所有这些都可能影响到他们的真实生活。

基于他们对风险的分析，玛达里和美兹因格尔提供了使用 VR 的具体建议。例如，在开发新的临床应用的试验工作中，研究者应该注意不要给患者建立虚假的希望。应该不断提醒他们该研究仅仅是试验性的。玛达里和美兹因格尔还指出，不管行为规范有多么重要，它永远也无法替代研究人员的道德推理本身。出于对消费者 VR 的关注，他们呼吁长期研究沉浸感的心理影响。他们看到了对于特定内容的风险性，比如暴力和色情，先进技术能够提高心理创伤的风险。需要清楚地提醒用户这些风险，及幻觉、人格改变，以及 VR 中广告强大的潜意识影响带来的风险。最后，玛达里和美兹因格尔提醒应该制定关于化身的所有权和个性化的法规，这些法规也应该解决有关监控和数据保护的问题。

2. 美国虚拟伦理的进展

美国是虚拟现实技术的发源地，对于虚拟现实技术的研究最早是在 20 世纪 40 年代，一开始用于美国军方对宇航员和飞行驾驶员的模拟训练。美国国防部一直非常重视 VR 技术的研发。1995 年，美国国防部制定了"建模与仿真总体规划"，虚拟现实作为关键技术得到重点支持；2006 年又发布了"建模与仿真总体规划采购计划"，旨在充分利用建模与仿真技术为国防服务。在航空领域，美国航空航天局建立了航空、卫星维护 VR 训练系统、空间站 VR 训练系统及可供全国使用的 VR 教育系统，其下属的艾斯姆研究中心 2008 年的经费为 6 亿美元，致力于"虚拟行星探索"等一系列虚拟现实研究项目的实验。在能源领域，美国能源部 1995 年制定了"高级仿真和计算计划"，旨在用计算机仿真代替传统实验方法。美国核能研究咨询委员会 2000 年制定了"长期核技术研发规划"，明确提出重点开发、应用和验证虚拟现实计算模型和仿真工具。[1]

随着科技和社会的不断发展，虚拟现实技术也逐渐转为民用，集中在用户界面、感知、硬件和后台软件四个方面。20 世纪 80 年代，美国国防部和美国宇航局组织了一系列对于虚拟现实技术的研究，研究成果惊人。到了现在，已经建立了空间站、航空、卫星维护的 VR 训练系统，也建立了可供全国使用的 VR 教育系统；乔治梅森大学研制出了一套在动态虚拟环境中的流体实时仿真系统；波音公司利用虚拟现实技术在真实的环境上叠加了虚拟环境，让工件的加工过程得到有效的简化；施乐公司主要将虚拟现实技术用于未来办公室上，设计了一项基于 VR 的窗口系统。传感器技术和图形图像处理技术是上述虚拟现实项目的主要技术，从目前来看，时间的实时性和空间的动态性是虚拟现实技术的主要焦点。美国 VR 研究技术的水平基本上就代表国际 VR 发展的水平。

美国学者关注虚拟伦理问题也由来已久。首先是来自于计算机等技术领域的学者。如 1965 年，美国计算机专家伊凡·苏泽兰发表了一篇名为《终极的显示》的文章，预言在未来计算机将提供一扇进入虚拟现实的窗户，人们可以漫步数字奇境而不必受制于物理世界的法则。[2]

此外，虚拟现实的伦理问题同样引起了人文社科领域学者的关注。如素有"网络空间

---

❶ 美国虚拟现实技术发展现状、政策及对我国的启示，参见：http://www.360doc.com/content/16/0523/19/305621_561681845.shtml。

❷ Ivan E Sutherland. The Ultimate Display [R]. Proceedings of the IFIP Congress，1965：506 – 508.

哲学家"之称的迈克尔·海姆❶在《从界面到网络空间》一书中，沿着通向网络空间与虚拟实在之路，讨论了实在方言的文字处理效果、由超文本赋予的新文学之类的主题，并深入思考：当我们开始在真实世界与虚拟世界之间转换时，我们对实在的感觉如何改变？迈克·马德里等人则指出，虚拟现实的伦理困境体现在四个方面：第一，由于长期沉溺而引发的心理问题；第二，使用者跟虚拟现实互动频繁，却对现实环境中的互动置之不理；第三，虚拟现实所提供的内容可能具有风险（如暴力、色情）；第四，个人隐私面临侵害。❷

美国传媒学家麦克卢汉曾说过："任何技术都倾向于创造一个全新的人类环境。"斯坦福虚拟研究员 Jeremy Bailenson 举了一个极佳的例子，虚拟现实就像 1895 年一段 50 秒的影片一样，片中一辆火车缓缓向观众开来，这让观众们惊慌失措，逃出了影院。

我们不希望虚拟用户因休克而摔倒，或犯下由 PTSD 引起的暴行，或集体跳楼，那可能需要某种形式的虚拟现实伦理和道德准则，让开发人员和用户遵守。我们在现实生活中也受到"正常"的伦理和道德的约束，因而这对我们有利，能确保虚拟现实体验不会太堕落。在现代世界中长大的多数人都认为，在现实中杀人和虐待儿童在伦理和道德上是错误的。如果虚拟体验达到了现实的程度，那么我们最好有一点道德。这可能是针对开发人员和出版商提出的行为准则，也可能是约束虚拟现实用户的主动警务系统。

3. 日本虚拟技术伦理进展

在亚洲，日本虚拟现实技术研究发展十分迅速，同时韩国❸、新加坡等国家也在积极开展虚拟现实技术方面的研究工作。在当前实用虚拟现实技术的研究与开发中日本是居于领先地位的国家之一，日本政府早在 2007 年就发布了"到 2025 年的科学技术发展路线图——《创新 25 战略》"，将"自动翻译""虚拟现实"等技术纳入其中。日本虚拟技术研究主要致力于建立大规模 VR 知识库以及虚拟现实的游戏方面。东京技术学院精密和智能实验室研究了一个用于建立三维模型的人性化界面。NEC 公司开发了一种虚拟现实系统，它能让操作者都使用"代用手"去处理三维 CAD 中的形体模型，该系统通过数据手套把对模型的处理与操作者手的运动联系起来。京都的先进电子通信研究所正在开发一套系统，它能用图像处理来识别手势和面部表情，并把它们作为系统输入。日本国际工业和商业部产品科学研究院开发了一种采用 X、Y 记录器的受力反馈装置。东京大学的高级科学研究中心将他们的研究重点放在远程控制方面，最近的研究项目是主从系统。该系统可以使用户控制远程摄像系统和一个模拟人手的随动机械人手臂。东京大学原岛研究室开展了 3 项研究：人类面部表情特征的提取、三维结构的判定和三维形状的表示、动态图像的提取。东京大学广濑研究室重点研究虚拟现实的可视化问题。为了克服当前显示和交互作用技术的局限性，他们正在开发一种虚拟全息系统。筑波大学研究一些力反馈显示方法，开发了九自由度的触觉输入器，虚拟行走原型系统。富士通实验室有限公司正在研究虚拟生物与 VR 环境的相互作用。他们还在研究虚拟现实中的手势识别，已经开发了一套神经网络姿势识别系统，该系统可以识别姿势，也可以识别表示词的信号语言。

---

❶ 1979 年获宾夕法尼亚大学技术哲学博士，先后在弗莱堡大学和柏林大学从事博士后研究，现在在设计艺术中心学院讲授虚拟世界理论和虚拟世界设计，著有《电气语言》《虚拟实在论》《从界面到网络空间：虚拟实在的形而上学》等著作。

❷ Michael Madary, Thomas K Metzinger. Real Virtuality：A Code of Ethical Conduct ［R］. Recommendations for Good Scientific Practice and the Consumers of VR – Technology, Frontiers：in Robotics and AI, 2016.

❸ 韩国政府对虚拟现实相关技术加紧布局，提出"U – Korea"战略，将可穿戴式计算机技术列入该战略之中。

4. 中国虚拟技术伦理进展

我国对于虚拟现实技术的研究和国外一些发达国家还存在相当大的一段距离，但随着计算机系统工程以及计算机图形学等技术的发展速度越来越快，我国各界人士对虚拟现实技术也越来越重视，正在积极进行虚拟环境的建立以及虚拟场景模型分布式系统的开发等。

政府有关部门和科学家们高度重视。"九五"计划、国家自然科学基金委、国家高技术研究发展计划等都把 VR 列入了研究项目。许多高校和研究机构也都在积极地进行虚拟现实技术的研究以及应用，并取得了不错的成果（见表4.5）。

表 4.5　我国高校和科研机构研究虚拟现实技术取得的成果

单位/机构	技术内容
西北工业大学电子工程系	西安虚拟现实工程技术研究中心
北京航空航天大学	建立了一种分布式虚拟环境，可以提供虚拟现实演示环境、实施三维动态数据库、用于飞行员训练的虚拟现实系统以及虚拟现实应用系统的开发平台
清华大学国家光盘工程研究中心	用 QuickTime 技术实现了大全景 VR 制布达拉宫
清华大学计算机科学和技术系	在虚拟现实和临场感方面进行了研究，如球面屏幕显示和图像随动、克服立体图闪烁的措施和深度感实验等方面都具有不少独特的方法
哈尔滨工业大学计算机系	成功地虚拟出了人的高级行为中特定人脸图像的合成、表情的合成和唇动的合成等技术问题
北京科技大学虚拟现实实验室	成功开发出了纯交互式汽车模拟驾驶培训系统
国防科学技术大学	研制的虚拟空间会议系统，解决了对象提取、三维虚拟对象、会场合成、场景感知、视音频压缩与传输及高分辨率显示等一系列关键技术，使我国虚拟现实技术获得突破性进展
浙江大学 CAD&CG 国家重点实验室	开发出了一套桌面型虚拟建筑环境实时漫游系统，采用了层面叠加绘制技术和预消隐技术，实现了立体视觉，同时还提供了方便的交互工具
西安交通大学信息工程研究所	对立体显示技术进行了研究，提出了一种基于 JPEG 标准压缩编码新方案，并获得了较高的压缩比、信噪比以及解压速度
中国科技开发院威海分院	主要研究虚拟现实中视觉接口技术，完成了虚拟现实中的体视图像对的算法及软件接口，研发的 LCD 红外立体眼镜已经实现商品化
北方工业大学 CAD 研究中心	完成了体视动画的自动生成部分算法与合成软件处理，完成了 VR 图像处理与演示系统的多媒体平台及相关的音频资料库，制作了一些相关的体视动画光盘（如科教片《相似》）
北京邮电大学自动化学院	开发出"左右手通用的相机""移动终端地图浏览方法和装置"技术
西北工业大学 CAD/CAM 研究中心	"陀螺的虚拟实现方法"获得专利
上海交通大学图像处理模式识别研究所	在医学图像处理、目标识别与跟踪、人脸识别、复杂时序信号的识别、中医脉象信息处理、传感器网络、生物信息学等方面有所突破
长沙国防科技大学计算机研究所	基于虚拟机技术，自主设计了高效的虚拟机监控器，实现多域安全隔离和快速故障恢复
安徽大学电子工程与住处科学系	开发出"电磁场与微波技术虚拟仿真实验"教学系统
中山大学哲学系	成立"人机互联实验室"，聚焦了虚拟现实技术成熟和普及后的伦理问题

随着相关单位进行的一些研究工作和尝试，关于虚拟现实技术的伦理问题也引起了相关学者的关注。此外，一些人文社科研究机构的专家学者也聚焦到虚拟技术现实应用中的伦理问题，如北京协和医学院生命伦理中心的翟晓梅教授、邱仁宗教授等。

特别值得提及的是中山大学哲学系教授翟振明❶所创建的全球首个"人机互联实验室"，聚焦到了虚拟现实技术成熟和普及后的伦理问题。翟振明的观点是：以往的技术基本都是客体技术，即通过制造工具、使用工具来改造自然客体的技术。并且，这种被制造和使用的工具本身也是客体。例如，一辆汽车、一把锤子虽然融入了人的技术，但它们毕竟还是与制造者分离的物体。与客体技术相比，虚拟现实技术则是一种主体技术。这类新兴技术不是用来制造客体化的工具的，也不是用来改造自然客体的，而是用来改变人本身的。成熟了的虚拟现实化的人联网，相当于我们重新创造的一个物理世界。如果此类主体技术成为我们的主导性技术，我们的生活方式将会从根基上发生巨变。

五、虚拟现实技术伦理意识的养成

历史学家梅尔文·克兰兹伯格的科技第一定律指出：技术既无好坏，亦非中立。技术确实是一种力量，尤其是在当前的技术范式里，技术贯穿生活与心灵核心的程度，可能更胜以往。目前虚拟现实技术支持的"实践体验"平台，可以解决现实生活中难以处理的道德情感和道德问题，加强人们之间的沟通交流，但同时也比以往的技术更加模糊技术与身体、技术与心灵的界限，因此更加需要从多层次培养人们的伦理意识。

1. 加强政府层面的伦理监管

作为主管部门，政府对虚拟现实电影的监管应未雨绸缪。

首先，通过制定规则对虚拟现实技术发展进行管理。政府在为行业发展保驾护航的宗旨下，在促进行业大发展的前提下，需要逐步制定规则，对其进行科学化、规范化管理。这是基于 VR 作为信息技术重要组成部分而给予扶持。美国从克林顿、布什到奥巴马等历任政府都制定了对 VR 的扶持政策。❷ 同样，英国技术战略委员会也于 2015 年投资了 21 万英镑用以鼓励 VR 和 AR 技术创新。澳大利亚政府也将人机交互技术、实时计算机视觉系统、自动脸部和身体跟踪技术作为信息通信技术领域的主要发展方向。❸

其次，通过成立专门的机构对虚拟现实产品内容进行监管。鉴于 VR 技术在信息产业和国防安全等领域的重要性，各国政府都采取了大力支持的态度，但是扶持的领域侧重于 VR 技术创新和设备研发，基本未涉及内容层面。与对 VR 技术设备的研发扶持力度相比，各国对 VR 内容的扶持还未成体系，零星散见于部分国家的电影行业组织。如，德国 Medienboard Berlin – Brandenburg 电影基金会设立了名叫互动与创新的资助项目，年

---

❶ 参见翟振明教授的专著《把握现实——虚拟现实在世界中的哲学冒险》《有无之间：虚拟实在的哲学探险（中译本)》等。

❷ 1993 年，克林顿政府宣布实施"国家信息基础设施计划"（NII），为分布式虚拟现实的研发和应用奠定了基础。2000 年，美国政府从财政预算中拨出 3.66 亿美元用于信息技术领域研究，其中包括图形图像处理、计算机模拟等虚拟现实技术。布什政府也大力支持"网络与信息技术研发计划"（NITRD），平均每年资助额达 24 亿美元，成果包含计算机模拟和可视化领域。奥巴马政府提出了多项与信息技术有关的经济刺激提案，从各个层面深化信息技术对经济增长和提升国家竞争力的影响。

❸❹ 王涌天. 我国应探讨 VR 与信息技术深度融合的方式［N］. 中国电子报，2016 – 5 – 24.

度预算为 100 万欧元，专门支持有关音像内容（游戏、App 等）及虚拟现实内容的开发。●

与国外类似，我国政府也对虚拟现实技术研发予以高度重视和支持，近年来支持重点逐渐从技术创新向市场应用和发展产业转变。一是出台了促进 VR 技术研发和产业发展的相关政策。在 2006 年国务院颁布的《国家中长期科学和技术发展规划纲要（2006—2020）》中，VR 技术就与智能感知技术、自组织网络技术一起被列入信息技术领域需要重点发展的三项前沿技术。"十二五"期间，国家"863"计划从获取、理解、建模、渲染、呈现、交互等六大方面对虚拟现实与数字媒体技术进行系统支持。●

2014 年，工业和信息化部发布《VR 产业白皮书》，提出为了迎接即将来临的虚拟现实时代，要从产业、应用、标准等方面加强战略规划和顶层设计。到 2016 年，工业和信息化部电子技术标准化研究院发布《虚拟现实产业发展白皮书 5.0》中，呼吁尽快启动虚拟现实标准化工作研究，建立标准体系，规范行业发展。

2016 年年初，全国两会授权发布的《国民经济和社会发展第十三个五年规划纲要》提出，大力推进虚拟现实与互动影视等新兴前沿领域创新和产业化，形成一批新增长点，对行业发展起到积极推动。

2. 通过产业联盟来制定行业发展规范

目前，虚拟现实市场还处于初级阶段，硬件漏洞百出，技术尚不成熟。鉴于虚拟技术的潜在市场，各国都力促成立 VR 产业联盟组织，以此来提高技术发展速度，形成规模效应，更重要的是通过产业联盟来制定行业发展规范。

2016 年 4 月，在工信部等国家部委支持下，中国 3D 产业联盟、华为、长虹、蚁视科技等 50 多家骨干企业机构发起成立"中国虚拟现实产业联盟"，标志着中国 VR 行业的国家级官方行业组织正式成立。2016 年 6 月，由 14 家单位共同发起的中国 VR 电影创作联盟成立，联盟致力于推动 VR 电影创作行业的内容创新、构建技术支持平台体系、搭建行业资源整合平台，孵化培育优秀的 VR 电影并推向好莱坞，连接全球 VR 电影创作资源。● 这些 VR 行业组织将起到加强企业与政府间沟通、整合行业资源、建立行业自律准则等重要作用。

地方政府通过提供 VR 创业空间、人才培养和资金扶持等方式，出台 VR 产业规划与扶持政策。北京首家 VR/AR（增强现实）创业基地"亭基地"已于 2016 年 2 月落地中关村国际创客中心；同年 2 月，福建 VR 产业基地在长乐挂牌成立，该平台将集合 VR 应用、VR 内容的制作、分发、交易和展示，为开发者提供开发工具、场景编辑以及超过 300 万个 3D 素材资源库；同年 6 月，南昌市虚拟现实 VR 产业基地成立，计划聚集企业 1000 家以上，形成千亿元级产业链；武汉市准备申报国家级 VR/AR 产业基地，引入政府资金，联合社会资本，共同成立 VR/AR 产业基金，利用政府力量推动行业聚集和发展……各地政府对 VR 产业的扶持，虽然直接目的不是为了发展 VR 电影产业，但是会间接促进电影业的政府主管部门、行业联盟组织等要推动 VR 电影技术法规和技术标准体系建设，加强对重要技术标准制定的指导协调，促使标准制定与科研、开发、设计、制造相结合，保证标准的先

● VR 电影：一场对传统电影产业链的颠覆性革命吗？，http：//www.weibo.com/u/1844428727？refer_flag = 1005050010_#！/ttarticle/p/show？id=2309403973571104887223#_0.

● 中国 VR 电影创作联盟，http：//ent.enorth.com.cn/system/2016/07/04/031049864.shtml.

进性和效能性。

通常，VR 产业联盟通过强化产学研联合，促进 VR 内容提供商与设备生产商之间的沟通协作，逐步降低 VR 电影拍摄制作设备的成本，扩大 VR 观影设备在社会上的普及率，培育 VR 消费市场。同时，VR 技术本身带来的伦理道德难题将推动产业联盟制定相关伦理规范和约束制度，以此来推动 VR 技术的健康发展。

3. 加强 VR 研发人员的伦理素养

当下大量资本注入 VR 市场，将虚拟现实成功地以最迅猛的方式带入进大众的视野。虽然当下的硬件、内容等均没有实现普及化，但商家和投资者们过度的炒作，仿佛虚拟时代已经来临。被业界称为"虚拟现实之父"的杰伦·拉尼尔在一次 The Seattle Times 的访谈中，对虚拟现实的危险性做了警告："这将是接下来几年中，我们将面对最大的伦理问题的领域，比在人工智能问题上还要大"。在虚拟现实真正来临之前，需要给用户建立一个规范的虚拟环境。

在这种情况下，研发人员需要清楚地提醒用户相关风险：如幻觉、人格改变以及 VR 中广告强大的潜意识影响带来的风险。正如德国约翰内斯古滕堡大学美因茨分校的马达里和梅青格尔所呼吁的那样：研究者必须关注像真实世界一样居住在虚拟环境里给用户带来的精神状态和自我形象的改变所导致的意料之外后果的可能性，需要更多地对虚拟现实对人的伦理精神影响进行集中研究，从而给"良好的科学实践和 VR 技术消费者的建议"。❶

4. 提高公众的伦理素养

VR 虚拟现实技术几乎是在一夜之间就突然闯进了人们的视线。它的沉浸式的体验开始蔓延至人们日常生活的每一角落，如购物、旅游、看电视、玩游戏等，都能在虚拟的环境中一次完成，基本可以做到不与人交流。欢喜之余，公众也应该来思考：这样的一门技术，是否存在很大的伦理风险，如精神伦理、道德伦理等。

VR 能提供的沉浸式是基于个人的，每人头戴一部设备，思想行为被眼前的世界所固定，VR 所创造出的每一个情景，都是由虚拟世界的主人所决定的，里面所有的视听感官设定，都或多或少会存在一些"心理操纵"的可能性。在这样一个与陌生世界交互的环境中，难免会对人产生影响。而且现在 VR 内容主要以视频游戏为主，较为吸引人的体验游戏又是射击、对战类型的，当一个人不断沉浸在掠杀的虚拟体验中，难免会把一些行为带入现实，对使用者的精神造成不同程度的损害。如此一来，使用者一旦脱离虚拟的世界，对这个本身就没有多少安全感的社会环境就会变得更加偏激。到那时就有可能相见不识、猜忌横生，使用者都被洗脑，整天活在虚拟世界里，分不清虚实。

所以，每一位公众在使用 VR 技术时都应秉持人文理性，在虚拟现实真正来临之前，加强虚拟伦理素养，防止被技术麻痹，使 VR 技术不断打破瓶颈，完善行业生态系统，带动市场活力，实现"以人为本"的可持续发展。

---

❶ 相关观点发表在《机器人与人工智能前沿》杂志上。

六、参考文献

［1］翁托南·阿铎. 剧场及其复象［M］. 刘俐，译. 杭州：浙江大学出版社，2010.

［2］杰伦·拉尼尔. 互联网冲击［M］. 北京：中信出版社，2014.

［3］迈克尔·海姆. 从界面到网络空间——虚拟实在的形而上学［M］. 金吾仑，刘钢，译. 上海：上海科技教育出版社，2000.

［4］胡小强. 虚拟现实技术［M］. 北京：北京邮电大学出版社，2005.

［5］爱德华·A 卡瓦佐，加斐诺·莫林. 塞博空间和法律——网上生活的权利和义务［M］. 南昌：江西教育出版社，1999.

［6］马克·斯劳卡. 大冲突——塞博空间和高科技对现实的威胁［M］. 南昌：江西教育出版社，1999.

［7］约翰·L 卡斯蒂. 虚实世界——计算机仿真如何改变科学的疆域［M］. 上海：上海科技教育出版社，1998.

［8］Howard Rheingold. The Virtual Community［M］. Cambridge：the MIT Press，2000.

［9］Jim Blascovich，Jeremy Bailenson. Infinite Reality：Avatars，Eternal Life，New Worlds and the Dawn of the Virtual Revolution［M］. New York：Harper Collins. 2011.

［10］Martin Dodge，Rob Kitchin. Mapping Cyberspace［M］. London：Roatledge，2001.

［11］Scott Bukatman. Terminal Identity：The Virtual Subject in Postmodern Science Fiction［M］. Durham：Duke University Press. 1993.

［12］Chris Milk. How Virtual Reality can Create the Ultimate Empathy Machine. TED，2015.

［13］Howard Rheingold. Virtual Reality：The Revolutionary Technology of Computer – Generated Artificial Worlds – and How It Promises to Transform Society［M］. New York：Simon & Schuster. 1992.

［14］N Katherine Hayles. How We Became Posthuman：Virtual Bodies in Cybernetics，Literature and Informatics［M］. Chicago：University of Chicago Press. 1999.

［15］Ken Hillis，Digital Sensations：Space，Identity and Embodiment in Virtual Reality［M］. Minneapolis：University of Minnesota Press. 1999.

第五章　农业转基因技术与转基因伦理

从 1996 年卡基公司研发的莎弗番茄问世至今，转基因作物的种植和消费已有 20 多年。据国际农业生物技术应用服务组织（ISAAA）发布的关于转基因作物应用情况的年度报告《转基因作物全球商业化 20 周年（1996～2015 年）纪念暨 2015 年全球生物技术/转基因作物商业化发展态势》显示：转基因作物的种植面积从 1996 年的 170 万公顷上升至 2015 年的 1.797 亿公顷。❶ 生物技术仅用 20 年时间便取得 100 倍的增长。

21 世纪被称为生物技术的世纪，转基因食品的研究与发展已经成为学术界乃至广大公众的热门话题。近几年，转基因技术在多个领域取得了很大的发展，但转基因作物在逐步推广过程中，也暴露出它在环境安全、食品安全、社会安全等方面的安全隐忧，关于转基因技术的伦理、社会问题的争论也由此而起。

一、转基因作物的发展

自 1983 美国成功培植世界上第一例含有抗生素药类抗体的烟草以来，转基因作物开始进入人们的生活。而 1996 年美国转基因番茄上市以及各种粮食转基因作物的产生，优良的农艺性状和巨大的经济效益，日益显示出转基因作物是解决 21 世纪不断膨胀的人口对食物需求的主要途径之一。转基因技术的应用问题绝不仅仅是基因自身的问题，它同时关系到基因技术所处的社会环境，政治、经济、科技、文化、思维等各个方面。

1. 转基因作物的概念

转基因作物是应用基因工程技术，将外源基因（可以是来自不同物种或人工合成的基因）在体外进行有目的的修饰和连接，进而构建成携带有外源基因及启动子和终止子等元件的作物转化载体，然后导入作物细胞并获得完整植株。导入的基因不仅能整合到作物染色体上并稳定表达，还能随着植株的增殖过程，将外源基因遗传到下一代，同时新基因的导入还赋予转化植物新的农艺性状，如抗病虫、抗除草剂、抗逆、高产、优质等，由此获得的基因改良的作物就叫作转基因作物。

进化论衍生来的分子生物是转基因技术的理论基础。由于 DNA 编码具有通用性，像人和细菌这种亲缘关系较远的物种也有许多相同基因，相同的基因控制相同的生物体的性状，不会随着生物来源不同而改变，这样植物中也可以转入动物的基因，但不会出现动物的气味。转基因按照对象可分为植物转基因、动物转基因和微生物转基因。其中，植物转基因是指通过转基因技术的手段将目的基因导入植物基因组中。这一过程可以通过原生质体融合、遗传物质转移、细胞重组、染色体工程技术等手段来实现，导入外源基因片段的转基

---

❶ 姜虹. 国际农业生物技术应用服务组织在京发布年度报告［N］. 中华工商时报，2016－4－15.

因植物可以获得高产、抗病毒、抗虫、抗涝等功能，或是改变植物的某些遗传特性等，如转基因三倍体毛白杨、玉米稻等。还可用转基因植物来表达外源基因的产物，如临床上常用的胰岛素、生长素、表皮生长因子、干扰素等以及用于预防疾病的乙型肝炎疫苗等。

ISAAA 报告称，转基因作物种类也在增加，现在有 85 种左右新产品正在进行实地检测。报告表示，转基因作物种类预期大量增加是因为科学家在利用 crispr – cas9 等基因编辑技术进行越来越多的性状改良实验。目前，强大的突破性新技术——基因组编辑技术 CRISPR 已经广泛应用，在标识方面取得的一些成功。

2. 转基因作物商业化情况

1996 年转基因番茄在美国批准上市后，转基因食品开始走向了老百姓的餐桌。2015 年是生物技术作物（又称遗传改良作物或转基因作物）商业化 20 周年。从 1996 年到 2015 年的 20 年间，全球转基因作物累计种植面积达到空前的 20 亿公顷，相当于中国大陆总面积（9.56 亿公顷）或美国总面积（9.37 亿公顷）的 2 倍。累计 20 亿公顷，包括 10 亿公顷转基因大豆、6 亿公顷转基因玉米、3 亿公顷转基因棉花和 1 亿公顷转基因油菜（见表 5.1）。20 年间，农民获益超过 1500 亿美元。

表 5.1　2015 年全球转基因作物在各国的种植情况

排名	国家	种植面积/百万公顷	转基因作物
1	美国	70.9	玉米、大豆、棉花、油菜、甜菜、苜蓿、木瓜、南瓜、马铃薯
2	巴西	44.2	大豆、玉米、棉花
3	阿根廷	24.5	大豆、玉米、棉花
4	印度	11.6	棉花
5	加拿大	11.0	油菜、玉米、大豆、甜菜
6	中国	3.7	棉花、木瓜、杨树
7	巴拉圭	3.6	大豆、玉米、棉花
8	巴基斯坦	2.9	棉花
9	南非	2.3	玉米、大豆、棉花
10	乌拉圭	1.4	大豆、玉米
11	玻利维亚	1.1	大豆
12	菲律宾	0.7	玉米
13	澳大利亚	0.7	棉花、油菜
14	布基纳法索	0.4	棉花
15	缅甸	0.3	棉花
16	墨西哥	0.1	棉花、大豆
17	西班牙	0.1	玉米
18	哥伦比亚	0.1	棉花、玉米
19	苏丹	0.1	棉花
20	洪都拉斯	<0.1	玉米
21	智利	<0.1	玉米、大豆、油菜
22	葡萄牙	<0.1	玉米
23	越南	<0.1	玉米

排名	国家	种植面积/百万公顷	转基因作物
24	捷克	<0.1	玉米
25	斯洛伐克	<0.1	玉米
26	哥斯达黎加	<0.1	棉花、大豆
27	孟加拉国	<0.1	茄子
28	罗马尼亚	<0.1	玉米

数据来源：Clive James，2015.

这里有 19 个种植面积在 5 万公顷以上的转基因大国。而目前转基因作物普及率超过 90% 的国家如表 5.2 所示。

表 5.2　转基因作物普及率超过 90% 的国家情况

国家	转基因作物种类	普及率
加拿大	转基因油菜	96%
美国	转基因油菜	96%
印度	抗虫棉花	95%
中国	抗虫棉花	90%
巴西	转基因大豆	95%
美国	转基因大豆	95%

全球转基因作物种植面积在 2015 年出现首次下滑。一直跟踪转基因作物的 ISAAA 发表报告称，这是该技术在全球商业化推广 20 年以来，种植面积首次出现 1% 的减少，其原因可能是市场价格低廉导致转基因作物和非转基因作物种植面积同时下降。但是 ISAAA 在其报告中表示，以全球转基因作物种植规模最大的美国为例，大规模生物技术市场正在接近饱和，未来增长空间极小。该报告还表示，其他国家的转基因作物种植面积仍有增长空间，据估计全球相关种植面积可能再增加 1 亿公顷，其中 6000 万公顷或来自亚洲。20 年的商业化证明，转基因作物已经实现了其先前的承诺，为农民乃至为全社会带来了农业、环境、经济、健康和社会效益。转基因作物的快速应用表明，那些进行了转基因作物商业化种植的发达国家的大农场主和发展中国家的小农户都已经认识到这种巨大的多重收益。

3. 转基因作物事件

转基因研究从一开始就遇到了不少的非难。伴随着转基因技术的发展，关于转基因作物与转基因食品对人体健康和动物健康的安全性问题日益引起人们的关注（见表 5.3）。

表 5.3　转基因群体事件

时间	国家	事件名称	事件内容
1996	美国	巴西坚果事件	美国科学家在对大豆作物品质改良时发现巴西坚果中有一种蛋白质富含甲硫氨酸和半胱氨酸，并将这一基因转到大豆；但他们发现一些人对巴西坚果有过敏反应，而且引起过敏反应的正是这一蛋白；他们随即对带巴西坚果蛋白的转基因大豆也进行检验，发现对巴西坚果过敏的人对这种转基因大豆也过敏

时间	国家	事件名称	事件内容
1998	英国	普斯陶伊事件	英国一研究所的普斯陶伊博士宣称,他用转雪花莲凝集素基因的马铃薯饲养大鼠,大鼠体重及器官重量严重减轻,免疫系统被损坏
1999	美国	斑蝶事件	康奈尔大学的一个研究组在《自然》杂志上发表文章声称,转基因抗虫玉米的花粉飘到一种名叫"马利筋"的杂草上,用马利筋叶片饲喂美国大斑蝶,导致44%的幼虫死亡
1995~2001	加拿大	"超级杂草"事件	由于基因漂流,在加拿大的油菜地里发现了个别油菜植株可以抗一种、两种或三种除草剂,因而有人称此为"超级杂草"
2001	美国	墨西哥玉米事件	美国的两位研究人员在《自然》杂志上发表文章,声称在墨西哥南部地区采集的6个玉米地方品种样本中发现有与抗虫玉米中相似的基因序列
2002	非洲南部	转基因玉米事件	津巴布韦、赞比亚等国政府拒绝美国捐赠的数千万吨转基因玉米
2008	中国	黄金大米事件	美国塔夫茨大学在我国湖南省衡南县江口镇中心小学实施开展"黄金大米"试验,试验对象为80名儿童,违反伦理道德

这些事件在一定程度上影响了转基因作物的研究、开发和产业化的进程,并引起了国际上,尤其是欧洲对转基因作物出现的较大的争议。

二、关于转基作物的争议问题

转基因技术的伦理问题与社会困境已经成为其发展道路上必须解决的重大问题。

1. 关于"实质等同性"标准的争议

1993年经济合作与发展组织(OECD)首次提出了实质等同性原则,[1] 这是由19个OECD国家大约60位专家花费两年多的时间共同讨论制定的。由于完整的食品很难应用传统的毒性试验进行测试。OECD认为,以实质等同性为基础的安全性评价,是说明现代生物技术生物生产的食品和食品成分安全性最实际的方法。实质等同性原则的含义是,"在评价生物技术产生的新食品和食品成分的安全性时,现有的食品或食品来源生物可以作为比较的基础"。1996年FAO和WHO的专家咨询会议建议"以实质等同性原则为依据的安全性评价,可以用于评价GM生物衍生的食品和食品成分的安全性"。[2]

1999年Millstone等[3]在《自然》杂志上发表评论文章,批评实质等同性原则是假科学,不适合用于评价食品的安全性。他们认为,实质等同性概念的定义一直就不明确,天然食品和相应GM食品之间,究竟差别到什么程度就不被认为是"等同的",并没有任何明确的界限,也没有合法的准确定义。他们还认为,科学家现在还不能从GM食品的化学成分可靠地推测出生物化学或毒物学作用。遗传学和化学成分与毒性风险之间的关系也不完全清

---

[1] OECD. Safety Evaluation of Foods Derived through Modern Biotechnology [R]. Concepts and Principles, OECD, Paris, 1993.

[2] FAO, WHO. Biotechnology and Food Safety [R]. Report of Second Joint Consultation, Rome, 1996.

[3] Millstone E, Brunner E, Mayer S. Beyond "Substantial Equivalence" [J]. Nature, 1999 (6753): 525−526.

楚。因此，现在各国以实质等同性原则为依据的转基因食品批准制度不符合严格的科学准绳和公众的信任。❶

荷兰政府认为实质等同性原则的概念模糊，它仅能说明转基因食品和自然物种相似，但不足以证明它对人类消费的安全性。荷兰政府组织说过"成分分析法……作为筛选意外效应的方法……是有一定局限性的，特别是那些未知的抗营养素和天然毒素"，需要探索其他替代方法。

物种的基因在长期进化中，是适应生态环境的，是与特有的物种相匹配的。内部基因也是平衡的，少一个会进化出来，多一个会排斥出去。人为向其他物种增加基因片段，其制造的营养物质已经不是传统作物的营养物质，根本不存在什么"实质等同"。否则，欧盟等国家就没有必要对转基因作物实施严格的控制，所有国家也没有必要对转基因作物进行生物安全评估或管理。这个事实已被中国中山大学的科学家所证明，他们发现抗虫水稻的营养成分不同于传统水稻。另外，国外科学家发现，转基因作物中的大量元素和微量元素含量也不同于普通作物，一些有利于人类健康的元素含量发生了非预期下降。

2. 关于转基因食品的人体试验争议

最早提出转基因食品安全问题的人是英国阿伯丁罗特研究所的普庇泰教授。1998年，他在研究中发现，幼鼠食用转基因土豆后会使内脏和免疫系统受损，这引起了科学界的极大关注。随即，英国皇家学会对这份报告进行了审查，于1999年5月宣布此项研究"充满漏洞"。

人体试验也称为人体实验，是指"以人作为受试对象，用科学的方法对受试者进行研究和考察的医学行为过程"。人体试验是转基因食品存在和发展的必要条件，也是转基因作物广泛种植、转基因食品推向市场之前验证的必经环节。

虽然动物试验可以给转基因食品安全性验证提供很大帮助，可是第一次被人食用时总还是存在一定风险的，甚至可能带来潜在的风险。正因为如此，美国国家保护生物医学和行为研究受试者委员会出台的《贝尔蒙报告》首次将人体试验的目的作了区分和界定：一是用于研究，二是用于医疗。当某种转基因食品仅仅是出于研究者的学术兴趣、个人偏好或仅为检验某种假说等目的而进行的纯粹研究时，是绝对不允许进行人体试验的。其中，转基因作物研究需要在毒性问题、过敏反应、食物营养、抗生素失效等问题上做出判断，这在转基因研究中显得尤为突出。而以医疗为目的的转基因食品人体试验是为了在转基因食品进入市场前检验和确定转基因食品对人体健康的影响，以便检测它的毒性、过敏性、抗性标识基因的抗性等潜在的危害，并且这种试验有成功的合理期望。因此，合法、严谨而科学的转基因食品人体试验是正常且必要的，但在实施过程中对人体健康构成的潜在危害也是无法回避的，这会引起一系列的伦理问题。

3. 关于种业安全的争议

1998年，通过中国种子集团与广西农科院玉米研究所，孟山都公司开始在广西区域性试验种植"迪卡007号"玉米，这是一种专为中国南方研制的热带杂交玉米品种。2002年，杜邦先锋公司与国内上市公司山东登海种业合资成立登海先锋公司；2003年，在辽宁

---

❶ Tester M，Taylor S L，Hefle S L. Seeking Clarity in the Debate over the Safety of GM Foods［J］. Nature，1999（6762）：575 – 576.

设立铁岭先锋育种站；2006 年，先锋公司又与甘肃敦煌种业公司合资成立敦煌先锋公司。两家合资公司中，杜邦先锋公司均占 49% 股权。"先玉 335"由杜邦先锋公司交给登海先锋公司与敦煌先锋公司进行制种与销售。2008 年，瑞士先正达公司收购了河北三北种业有限公司 49% 的股权，于 2010 年推出玉米品种"先正达 408"。2009 年，德国 KWS 公司与黑龙江垦丰农业合作，在吉林南部推广其"德美亚 1 号""德美亚 2 号"。2010 年，法国利马格兰集团则与安徽隆平高科种业公司合作，推出其选育的"利合 16"。

目前，在华的外国种子公司已经超过 35 家，它们或通过布局销售渠道、建立研发中心，或参股本土市场的优势种子企业，正加紧渗透中国种业市场。它们已经渗透了玉米与蔬菜种子市场，但最终的目标始终是中国的主粮领域。转基因就是它们的武器。

其一，转基因产品都是绝育产品，就像骡子，不能像原来农作物那样，可以用打下的粮食作为来年的种子，而只能每年都购买新种子。世界上主要农作物转基因种子的专利权几乎全部属于孟山都、拜耳、杜邦三家跨国大公司，购买就要支付昂贵的专利费。转基因技术作物高科技技术的竞争，是不对等的竞争，掌握这一技术的是国际上为数不多的生物技术寡头。按理说它们对天然种子是不能垄断的，但是加入了它们发现的基因，种子就成为它们的专利，农民种地就得看人家脸色。

其二，对农药化肥具有特殊要求，只能使用转基因种子公司指定的农药化肥。中国农民的种子，再也不能由农民自己掌握，因为转基因大米等植物是不能留种的。中国农民的自主权，中国人的根本权利，由此全部掌握在利益集团和它们背后的跨国公司手中。

4. 关于转基因食品的标识争议

目前，国际上通常称转基因食品为"有风险的食品"，对它的利弊争论激烈。正是由于转基因食品是否有害还没有定论，但国际惯例已要求转基因食品要公开表明身份，至于买不买"转基因"的账，显然应由消费者自己来选择。

在转基因食品的标识上，目前最具代表性的有三种模式：美国的自愿标识制度、欧盟的以过程为基础的强制标识制度和中国的以产品为基础的强制标识制度。这三种模式在对转基因食品的定义、对实质等同的理解、管理原则、管理方法和具体的标识规定上都存在巨大差异。这些差异的背后既有经济利益的较量，也有非经济因素的作用。

各国如此重视转基因食品标识的主要原因有四点。

其一，保护消费者的知情权。因为消费者往往是通过商品标签或说明书了解商品的。如果标签的内容不客观，就无法真实地反映商品的内在品质。如果在含有转基因食品的标签上没有标识转基因，则容易使消费者误认为该食品为非转基因食品。这种做法实际上剥夺了消费者的知情权。

其二，保护消费者的选择权。有关专家认为，由于目前关于转基因食品对人体健康、生态环境和动植物、微生物安全的影响尚无定论，所以在销售此类食品时，必须对这类食品进行标识，让消费者有权根据自己的需求选择商品。

其三，有利于环保部门及科研部门对转基因食品的潜在危害进行追踪，作为风险预防和风险管理的措施之一。如果没有标识，将无法实现追踪调查。

其四，为了保护本国的非转基因作物和农业，增加进口转基因食品的成本。

5. 社会舆论中的"挺转"与"反转"之争

转基因农产品的商业化之路常常遭遇质疑。在社会舆论的旋涡中，"挺转"与"反转"

各有其极强的目标指向和代表。

在反对一切生物技术的反科学极端组织中，影响最大的是"绿色和平"组织。很多绿色环保人士坚决反对发展转基因作物，他们认为转基因作物对环境有害。"绿色和平"的创始人之一、前主席帕特里克·摩尔与该组织决裂后反思说："环保主义者反对生物技术，特别是反对基因工程的运动，很显然已使他们的智能和道德破产。由于对一项能给人类和环境带来如此多益处的技术采取丝毫不能容忍的政策，他们实现了斯瓦泽的预言（即环保运动将走向反科学、反技术、反人类）。"然而，"地球的朋友"和"绿色和平"这些所谓的"绿色组织"的恐吓战术以及有机食品产业的大肆宣传，使得政府在决定是否种植转基因作物时不得不忽略其科学意义，而从政治方面考虑。

面对"绿色和平"组织不断反对转基因、混淆视听，科学家们忍无可忍，终于联名写了一封公开信。❶ 公开信要求"绿色和平"组织停止反对转基因。目前，大约1/3健在的诺贝尔奖获得者皆在联合署名的名单中，这其中包括朱棣文、崔琦、李远哲等知名科学家。

普通公众通常缺乏评价转基因食品安全性所必需的科学素质。当前对转基因作物、转基因食品的指责和担忧，很大一部分是在某些极端组织的有意误导之下，由于普通公众对生物学知识的缺乏，而出现的社会恐慌。围绕它的争论，并无多少的科学含量，很难再称得上是一场科学争论。

2012年，ISAAA发布转基因作物年度发展报告《Global Status of Commercialized Biotech/GM Crops：2012》指出，2012年发展中国家转基因作物种植面积的增幅首次超过发达国家，并认为发展转基因作物可减少温室气体排量。ISAAA在年度报告中分析了转基因作物对环境的影响。报告指出，2011年全球转基因作物的种植节约了相当于47300千克的杀虫剂，高产的转基因作物节省了相当于1.09亿公顷的耕地，同时其效果相当于减少了约230亿千克的温室气体排放量。通常，种植转基因作物不需要大面积野外田间耕作。减少耕作能使土壤中保留更多的残留物，从而在土壤中捕获更多的二氧化碳，降低温室气体排放量。此外，较少的田间作业也必然降低燃料消耗和随之产生的二氧化碳排放。

三、关于转基因伦理学的内容

转基因作物的潜在生态风险及对人体健康影响的争论随着转基因作物的商品化也日趋尖锐。围绕转基因作物的斗争不仅是科学技术之争，已发展到经济领域，甚至政治领域。因此，转基因技术的伦理问题相对于其他方面的危害，对我们的影响更加深远。理顺伦理与社会问题是发展技术的先决条件。

1. 生态安全

对生态环境影响的远期不确定性。尽管目前的研究证明其对生态环境没有明显的不良影响，但长期大规模种植对生态环境的影响尚不确定。转基因技术是如此的有力，如果不

---

❶ 该公开信由理查德·罗伯茨和菲利普·夏普组织。理查德·罗伯茨是新英格兰生物实验室的首席科学家，菲利普·夏普因发现内含子获得了1993年诺贝尔生理学奖或医学奖。他们在2016年6月30日上午在位于华盛顿的美国国家记者俱乐部召开新闻发布会，联名公开信的名单上显示，参与联名的诺贝尔奖得主已有108人，另有多位科学家和公众签名，其中包括被誉为DNA双螺旋结构之父的詹姆斯·沃森等。联名的诺贝尔奖得主以生理学奖或医学奖、化学奖为主。该组织有一个专门网站supportprecisionagriculture.org。

进行慎重的应用，人类可能会破坏几十亿年来形成的稳定而多彩的生态自然。

其一，对原始的野生农作物具有灭绝作用。最早商业化种植的几大类转基因作物已经威胁到生物多样性，这是越来越无法回避的事实。一旦种植了转基因作物，野生农作物将从此灭绝，这一点已被实践证明，不再属于理论问题。破坏生物多样性，转基因生物体进入自然环境后，可通过基因遗传、变异影响后代的繁殖与发育，通过改变物种间的竞争关系形成优势物种，并通过食物链间接影响群落结构，这将可能严重扰乱自然环境的稳定性和有序性，破坏原有的生态平衡，对生物多样性构成潜在风险。转基因作物具有隐蔽的杀伤性，可作为生化武器。转基因物种对原生态物种和环境造成污染，如果想恢复原来的原生态物种将不可能。

其二，转基因抗虫作物的长期、大规模种植，会加速昆虫的进化，从而导致农药使用量的增加，对农田和自然生态环境造成更大的危害。天然作物不怕虫害，否则大自然将没有这种作物。作物第一次杂交后，是类似基因转植的作用，但是基因改变的比例非常低，由此才开始惧怕虫害。转基因作物本身具备的抗虫性是片面的，是仅针对主要害虫转移的抗虫基因，对于其他害虫还离不开农药，这样就容易造成"小虫成大灾"，农药用量不降反增。

其三，存在于转基因作物中的具有某种抗性的基因可能通过花粉、虫媒或风媒途径转移、扩散，它们会与其邻近地域的同种属近缘野生植物发生杂交，从而可能将一些抗病虫、抗除草剂或对环境胁迫具有耐性的基因转移给野生近缘种杂草，使杂草获得转基因生物体的抗逆性状，而变成"超级杂草"进而严重威胁其他作物的正常生长与生存。❶ 对于抗除草剂的作物，由于转基因作物具有的抗除草剂的能力，喷洒的草甘膦农药就会更多，且杂草产生了抗药性后，草甘膦农药使用量也会增加。"超级杂草""超级害虫"的出现，恰证明了转基因作物种植后可导致生态灾难发生。

2. 身体健康权

食物品种和食物结构的长期改变，究竟会对人体健康产生什么样的影响，尚需长期观察和研究。

"赞比亚拒绝转基因食品援助"就引人深思。2002 年非洲南部发生饥荒，据估计，灾民达 1400 万人之多。此事被报道后，2002 年 8 月初，美国伸出了援助之手，捐赠了数千万吨转基因玉米。这批转基因玉米是以美国政府国际发展部（USAID）的名义捐赠的，在罗马的世界食品计划组织贴上美国的标签，然后用"自由之星"轮船运往非洲。但是以赞比亚为首的几个南部非洲国家，包括津巴布韦、莫桑比克、纳米比亚、马拉维等国却拒绝这些食品。赞比亚总统姆瓦纳瓦萨表示，转基因食品是毒药。世界粮食计划署发出警告说，如果赞比亚政府继续拒绝接受有关国家提供的转基因粮食作物援助，该国将有 250 万人面临饥饿威胁。赞比亚总统姆瓦纳瓦萨说，目前没有办法证明这些转基因食品对人体健康无害。赞比亚国家电台则呼吁，国际社会应该向其提供"未经基因改造的传统粮食"。❷

联合国发表声明："根据来自各国的信息来源和现有的科学知识，联合国粮农组织、世

---

❶ 陈锦凤，杨虹，葛萍. 浅谈转基因技术的"双刃性"及中国规避风险的策略 [J]. 云南地理环境研究，2007，19（3）：77 − 80.

❷ 赞比亚："饿死也不要外国援助的转基因食品". 人民网，http：//www. people. com. cn/GB/guoji/25/95/20020824/806957. html，2002 − 8 − 24.

界卫生组织和世界粮食计划组织的观点是，食用那些在非洲南部作为食品援助提供的含转基因成分的食物，不太可能对人体健康有风险。因此这些食物可以食用。这些组织确认，至今还没有发现有科学文献表明食用这些食物对人体健康产生负面作用。"在有关转基因食品的问答中，世界卫生组织指出："当前在国际市场上可获得的转基因食品已通过了风险评估，不太可能对人体健康会有风险。而且，在它们被批准的国家的普通人群中，还没有发现食用这些食物会影响人体健康。"

但这些还是不能打消一些人士的担心，他们认为，转基因技术可引起食品成分不可控的，对人类造成潜在的危害。

其一，转基因技术可能会增加和积累食物中原有的少量毒素，进而导致癌症发病率和死亡率的大幅度上升。从俄罗斯、法国科学家进行的独立试验来看，转基因作物具有一定的慢性毒性（Bt蛋白和草甘膦农药残留明显高于传统作物），长期喂养试验动物，导致肝损伤、肿瘤、生育能力下降等。一些转基因垄断公司明知这一害处，因此他们害怕科学家的独立试验，霸道地规定进行转基因作物喂养小白鼠等试验动物不能超过90天。

其二，由于转基因技术在受体细胞导入新基因具有不可控性，可能会导致原过敏源的增加和新过敏源的产生。转基因作物往往是过量地制造某种外源的蛋白质，如果该蛋白质是过敏源，也可能让某些特定的人群出现过敏。

其三，转基因技术会使作物的主要营养成分发生变化，进而可能造成新的营养缺陷问题，食品营养成分发生非预期改变，对人体健康影响的远期不确定性。在转基因植物中，经过基因转换的DNA是不稳定的。遗传修饰过的基因经常保持不活跃状态，还会发生部分或全部的转基因DNA丢失，甚至保持到繁殖时期的转基因DNA也会发生丢失。我们已经知道，在全球已商业化或进入大田试验的任何转基因植物株系中，关于遗传物质本身或者在植物基因组的插入位置这两个方面是否具有长的期稳定性，都没有正式发表的证据能给以证明。

其四，抗生素抗性标记基因的大量使用，可能使人体对很多抗生素产生抗药性，影响抗生素治疗的有效性。用转基因生物制造的产品也存在危险。基因修饰过的牛生长激素，被注射到奶牛体内以提高牛奶产量，造成了奶牛不必要的疾病，提高了牛奶中IGF-1（促生长因子-1）的浓度，而IGF-1已知与人类乳腺癌和前列腺癌有关。

3. 军事安全

转基因技术可以用来制造更加危险的生化武器，危害世界和平。在这方面，美国已经启动了生物国防计划。生物国防不是阴谋论，是可发生的。事实上，转基因作物可以很容易也很隐蔽地实现定向打击。

历史表明，一种高新技术一经开发，往往很快就被应用于军事领域。基因武器这种成本低、产量高、杀伤能力强、使用方法非常简单且难以防治的特性，很可能成为人类的灾难。

4. 社会公平

转基因技术主要集中在发达国家，可能会拉大发达国家与发展中国家的经济差距，不利于世界发展，更会引发贸易冲突，以至于危害经济安全。另外，转基因粮食的其他配套费用，如特用的除草剂、化肥等也全部掌握在跨国公司手里。

此外，将动物基因转入植物中，会引起素食主义者的反对，食品中有猪或牛的基因也会引发犹太教等宗教冲突。

四、生物伦理责任意识培养

转基因技术的伦理性、安全性问题需要经过全面的论证才可以最后形成定论。因此，现阶段需要成立由生物学家、伦理学家、毒理学家、化学家等社会各阶层组成联合调查组，对转基因技术、产品进行全面的评估，在安全范围内进行逐步推广。

1. 科学家的责任

全世界绝大多数科学家都对转基因技术持积极态度，认为利用这项技术定向改造生物，可以大大加速优良生物的筛选和培育过程，并跨越了物种间过去无法克服的屏障进行任意的基因转移。转基因技术在提高经济收益及改善人类健康方面具有不可低估的潜力。并且经过检测的转基因食品是安全可靠的。有相当多的学者甚至普通民众从食品安全、基因扩散、生态失衡等角度提出了反对意见，认为目前对转基因食物进行的安全性研究都是短期的，无法有效评估人类几十年进食转基因食物的风险，现在的科学证据不能证明其有害，并不意味着它的有害后果不会在日后逐渐显现出来。转基因作物的大规模推广对生物多样性和生态环境的不利影响同样也是许多人反对转基因技术的主要原因。

积极发展转基因技术的同时应注重安全评估和检测技术研究。经多年建设，已有35个转基因生物安全评估和检测机构经过国家计量认证和农业部审查认可，研究制定了62项转基因生物安全技术标准，开展了转基因生物长期生态检测，部分成果获得国际科学界的高度评价，为我国转基因生物安全监管提供了有力的技术支撑。安全评审工作由不同领域专家组成的农业转基因生物安全委员会负责。安委会委员由有关部委推荐，农业部聘任。安委会现有委员60名，涵盖生物技术、食用安全、环境安全、微生物等领域专家，分别来自教育、中科院、卫生、食品药品监督管理、环保、质检和农业等7个部门，具有广泛的代表性。评价中遵循科学、个案、熟悉、逐步的原则，对农业转基因生物实行分级、分阶段安全评价。

2. 政府的社会监管责任

发达国家对转基因作物商业化实行审批制度。根据审批程序的复杂程度，这些国家可分为两类：一类以美国、加拿大和日本等国为代表，其特点是审批流程顺畅，审批时间大致相同；另一类以欧盟为代表，审批过程较为复杂，并且最终结果具有不确知性。由于审批程序复杂、周期长，欧盟转基因作物审批制度被认为是全世界最严格的。

新技术在推广过程中总会受到各种阻力，这就需要国家运用国家权利来进行判断，权威的评定才是科学进步的舵手，避免科学技术误入歧途，才可以为社会进步提供更大的动力。对这个问题的争论演变为在科学的不稳定性、公众的不安、正式的风险管理机构不信任的前提下，如何建立一个有效的监管体系。

我国《农业转基因生物标识管理办法》也开始实施。我国列入第一批标识管理的农业转基因生物有大豆种子、大豆、大豆粉、大豆油、豆粕、玉米种子、玉米、玉米油、玉米粉、油菜种子、油菜籽油、棉花种子、鲜番茄、番茄酱。我国近年来，转基因作物发展迅速，2009年，农业部更是批准了主粮的转基因安全证书。从1993年，我国颁布《基因工程安全管理办法》开始，国务院及有关部门陆续出台了《农业生物基因工程安全管理实施办法》《人类遗传资源管理暂行办法》《农业转基因生物安全管理条例》《促进生物产业加快发展的若干政策》等。

国内外对转基因作物的审查，前期主要集中在农业转基因生物安全评估及管理的框架、具体内容、产生的经济影响及引发的贸易争端等方面。目前欧盟已经建立了一套严格的转基因作物安全评估与审批制度，安全评估的对象主要包括作为食品、加工原料、饲料或种子而进口的转基因作物。

3. 社会组织的社会责任

转基因技术具有特殊性和其难以预测的后果，对其进行有效的技术监管也显得尤为必要。如同许多新兴技术一样，转基因技术发展过程中的潜在风险问题，特别是生物物种间基因转移是否具有风险问题也为各方面所高度关注，因此对转基因生物实施安全管理是世界各国普遍的做法。

联合国粮农组织、世界卫生组织、国际食品法典委员会、国际经合组织等国际组织均制定了转基因生物安全风险评价指南。

4. 媒体的社会责任

国内媒体对转基因技术的研究非常少。例如，李敏在其学位论文中讨论了《人民日报》对转基因食品和作物的研究的报道。❶ 为公众所关注的崔永元、方舟子的争论，无论哪一方的观点都是不全面的。方舟子主张全面推广转基因作物，使得主要粮食用转基因作物生产。虽然转基因产品尚无证据对人体有害，但是也不能排除长期毒害作用。在美国，主要以肉食为主，转基因农产品不作为主粮，这与中国的国情是不相符的。崔永元的赴美调查虽然比较有说服性，但是他不是生物学家，不能对转基因的生物毒理性做出评估，而只是通过走访未经过科学研究的证据是不够的。

国外媒体对转基因食品进行了较多的报道。如皮特森通过对澳大利亚的三份报纸关于基因学和药物的报道进行内容分析，研究了印刷新闻媒体对基因学和药物的报道是如何建构的，并提出它们对公众对健康问题的反应起到了很大的影响作用。❷

库克等人通过访谈和研究专家和非专家对媒体报道转基因食品的反应，指出报纸和专家支持转基因食品，认为其是科学的，但是反转基因的媒体、活动家和焦点小组的参与人员则反对其是科学的，他们从更宽广的全球框架评估这些问题，并因为报纸与专家、公司观点的一致性而认为科学家和公司是不可信的。❸

Leonie A. Marks 等几位学者的研究发现，美国和英国的媒体在报道生物技术的医学应用时偏向正面，而报道农业生物技术时则偏向负面，结果这导致了公众对医学生物技术比较正面的态度和对农业生物技术比较负面的态度。❶

5. 公众的社会责任

参与转基因食品是否安全的争议是公民参与社会决策的重要表现；理性对待转基因食

❶ 李敏. 在国际背景下对《人民日报》转基因食品和作物的报道的案例研究 [D]. 北京：北京大学，2007.

❷ Peterson A. Biofantasies：Genetics and Medicine in the Print Media [J]. Social Science and Medicine，2001，1255 – 1268.

❸ Cook G，Robbins P T，Pieri E. Words of Mass Destruction：Britishnewspaper Coverage of the Genetically Modified Debate，Expert and Non – expert Reactions [J]. Public Understanding of Science，2006，15（1）：5 – 29.

❶ Marks L A，Nicholas Kalaitzandonakes，Lee Wilkins，Ludmila Zakharova. Mass Media Framing of Biotechnology News [J]. Public Understanding of Science，2007，16（2）：183 – 203.

品的安全性争议是公民科学素养的重要体现。例如，英国环保人士马克·林纳斯曾坚决反对转基因技术，然而在学习了转基因相关知识后，改变了原有的态度，并于2013年1月3日勇敢地站出来为自己以前的错误言论和行为道歉，疾呼结束关于转基因问题的争论。

Lan Lü以问卷调查的方式对比了中国和欧洲公众对生物技术的态度，提出中国公众对生物技术的应用评价非常正面，并在道德上能够接受生物技术的许多应用；而欧洲公众对技术的风险有更加广博而坚定的认识。❶

由于转基因技术的风险评估对专业性和技术性要求比较高，国家要丰富公众参与的方式，如公众评审团、电视辩论等形式，有利于普通民众以直观的方式了解和参与转基因技术的研发与应用当中。从2013年年底开始现在依然在进行的崔永元与方舟子关于转基因食品的针锋相对的论争，使得转基因技术，特别是转基因食品被更多人关注，其至崔永元还4次赴美、1次赴日进行调研走访，拍摄纪录片向民众展示转基因技术在美国和日本的应用情况。他还将对转基因食品安全性的忧虑写成提案提交政协会议讨论，这就是非常好的对于转基因技术的宣传和民众对于转基因技术参与的案例。

政府要加强转基因作物审批阶段风险管理的科学性、民主性、经济性及社会性，重视并加强与公众的风险交流。公众获取信息的渠道主要是媒体，而媒体在发布相关报道时，如果未进行仔细核实、多方查证，只考虑吸引公众眼球，很可能会造成社会的恐慌和不安，也会增加公众对科学研究的误解，从而阻碍科学技术的发展。因此，媒体应客观公正地向公众传播科学知识，科学家应承担起向公众进行科学普及的社会责任，政府应建立面向公众开放的信息发布和监测平台，而公众则应该保持理性科学的讨论态度。

五、参考文献

[1] 曾北危. 转基因生物安全［M］. 北京：化学工业出版社，2004.
[2] 陈燕峰，段守亮. 国内外转基因技术和农产品［M］. 北京：中国社会科学出版社，2009.
[3] 陈元方，邱仁宗. 生物医学研究伦理学［M］. 北京：中国协和医科大学出版社，2003.
[4] 李培超. 自然的伦理尊严［M］. 南昌：江西人民出版社，2001.
[5] 刘谦，朱鑫泉. 生物安全［M］. 北京：科学出版社，2001.
[6] 毛新志. 转基因食品的伦理审视［M］. 武汉：湖北人民出版社，2005.
[7] 阎维毅. 基因经济：分割绿色黄金［M］. 北京：中国广播电视出版社，2001.
[8] 阎新甫. 转基因植物［M］，北京：科学出版社，2003.
[9] 一民. 转基因食品：天使还是魔鬼［M］. 北京：中国人民大学出版社，2010.
[10] Nottingham Stephen. Eat Your Genes：How Genetically Modified Food is Entering our Diet［M］. London & New York：Zed Books Ltd，1998.

---

❶ Lan Lü. The Value of the Use of Biotechnology：Public Views in China and Europe［J］. Public Understanding of Science，2009，18（4）：481 –492.

第六章　网络信息科技与网络伦理

第二次世界大战后，电子计算机、通信技术、网络技术的应用发展，促使西方发达国家率先进入信息社会。1969 年，以世界上第一个网络——阿帕网（ARPANET）的诞生为标志，网络进入了人类的生活领域。随着计算机网络技术和信息产业的发展，特别是 20 世纪 90 年代以来以国际互联网（Internet）为代表的信息高速公路的急遽发展，网络以前所未有的力量全面影响着人类生活。网络信息技术的发展使网络空间不断地扩展，网络赋予其参与主体强大的力量；信息高速公路的建设使全世界的人们通过互联网畅通地获取世界各地的信息。纵观世界发达国家的经济发展战略，新一轮"淘金热"已经兴起，主角就是数字经济：德国的"数字化战略 2025"、日本的"超智能战略"、英国的"数字经济战略"、新加坡的"智慧国家 2025"、韩国的"U‑city 计划"，无一例外都在利用数字经济推动经济复苏和增长。这样的变化使得竞争的焦点从资本、土地、资源转向了数据，经济对数据的依赖快速上升。当"互联网＋"作为行动计划成为中国国家战略，也就同时意味着互联网行业的发展已经是关系到国家经济命脉的重要一环，但是随之而来的是各种各样的信息伦理问题。

一、网络信息技术的发展历程

网络技术把互联网上分散的资源融为有机整体，实现资源的全面共享和有机协作，使人们能够透明地使用资源的整体能力并按需获取信息。在对信息化及信息社会理论的研究进程中，西方学术界逐渐发现了一系列在新的信息技术条件下所引发的伦理问题，并为此开辟了一门新的应用伦理学——信息伦理学。

1. 网络信息技术概念

网络信息技术通常是指基于计算机网络技术而形成的数字化虚拟空间，在这个"数字化"和"虚拟化"的生存空间里，虚拟社会主体借助数字化的信息符号，形成了与现实社会空间迥然相异的新的互动模式。自 20 世纪 80 年代末开始，随着互联网的急遽发展，现实的网络空间逐渐形成，一些早期网络文化研究者开始对这一影响人类的网络空间进行描述和界定。如本尼迪克特认为，由计算机支持、由计算机进入和由计算机产生的全球网络化，是多维度的、人造的或"虚拟"的真实。它是真实的，每一台计算机都是一个窗口；它是虚拟的，人们所看到的或听到的，既不是物质，也不是物质的表现，相反它们都是由纯粹的数据或信息组成的。❶ 显然，这一定义已抓住了网络虚拟社会的某些特征，认为"信息高速公路将世界各国家、各地区及社会各行业、各部门联成一个整体，形成一种崭新的

---

❶　M Benedikt. Cyberspace：Some Proposals//M Benedikt. Cyberspace：First Steps ［C］. Cambridge MA：The MIT Press，1994：123.

社会组织形式。"❶

一般而言，网络信息技术资源包括高性能计算机、存储资源、数据资源、信息资源、知识资源、专家资源、大型数据库、网络、传感器等。当前的互联网只限于信息共享，网络则被认为是互联网发展的第三阶段。网络可以构造地区性的网络、企事业内部网络、局域网网络，甚至家庭网络和个人网络。网络的根本特征并不一定是它的规模，而是资源共享，消除资源孤岛。

这种崭新的人类生存空间一方面为人类展现了美好的"数字化生存"的前景——它是人们学习、工作、休闲和通信等方式最高效的信息传播载体，也是人们进行生产、管理、教育、医疗等各项活动的主要依托形态，一言以蔽之，它的出现极大地促进了人类的文明进程；另一方面，它也引发了大量的网络伦理道德问题的出现——它深刻地改变着人们现有的思想、观念和精神世界，其中有些虚拟社会问题，不仅威胁到虚拟网络社会的协调和健康发展，而且还与现实中的社会问题交相伴生，从而导致了目前的伦理危机。

2. 网络信息技术的发展历程

网络的原型是 1969 年美国国防部远景研究规划局为军事实验用而建立的网络，名为 ARPANET，初期只有四台主机，其设计目标是当网络中的一部分因战争原因遭到破坏时，其余部分仍能正常运行。20 世纪 80 年代初期，美国国防部远景研究规划局和通信局研制成功用于异构网络的 TCP/IP 协议并投入使用；1986 年，在美国国会科学基金会的支持下，用高速通信线路把分布在各地的一些超级计算机连接起来，以 NFSNET 接替 ARPANET，进而又经过十几年的发展形成 Internet。20 世纪 90 年代初，中国作为第 71 个国家级网加入 Internet，并且已经开放了 Internet，通过中国公用互联网络（CHINANET）或中国教育科研计算机网（CERNET）都可与 Internet 联通。

从传播技术来看，以互联网技术为核心的各种高新技术孕育了网络媒体的诞生，并伴随其成长。没有全球范围的互联网，没有高速运转的芯片，没有迅速扩展的宽带，没有成熟的数字压缩技术和存储、检索技术，便没有第四媒体。从传播方式看，第四媒体不仅融合了以往各种大众传媒的优势，能从文字、图像、声音同时发送信息，而且还具有了各种大众传媒所不具备的特点，如跨时空性、可检索性、超文本性和交互性等。电子信息网络，它实现的是人类信息交流的全球化和全面化。

目前，不少专家认为"互联网 +"将引领第四次工业革命。所谓的"互联网 +"就是互联网平台加上传统行业，相当于给传统行业加上一双互联网的"翅膀"，然后助力传统行业。互联网也的确已经改变了我们身边很多的传统领域。例如，在餐饮娱乐领域，"互联网 + 餐厅"，就诞生了众多的团购和外卖网站；"互联网 + 电视娱乐"，已经诞生了众多的视频网站；"互联网 + 婚姻交友"，诞生了众多的相亲交友网站等。再比如金融业，由于与互联网相结合，诞生出了很多普通用户触手可及的理财投资产品，如余额宝、理财通以及 P2P 投融资产品等；由于互联网平台接入传统的医疗机构，促进了互联网医疗的发展，使得人们在线求医问药成为可能。

3. 网络信息技术对社会的影响

网络信息技术的发展给人类社会带来了很多美好的前景，为人类提供了海量的信息。

---

❶ 李娟芬，茹宁. "虚拟社会"伦理初探 [J]. 求是学刊，2000，（2）：31.

从个人计算机的使用到互联网的扩展，再到信息高速公路的建设，网络的发展向社会生活的各个领域蔓延，时时刻刻影响着人们的生活。

（1）改变社会阶层结构和地位

在信息时代，谁拥有"信息资源"并有效地加以利用，谁就能在竞争中占有优势地位。因此，能否加入电子信息网络并有能力和财力接受它提供的各种服务便在人们中形成新的分化，以至有人认为可以根据"拥有信息的程度"把社会划分为"知识阶层"和"无知识阶层"。

此外，在社会中还形成了一种"虚拟社会"或"虚拟共同体"。目前，在互联网上已有很多讨论组和新闻组，其中有些影响很大。甚至一些特别与众不同的人都可以很方便地在网络上找到自己的"知音"，并组成一些特别的群体。从理论上讲，在网络上进行信息交流的人们，可以不分民族、国籍、性别、信仰等因素进行联系，或仅仅根据相同的爱好和对某些问题的兴趣形成"讨论组"之类的"团体"，这样由电子信息网络而产生了种种新的社会群体和关系。各种虚拟的或电子的共同体可以在网络上自由地发表自己的观点，对社会其他群体甚至政府、组织机构的政策产生作用。

（2）改变社会生产方式的某些组成形式

工业化生产往往是以生产资料为中心进行的，它服从于最佳的市场效益所要求的地理位置优势，企业生产经营地域的选择经常把资源、交通、人口分布等因素作为重要参数。城市化就是工业生产方式带来的结果，由此造成交通拥挤、污染等一系列后果。电子信息网络的建设将使生产经营过程出现非中心化的现象，许多工作不必到办公室或交易场所就能顺利完成，由此减少了过去只有亲自到现场才能进行工作而带来的众多问题。人们在自己家里的计算机前能够从事过去在企业所做的工作，现代社会生产将围绕"信息"交流过程而形成新的运行机制和组合方式。

（3）重构人们的生活方式

互联网络正以最快的速度融入人们的生活，并被誉为21世纪最耀眼的传播媒体。1998年5月，联合国新闻委员会召开年会正式宣布，互联网被称为继报刊、广播、电视等传统大众媒体之后新兴的第四媒体。新媒体不但集文字、声音、影像等多种形式于一体，而且又极大地丰富和发展了新媒体。政府保护国家安全的基本策略之一就是，控制可能利用某些信息危害本国国家安全的国家、组织或个人获得这些信息。

在2016年的乌镇世界互联网大会上，以"互联网＋"为主题的论坛特别多，有"互联网＋物流""互联网＋出行""互联网＋普惠金融""互联网＋智慧医疗"等。过去人们的生活方式往往受到个人社会地位、经济条件和地理环境的限制，从理论上说，参与信息网络的人都可以通过信息高速公路享受网络提供的信息服务，可以在自己家里读到世界各地新出版的图书和报纸、听音乐、看电影、查阅著名大学图书馆的藏书，甚至可以到世界各地"旅游"，在家里可以选修想学的课程并有最好的老师讲解，等等。除了生活享受极大丰富和质量提高之外，更重要的是个人创造性将得以空前地发挥和开掘，可以通过信息高速公路向世界各地发表政治、思想观点以及创作的乐曲、诗歌、图画或者哲学论文。

（4）出现新的政治民主形式

对电子信息网络所带来的政治现象，国内外都提出了种种构想，如"交互式（或互动式）民主""直接数字民主"等。电子信息网络所形成的新的民主政治必定会出现以下特征。

首先，广泛参与性。无论从哪个角度看，电子信息网络比电视或广播电台都更有潜力成为民众表达意见的论坛，因为这种网络可以成为一个地区或更大范围内人们表达公共事务意见的管道。

其次，即时性。电子信息网络不仅为网络使用者提供了了解和发表政治意见的机会，更在于它的这种互动性几乎是瞬时性的，一旦有什么政治事件发生，在信息高速公路上会立即有所反应。

再次，亲近性。选民和代表或议员之间可以通过电子信息网络直接联系，政府机构与公民之间也可以直接在网络上对话，使得政治活动减少了在今天似乎只是一部分人的"权利"的疏远感。另外还有低费用的特点。从理论上讲，只要构想中的电子信息网络建立起来，把某些需要耗费大量人力、物力、财力的政治活动通过网络来完成已不是什么困难的事，如选举（局部或全国性的）、全民公决、民意调查、人口普查等。

二、网络技术发展中的伦理难题

由于网络空间是一个全新空间，网络伦理道德建设尚处于初始阶段，缺乏统一的价值标准，不同的价值观念、伦理思想在网上交汇、碰撞、冲突，使人们产生诸多伦理难题："它可以释放出难以形容的生产力量，但它也能成为恐怖主义者和江湖巨骗的工具，或是弥天大谎和恶意中伤的大本营。传统意义上的政府几乎对它束手无策，它确实需要一种内在的控制机制——尽管崇尚自由的网民对此大喊大叫。"❶

国外、国内的学者都对网络信息技术带来的各种伦理问题做了研究。他们认为信息技术的发展所带来的伦理问题主要包括：上网成瘾、剽窃他人成果、侵犯他人知识产权、传播非法信息、散布虚假言论、电子赌博、网络诈骗、网络安全、侵犯他人隐私、人肉搜索等。

从美国计算机协会关于计算机伦理学的教学计划中所规定的教学内容来分析，计算机伦理学课程主要涉及以下几个方面：①计算机犯罪和计算机安全问题；②软件盗版和知识产权问题；③黑客现象和计算机病毒的制造；④计算机的不可靠性和软件质量的关键问题；⑤数据存储和侵犯隐私；⑥人工智能和专家系统的社会意义；⑦计算机化的工作场所产生的问题。面对这些社会问题，网络用户都会有种种的伦理困境。那么教育者更有责任帮助他们认识到网络造成的社会问题和产生原因，使他们对各种道德困境变得敏感，能有更道德、更负责任的行为方式。

1. 信息崇拜与信息控制的伦理难题

网络虚拟社会伦理问题的产生与现实社会中人们的信息崇拜和黑客崇拜有密切的联系。美国学者西奥多·罗斯扎克在《信息崇拜》一书中全面深入地揭示了信息崇拜的负效应。他指出："信息被认为与传说中用来纺织皇帝轻薄飘逸的长袍的绸缎具有同样的性质：看不见、摸不着，却倍受推崇""如同所有的崇拜，信息崇拜也有意借助愚忠和盲从。尽管人们并不了解信息对于他们有什么意义以及为什么需要这么多信息，却已经开始相信我们生活

---

❶ 埃瑟·戴森. 2.0 版：数字化时代的生活设计［M］. 海口：海南出版社，1998：17 – 18.

在信息时代，在这个时代中我们周围的每台计算机都成为信仰时代的'真十字架'：救世主的标志了"。❶ 可以说，信息崇拜容易导致信息自由主义，造成对信息的滥用和误用，造成网络信息污染，导致信息膨胀、信息高速公路的拥挤和阻塞。而信息伦理的兴起与发展植根于信息术的广泛应用所引起的利益冲突和道德困境，以及建立信息社会新的道德秩序的需要。

2. 网络犯罪与网络安全的伦理难题

人们察觉并开始重视计算机的负面效应和由此产生的犯罪问题，是到了 1966 年 10 月，美国学者帕克在斯坦福研究所调查与计算机有关的事故和犯罪时，发现一位电子计算机工程师通过篡改程序在存款余额上做手脚，由此引发了世界上第一例受到刑事追诉的计算机犯罪案件。计算机安全专家阿德瑞·诺曼在《计算机不安全》一书中介绍了 1953~1982 年近 30 年间世界各地发生的 107 起"计算机不安全事件"，被作者划为犯罪一类的共有 67 起，而其中诈骗就有 44 起。近几年以来，电信网络诈骗犯罪发展迅猛。据统计，当前活跃在社会上的电信诈骗形式将近 48 种，有冒充公检法诈骗、QQ 诈骗、冒充熟人诈骗、冒充黑社会诈骗、机票诈骗等，手段不断翻新，侵害的对象逐渐向特殊群体发展，在校的大中专院校学生成为犯罪分子侵害的主要群体之一。2016 年，中国发生多起大型电信诈骗案件，仅 8 月就有宋振宁、徐玉玉等人因亲身经历电信诈骗而含恨去世的案例存在，而清华大学老师被骗走 1600 万元的新闻爆出后，更是令大量网友震惊。

美国全国计算机犯罪数据中心认为，"涉及使用计算机及破坏计算机或其部件的一切犯罪都是计算机犯罪"。❷ 欧洲经济合作与发展组织对计算机犯罪所下的定义是："在自动数据处理过程中，任何非法的、违反职业道德的、未经批准的行为都是计算机犯罪"。

对此，各国都在积极寻求应对策略，如 2016 年 9 月 23 日，中国最高人民法院、最高人民检察院、公安部、工业和信息化部、中国人民银行、中国银行业监督管理委员会六部门联合发布《防范和打击电信网络诈骗犯罪的通告》，用以防范和打击电信网络诈骗犯罪。

3. 个人隐私与社会监督的伦理难题

保护个人隐私是一项基本的社会伦理要求，也是人类文明进步的重要标志。社会安全是社会存在和发展的前提，社会监督是保障社会安全的重要手段。在传统社会，两者没有突出的矛盾，但是在网络时代，两者都出现了严重的道德冲突。美国"棱镜门"凸显了个人隐私与社会监督的伦理难题。❸

就保护个人隐私权而言，收集、传播个人信息应该受到严格限制，磁盘所记录的个人生活信息，未经主体同意披露，应该完全保密，除网络服务提供商作为计费依据外，不能作其他利用。网络隐私权这一概念特指互联网中个人隐私权，是隐私权概念发展到互联网

---

❶ 西奥多·罗斯扎克. 信息崇拜 [M]. 北京：中国对外翻译出版公司，1994：125.

❷ Geoffrey H, Robert F. Computer Crime Techniques Prevention [M]. Rolling Meadows：Bankers Publishing Company, 1989：3.

❸ "棱镜门"与网络安全事件经过：美国国家安全局总部位于马里兰州米德堡，是美国最大、隐藏最深的情报机构。英国《卫报》和美国《华盛顿邮报》2013 年 6 月 6 日报道，美国国家安全局和联邦调查局于 2007 年启动了一个代号为"棱镜"的秘密监控项目，"棱镜"计划是一项由美国国家安全局自 2007 年小布什时期起开始实施的绝密电子监听计划，该计划的正式名号为"US - 984XN"。议员范士丹证实，国家安全局的电话记录数据库至少已有 7 年，项目年度成本 2000 万美元，自奥巴马上任后日益受到重视。2012 年，作为总统每日简报的一部分，项目数据被引用 1477 次，国家安全局至少有 1/7 的报告使用项目数据。

时代的产物。网络隐私主要包括以下几个方面。①个人登录的身份、健康状况。网络用户在申请邮箱、个人主页、网上购物、医疗等过程中，网站往往要求用户登录姓名、年龄、住址、身份证、工作单位等身份和健康状况，网站合法地获得用户的这些个人隐私信息，有责任保守这些秘密，未经授权不得泄露。②个人的信用和财产状况，包括信用卡、交易账号和密码等。个人在网上购物时，交易过程中使用的各种信用卡、账号均属个人隐私，不得泄露。③通信内容及邮箱地址。邮箱地址同样也是个人隐私，用户大多数不愿将之公开。掌握、搜集用户的邮箱，并将之公开或提供给他人，致使用户收到大量的广告邮件、垃圾邮件，使用户受到干扰，这也侵犯了用户的网络隐私权。④网络活动踪迹。个人在网上的活动踪迹，如 IP 地址、浏览踪迹、活动内容，均属个人的隐私。显然，跟踪并将该信息公之于众或提供给他人使用，也属侵权。

就保障社会安全而言，个人应对自身行为及后果负责，其行为应该留下详细的原始记录供有关部门进行监督和查证。某种意义上，隐私权和信息自由获知权是对立的范畴。网络社会中这两种权利的冲突主要表现在以下几个方面：①网民的隐私权与网站、网管信息获知权之间的矛盾；②网民的隐私权与政府信息获知权之间的矛盾；③网民的信息自由获知权与其他网民隐私权保护之间的矛盾；④雇主与雇员之间的矛盾。这就产生了个人隐私权和社会监督的矛盾，由此带来的伦理难题是：构成侵犯隐私权的合理界限是什么？如何切实保护个人的合法隐私？如何防止把个人隐私作为谋取经济利益或要挟个人的手段？群众和政府机关在什么情况下可以调阅个人的信息？可以调阅哪些信息？怎样才能协调个人的隐私和社会监督的关系？如果对两者关系处理不当，容易造成侵犯隐私权、自由主义和无政府主义等严重后果。

4. 通信自由与社会责任的伦理难题

人们通过互联网获取信息、处理信息、交换信息，并利用各种各样的信息资源为自己的生活服务。以即时通信为例，自 1996 年三个以色列青年创立了 ICQ 以来，即时通信以其能够即时发送和接收互联网的消息而受到欢迎。现在的即时通信软件有很多种，如飞信、MSN、腾讯 QQ、百度 Hi、新浪 UC、163 泡泡、淘宝旺旺、微信、微博等，它们是在功能上集合了电子邮件、博客、音乐、游戏、办公写作、客户服务等众多优点于一体的综合化的信息平台，是一种比较便捷的方式，自然也就成为许多人获取信息的首选。人们会以通信模式套用网络行为模式，把网络信息漫游归入通信自由，看成是网络主体个人的事情。网络社会给大家提供了这样一个平台，人人都是一个媒体，都可以向外界传送自己的信息。由于在虚拟的网络环境下没有外在压力的限制和约束，网络活动参与者可以充分展现自己的思想，可以肆无忌惮地宣泄自己的情感。这种没有约束的自由，带来的各种网络伦理问题是我们不得不面对的问题。网络世界中的不合理、不公正的现象越来越多地干扰着人们正常的生活秩序。

然而，网络隐匿性和分散式的特征，很容易使上网者不需要任何国家的"护照"就可以任意出入任何"国家"。网络摆脱了传统社会的管制、控制和监控，使网络主体容易形成一种"特别自由"的感觉和"为所欲为"的冲动。网络给人们提供的"自由"，远远超出了社会赋予它们的责任，如果网络行为主体的权利义务不明确，便会产生网络行为主体的行为自由度与其所负的社会责任不相协调甚至相冲突的局面。滥用通信自由就会不自觉地放松自我道德和社会道德规范的约束。这一问题的实质反映了如何处理通信自由与社会责任之间的关系。

（1）网络信息污染问题

互联网自诞生之日，网络信息污染问题便与之俱来，而且越来越严重。互联网给世界各国带来巨大的经济和社会效益的同时，也带来了非常严峻的信息污染问题。在当今的互联网世界，只要用户打开计算机，连接网络，就可能遭遇垃圾邮件的轰炸，虚假信息和病毒信息的骚扰，以及网络色情的诱惑。造成网络信息污染的原因是多方面的，既有经济利益的驱动，也是个人道德素质低下所致。

（2）网络直播问题

网络直播是通过互联网平台展开的，相对于传统直播来说，让大众有了更好的主动操作性，也就是说有了更好的和更自由的选择空间。例如目前流行的体育直播、婚礼直播、开业直播等。但目前来看，趋之若鹜的网络直播人群，其看中的，并非是这个平台的发展空间及内在价值，反倒是这个平台炮制出来的财富梦想。从"互联网＋经济"的角度看，这无可厚非。但由于利益的驱使，不少网络平台都充斥着所谓劲爆的直播，如有直播平台出现直播造人、直播吸毒、直播性交易、直播打架场面、直播自杀等。可以说，"网络直播病"的最大问题，在于用即时、肤浅的眼球刺激，损害了网络直播行业的整体声誉。但频发的直播闹剧、一幕又一幕的低俗事件却又不断地提醒着我们，这一平台的疯狂生长，很多时候其实是以践踏法制底线、破坏网络空间伦理为代价的，其复杂生态链背后，是一个病态的运营及监管体系。

（3）网络语言问题

网络中的谩骂之风令人发指，甚至出现了网络"职业代骂"，在网络中尤其是网络游戏中非常盛行，在很多网络游戏中都能看到这些人的"身影"。据了解，这些人自诩为"网络代骂"或"职业骂家"，只要付给他们一定的费用，他们就会对你指定的对象破口大骂。据分析，这些网上的污言秽语，一是蛮不讲理，二是自我发泄，三是危言恐吓，四是哗众取宠，五是黄色下流。由于不署真名，上网骂人好像去赶假面舞会，可以无所顾忌、不顾脸面，爱怎么骂就怎么骂，越难听就越骂，个别骂语之恶毒下流，已到了无以复加的地步。网络语言的不文明行为反映出网民的"网德缺失"，影响了网络的正常秩序，放大了网络的负面作用，已成为时下网络上最为人诟病的问题。

5. 信息共享与信息独有的伦理难题

在网络时代，网络技术的发展造成两个极端——侵蚀知识产权和知识产权垄断。知识产权垄断的问题，是信息的垄断，根源于网络技术的发展。

知识产权指的是人们可以就其智力创造的成果所依法享有的专有权利。伴随着网络技术的发展，知识产权的保护正处于一种道德窘境之中。承认知识产权保护与自由共享契合的可能性，是坚持利益平衡原则的前提。侵犯知识产权已成为当今社会的一个严重问题。目前，网络中知识产权的侵权主要显现为三种形式：一是网络主体对网络外社会中的知识产权的侵犯；二是网络主体对网络主体知识产权的侵犯；三是社会对网络主体知识产权的侵犯。网络时代知识产权保护与自由共享的矛盾，实质上是私人利益和社会利益矛盾的新的表现形式。劳伦斯·莱斯格是网络和知识产权问题的专家，影响美国互联网公共政策的关键人物之一。他认为，网络时代知识产权保护过甚只会让互联网这把人类有史以来最为锋锐的创新利器黯淡无光，为了维护互联网的创新，必须保留足够的共享空间。

在信息社会，信息是最重要的社会资源，而信息共享可以使信息、资源得到充分利用，极大地降低全社会信息生产的成本，有利于缩小国家之间、地区之间经济和社会发展程度上的差距，推动社会的共同进步。从有效利用资源、社会共同进步的角度看，信息应该共享，即信息共享属于网络伦理范畴。但是，信息的生产需要创造性的发挥和投入，信息传播需要大量投资用于软硬件产品的生产，所以，信息生产者和传播者拥有信息产品的所有权，并通过信息产品的销售来收回成本、赚取利润，这是合乎道德的。然而，现实生活中有些人在网络上非法复制、使用有知识产权的软件则是一种不道德的行为。同时，某种社会性的、公开性的知识由个人垄断而影响了社会信息资源共享，同样也是一种不公平、不道德的行为。由于对网络信息的知识产权的界定缺乏可操作的规范，由此也产生了在处理信息独有与信息共享关系上的两种极端化行为，这就是侵犯知识产权和信息垄断。

6. 数字鸿沟与社会公正的伦理难题

当前"数字鸿沟"和"文化霸权"等现象依然不容小觑，有些网络不公正产生的根源正是发达国家对于信息获取的垄断，即"数字鸿沟"。数字鸿沟从表面上看似乎是发达国家与发展中国家之间、富人与穷人之间拥有计算机的数量、上网的机会等方面的差距，但实质上是贫富分化的进一步发展，是经济差距不断扩大的结果。"数字鸿沟"问题的实质在于揭示了信息时代社会公正问题。社会公正问题不是信息社会独有的，它恰恰是工业社会公正问题的延续。此外，公正问题还来源于发达国家在文化上的强势推行，即"文化霸权"。

从国际范围来看，中国信息化水平较低，和西方信息发达国家间存在着巨大差距，这将影响中国综合国力和国际竞争力的提高与加强。另据一项调查表明，国际互联网上各种语言的使用频率从高到低依次为：英语、德语、日语、法语，这些语种占到94%，其他语种约占6%。互联网上语种的比例已远远超出了它本身所涵盖的问题，具有深远的意义。

从中国国内来看，地区间的发展也很不平衡，"数字鸿沟"业已存在并有不断扩大的趋势。有专家认为，继城乡差别、工农差别、脑体差别之后，"数字鸿沟"所造成的"数字化差别"正成为我国社会的第四大差别。

网络社会的公正问题，无论是技术霸权、文化霸权、语言霸权，还是网络社会的欺诈、犯罪现象等，都需要一定的原则予以规范。目前学者们取得一致认同的原则有：无害原则、公正原则、共享原则、平等原则、尊重原则、互惠原则、不侵害原则、可持续发展原则等。

7. 信息内容地域性与信息传播方式超地域性的伦理难题

在网络社会，信息的传播是超越国界地域的，具有全球化的特点。这种不同文化、伦理的碰撞、交融，有利于形成网络伦理，有利于网络社会的有序发展。但信息的内容是带有地域特征的，它反映的是一定地域和民族的社会政治制度、文化、知识和道德规范。网络信息的超地域性加剧了国家间、地区间不同道德和文化间的冲突，增大了维持国家观念、民族共同理想和共同价值观的难度，目前这种信息交流是不平等的。发展中国家与发达国家存在着相当大的信息落差，由于发展中国家自制的网络信息从量到质都处在较低层次的发展阶段，要在短期内得到高质量的信息服务，必须求助于西方发达国家的信息库。而这种求助的信息势必夹杂一些西方资产阶级的道德观念，在人们道德观念形成的过程中，会不同程度地受到西方资产阶级道德的影响，使原有的传统道德被分化、被同化、被扭曲，对发展中国家的民族文化造成很大冲击。由此带来的伦理难题是，如何既有效地利用网络资源又能保持鲜明的民族文化特征？如何既形成网络社会的普遍伦理又保持民族文化的多样化？对这些问题的处理不当将导致"文化霸权主义"和"文化殖民主义"。

8. 网络的虚拟性与现实性的伦理难题

网络的出现和发展对物理空间的生存产生了冲击，出现了现实空间与虚拟空间的两难问题。虚拟社会一词的界定经历了一个由幻想描述到现实概括的过程。它最早滥觞于 20 世纪 80 年代中期的科幻小说家们笔下的"网络空间"。这一时期的典型代表作家有吉布森、斯特林、史蒂芬森等。在他们的笔下，尽管网络空间是以幻想的形式出现的，但无疑对于后来虚拟社会的界定是有所启迪的。

物理空间是基于地缘的、物质的乃至观念的种种限定，人们都熟悉并生活其中的实实在在的现实社会。而电子空间则是基于认同的，由于计算机的兴起而出现的，以"数据化""非物质化"的方式进入人类信息交流的虚拟社会。在网络时代，它们共同构成人类的基本生存环境，两者不能相互替代。网络的虚拟性对一些人产生巨大的诱惑，他们在"虚拟朋友""虚拟夫妻""虚拟父母"的关系中迷失了自我，自以为找到了"精神家园"，终日沉迷于其中而导致问题的产生——道德情感淡漠，道德人格虚伪，交往心理障碍。在网络社交中，来往越来越密切和频繁，拉近了彼此的距离。这种快捷的社交方式带来的益处是显而易见的，其最大的贡献就是将不同领域的人们聚集到一起，引领了一个新的互动场域——网络社交空间。然而在这个千变万化的平台中，由于种种原因，有违道德的伦理现象也不断增多，严重影响了网络社交的"运行质量"。

三、网络伦理的发展及内容

随着当代网络技术的飞速发展，网络伦理学已引起全球性的关注。这门学科的研究强调它的应用性与实用性，并把它看成是职业伦理学的一部分。相关伦理问题的研究走向企业、学校与社会，引起了广大专业人员、企业经理、学生、教师、政府机关和社会各界的广泛兴趣与积极参与，使网络伦理学的研究获得社会的支持。

1. 网络伦理的发展

20 世纪 60 年代中后期，计算机技术的发展速度引起了数字革命的到来，其发展速度远远超越了传统社会所认同的伦理。到了 20 世纪 80 年代信息技术产生的社会问题已经成为人们普遍关注的公共问题。20 世纪 90 年代，人们研究计算机伦理学的范围不断地扩大，研究对象明确地定位在网络（信息）社会的伦理问题之上。

（1）网络伦理概念

网络伦理学又称网络（信息）伦理学、计算机伦理学、信息伦理学，是当代研究计算机信息与网络技术伦理道德问题的新兴学科，涉及计算机新技术的开发与应用，信息生产、储存、交换和传播中的广泛伦理道德问题。

20 世纪 60 ~ 80 年代是信息伦理学的发展时期，人们对于计算机带来的伦理问题做了系统的研究。1996 年罗格森·西蒙（英国学者）和贝耐姆（美国学者）发表了《信息伦理：第二代》的文章，在文中他们阐述了计算机伦理学是第一代信息伦理学。互联网以信息技术为依托，为人们创建了一个巨大的虚拟社会，显然，网络（信息）伦理学是由 20 世纪 70 年代计算机伦理发展而来，经历了产生、发展时期，现在更为人们所关注。其中网络伦理成为重要领域，人们对信息伦理中的网络公正问题的关注程度也与日俱增。

网络伦理学不仅是原先所指的计算机伦理学，而是一个全面的、涵盖诸多内容的、立体的、多层次的，能够为网络信息社会中的群体提供强有力指导的学科。人类迈入信息时代，由于社会交往方式建立在一种崭新的物质手段之上，电子信息网络成为人们社会交往的主要工具，网络改变了人类社会生产生活方式，网络伦理正是适应这种变化而出现的与传统社会不同的道德现象。简单地说，网络伦理就是人们通过电子信息网络而进行社会交往时而表现出来的道德关系。

网络伦理是学者对信息社会出现的网络伦理问题所界定的概念，表达的维度有着特定的含义，但是在使用上有一些混乱。网络伦理指的是网络时代出现的与信息相关的一切伦理问题，是指网络活动的参与者在网络活动中，在信息的生产、传输过程中涉及的伦理关系。网络伦理可做狭义和广义两种解释：狭义上讲，网络伦理是指在信息社会享用信息时所涉及的伦理；广义上讲，网络伦理是指信息技术的普及和应用使人类进入信息社会后全人类全社会的伦理。

在网络伦理学（包括"计算机伦理学""信息技术伦理学"）的学科性质界定上，美国和西方一些国家的学者都把它纳入"应用伦理学"或"规范伦理学"的范畴，强调网络伦理学的"实用性"，它"探究的是当人们做出选择和采取行动时，如何才是善的和有价值的实践真理"，研究具体行为的规范性指导方针，以解决信息技术带来的一系列具体道德问题。可以说，网络伦理是指人们在网络空间中应该遵守的行为道德准则和规范的总和。❶

（2）网络伦理的发展

罗伯特·维纳在 1948 年的《控制论》中提到控制论、信息化会给人们带来无比美好的前景，不过他也担心信息技术会对社会造成一定的威胁，提醒大家不要把科学建立在违背道德的基础上。1950 年维纳又出版了《人有人的用处》一书，尽管当时他还没有使用"计算机伦理"作为其研究的术语，但是人们把维纳作为计算机伦理的奠基人，认为他是计算机伦理学的创始人。

20 世纪 70 年代，美国教授 W. 曼纳首先发明并使用了"计算机伦理学"这个术语，其研究领域是"由计算机技术加剧、转化或者制造"的伦理问题。后来，人们渐渐清楚地认识到这些伦理问题的产生不是由于特殊的技术，而是源自技术所要处理的原始材料——信息或数据。1971 年 G. M. 温伯格在《计算机程序编写心理学》一书中，首先对信息技术对社会伦理问题产生的影响进行了研究。

1985 年，美国著名哲学杂志《形而上学》10 月刊同时发表了泰雷尔·贝奈姆的《计算机与伦理学》和杰姆斯·摩尔的《什么是计算机伦理学》两篇论文。这成为美国计算机伦理学兴起的重要理论标志。同年，德国信息科学家拉斐尔·卡普罗教授发表题为《信息科学的道德问题》的论文，研究了电子形式下专门信息的生产、存储、传播和使用问题，在他的论文中提出了"信息科学伦理学""交流伦理学"等概念。在 20 世纪 90 年代后期，一些研究者开始从事"信息伦理学"的研究。美国学者斯皮内洛在其著作《世纪道德——信息技术的伦理方面》中指出："社会和道德通常很难跟上技术革命的迅猛发展，技术的步伐常常比伦理学的步伐要急促得多，技术的力量所造就的社会扭曲已有目共睹，被技术支配的危险就在身边"。❷ 随着计算机信息与网络技术在美国等西方发达国家的率先发展与应用，这一新技术引起的伦理道德问题引起西方哲学界的重视（见表 6.1）。

---

❶ 刘俊英，刘平. 网络伦理难题与传统伦理资源的整合［J］. 烟台大学学报（哲学社会科学版），2004（4）.

❷ 理查德·A 斯皮内洛. 世纪道德——信息技术的伦理方面［M］. 刘钢，译. 北京：中央编译出版社，1999.

表6.1　西方网络伦理学的研究成果

时间	代表	国家	内容
20 世纪 40 年代	维纳	美国	最早提出了计算机伦理的概念
1968	帕克	美国	发表了《信息处理中的伦理规则》，后在1973年被美国计算机协会采用
1976	魏泽尔巴姆	美国	《计算机能力与人类理性》
1985	约翰逊	美国	《计算机论理学》
1985	泰雷尔·贝奈姆	美国	《计算机与伦理学》
1985	杰姆斯·摩尔	美国	《什么是计算机伦理学》
1990	大卫·欧曼	美国	《计算机、伦理与社会》
1991	罗伊等	美国	《信息系统的伦理问题》
1992	美国计算机协会	美国	制定《美国计算机协会伦理与职业行为规范》
1994	戴博拉·约翰逊	美国	《计算机伦理学》
1994	T. 福瑞斯特，P. 莫里森	美国	《计算机伦理学》
1995	理查德·A. 斯皮内洛	美国	《世纪道德——信息技术的伦理方面》
1996	罗格森·西蒙，贝耐姆	英国、美国	《信息伦理：第二代》
1997	R. S. 罗森伯格	美国	《计算机的社会冲突》
1997	K. 斯切林柏格	美国	《社会中的计算机》
1997	约翰·韦斯克，道格拉斯·爱德尼	美国	《信息与计算机伦理》
1997	理查德·A. 斯皮内洛	美国	《信息和计算机伦理案例研究》
1999	J. 柏留尔等	美国	《伦理与因特网规制：在 IFIP 框架里促进讨论》
2000	拉斐尔·卡普罗	德国	《数字时代的伦理与信息》
2000	理查德·A. 斯皮内洛	美国	《网络伦理学：计算机网络空间的道德与法律》
2000	罗伯特·贝亚德等	美国	《计算机网络伦理学：计算机时代的社会与道德问题》
2001	理查德·A. 斯皮内洛与泰万尼	美国	《网络伦理学方面汇编》
2001	贝卡·黑马奈等	美国	《黑客伦理规范与信息时代的精神》
2001	K. W. 鲍耶尔	美国	《伦理与计算：计算机化世界的责任》
2001	P. 海曼	芬兰	《伦理与信息时代精神》

　　20 世纪 80~90 年代以来，国内外涌现出大量论文、专著、研究机构和组织等，有些国家还建立了专门的网站进行讨论。

　　美国从 20 世纪 90 年代起全面制定了各种计算机伦理规范。1992 年 10 月 16 日，美国计算机协会执行委员会为了规范人们的道德行为、指明道德是非，表决通过了经过修订的《美国计算机协会伦理与职业行为规范》，● 希望其成员支持下列一般的网络伦理和职业行为规范：①为社会和人类做出贡献；②避免伤害他人；③要诚实可靠；④要公正并且不采取歧视性行为；⑤尊重包括版权和专利在内的财产权；⑥尊重知识产权；⑦尊重他人的隐

　　● 美国计算机协会伦理与职业行为规范 [J]. ACM 通讯，1993，36（2）：100-105.

私；⑧保守秘密。

为了规范人们的道德行为、指明道德是非，美国的一些专门研究机构还专门制定了一些简明通晓的道德戒律。如美国华盛顿一个名为"计算机伦理研究所"的组织，根据《圣经·旧约》中的"摩西十诫"，推出的《计算机伦理十诫》：①你不应用计算机去伤害别人；②你不应干扰别人的计算机工作；③你不应窥探别人的文件；④你不应用计算机进行偷窥；⑤你不应用计算机作伪证；⑥你不应使用或复制没有付钱的软件；⑦你不应未经许可而使用别人的计算机资源；⑧你不应盗用别人的智力成果；⑨你应该考虑你所编制的程序的社会后果；⑩你应该以深思熟虑和慎重的方式来使用计算机。

现在，美国许多建立网络系统的公司、学校和政府机构，在为员工提供网络使用权的同时，明确制定了各种网络伦理准则。如美国南加利福尼亚大学《网络伦理声明》中指出的六种网络不道德行为类型：①有意地造成网络交通混乱或擅自闯入网络及其相连的系统；②商业性地或欺骗性地利用大学计算机资源；③偷窃资料、设备或智力成果；④未经许可而接近他人的文件；⑤在公共用户场合做出引起混乱或造成破坏的行动；⑥伪造电子邮件信息。

此外，英国计算机学会的信息伦理准则是：①信息人员在对雇主及雇员尽义务时，不可背离大众利益；②遵守法律法规，特别是有关财政、健康、安全及个人资料的保护规定；③确定个人的工作不影响第三者的权益；④注意信息系统对人权的影响；⑤承认并保护知识产权。

加拿大信息处理学会信息人员准则是：①提高大众知识水平；②只在专业领域中发表意见；③不隐瞒大众关心的信息；④抵制错误信息；⑤不提供误导信息；⑥不取用不属于自己的信息；⑦遵守国家的法律。

我国在网络专业机构的道德规范制订方面，目前有代表性的是由中国互联网协会公布的《中国互联网行业自律公约（2002 年修改稿）》。这一公约共 4 章 31 条。它的制订为我国互联网行业的健康有序发展作出了很大的贡献。此外，由李伦等人建立的网络伦理学的专业网站"赛博风——中国网络伦理学"对网络伦理问题的研究在实践和规范层面都取得了一定成就。

2. 巴格原则

美国网络伦理研究者罗伯特·巴格在《一个基于案例的方法和计算机伦理》一书中提出，对于网络领域中的伦理困境，用法律手段不能得到很好的解决，要通过网络案例或在实际网络经验中获取摆脱网络伦理困境的方法。❶

巴格认为，在当今伦理困境正在变得越来越复杂的计算机世界中，找一种简单的，每一个人都赞同的标准的道德规范的希望是比较渺茫的，然而这并不意味着做这种努力是无用的。对具有不同哲学世界观的人来讲，同意相同的标准——尽管出于不同的理由——还是有可能的。他进一步指出，以前的技术被取代了，但基本的行为准则依然可以运用于目前的技术革命。

据此，巴格认为，随着计算机与信息技术的发展，人类的基本道德价值观念和行为准则并没有过时。1993 年，在华盛顿召开的第二届布鲁克英计算机伦理学年会上，他宣读了论文，并提出了计算机伦理学的三条基本原则：第一，一致同意的原则，如诚实、公正和

---

❶ Robert N Barger. Computer Ethics：A Case – based Approach ［M］. Oxford：Cambridge University Press，2008.

真实等；第二，把这些原则运用到对不道德行为的禁止上；第三，通过惩罚并且（或者）通过对遵守规则行为的积极鼓励来加强对不道德行为的禁止。❶

3. 斯皮内洛原则

美国波士顿大学学者理查德·A. 斯皮内洛在撰写《世纪道德——信息技术的伦理方面》一书时说："社会和道德方面通常很难跟上技术革命的迅猛发展。而像中国这样的发展中国家，在抓住信息时代机遇的同时，却并不总是能意识到和密切关注各种风险，以及为迅猛的技术进步所付出的日渐增长的社会代价。"❷

斯皮内洛依据功利主义、义务论、权利论等基本道德理论，对计算机信息技术伦理问题进行了较深入的分析，提出了计算机伦理道德是非判断应当遵守的三条一般规范性原则。❸

1）"自主原则"——在信息技术高度发展的情况下，所有人都有平等价值和普遍尊严，我们应当尊重自我与他人的自主权利。例如，当计算机技术被用来侵犯别人的隐私权，便侵犯了别人的自主权。

2）"无害原则"——人们不应该用计算机和信息技术给他人造成直接的或间接的损害，这一原则被称为"最低道德标准"。

3）"知情同意原则"——人们在网络信息交换中，有权知道谁会得到这些数据以及如何利用它们。没有信息权利人的同意，他人无权擅自使用这些信息。

斯皮内洛分别把以边沁和密尔为代表的功利主义，以康德和罗斯为代表的义务论，以霍布斯、洛克和罗尔斯为代表的权利论这三大目前在西方社会中影响最大的经典道德理论，作为他们构建虚拟社会伦理学的理论基础。所有这些规范都是对现实经济活动领域道德规范的补充和发展，使其在量上不断积聚和扩大。

4. 摩尔正义效果理论

在 20 世纪 70 ~ 90 年代，詹姆斯·摩尔提出关于"正义效果"的计算机伦理学理论。摩尔把计算机伦理学分为两种活动。

1）考察计算机技术（包括硬件、软件和网络）的社会影响和伦理影响，这种活动特别关注的是识别"政策真空"，即当计算机技术使人们可能做新的事情时，就出现了"政策真空"。因为过去从来没有人做过那些新的事情，所以没有什么"政策"可以帮助一个人决定是不是应该做。仅仅是因为我们能够做这些事，并不意味着我们就应该做。依照摩尔的理论，政策真空并不是计算机技术独有的，但比起其他技术，政策真空通常更多地伴随着计算机技术出现，因为计算机的"逻辑延展性"使计算机几乎成了"普遍的工具"，可以执行几乎所有的任务。

2）为合乎伦理地使用计算机技术制定政策和提供正当的理由。在摩尔的第二种计算机伦理学活动中——从伦理学的角度论证政策——从清除所有相关的含糊之处开始，然后设

❶ R N Barger. In Search of a Common Rationale for Computer Ethics//The Third Annual Computer Ethics Institute Conference [C]. Washington D C: the Brookings Institution, 1994.

❷ 互联网伦理举起"看不见的手"[N/OL]. http: //www. cste. net. cn/share/news. jsp? newsid = 11246&newstype = 00905.

❸ 理查德·A 斯皮内洛. 世纪道德——信息技术的伦理方面 [M]. 刘钢，译: 北京: 中央编译出版社. 1999: 52 - 55.

计出一组可能的新的（或变更了的）政策以填充"政策真空"。摩尔有意选择了"政策"这个术语来代替"规则"："我可以使用'规则'一词而不是使用'政策'这个词。但是伦理规则有时被看做是毫无例外地具有约束力的。作为一个伦理学理论，一个毫无例外的规则系统将永远无法发挥作用，因为规则会相互冲突，并且有时因为后果非同寻常，必须允许例外……我更愿意使用'政策'这个词，因为万一有冲突或特别的情况，在这种情况下我认为必须改变规则。""当我们合乎伦理地行动时，我们是在做相似情形下任何人都被允许做的同一种行动。对于其他人在相关相似情形下所不能做的事，我也不能有自己的一套伦理政策来做这些事。伦理的政策是公共的政策。"❶

5. 弗罗里迪信息伦理学

信息哲学是21世纪国际哲学界推出的一门工具驱动的、具有交叉学科性质的哲学学科，是从人工智能哲学、信息的逻辑学、控制论、社会理论、伦理学以及对语言和信息的研究演化而来的。

信息哲学这个术语，首先是由旅英意大利学者卢西亚诺·弗洛里迪于2002年在其《什么是信息哲学》这篇论文中创立的，该文论述信息哲学作为一个独立的研究领域何以成为可能。因此，学界将弗洛里迪视为信息哲学的创始人。弗洛里迪和他在牛津大学信息伦理研究组的同事进一步提出了重视宇宙中每个信息客体和结构、所有可能的伦理学范围里最广阔的范围（见表6.2）。

表6.2　关于信息哲学的研究成果

时间	国籍	代表人物	代表作品
1992	加拿大	伯克何尔德	Philosophy and the Computer
1998	美国	拜纳姆、摩尔	The Digital Phoenix：How Computers are Changing Philosophy
2002	英国	弗洛里迪	What is the Philosophy of Information?
2004	英国	弗洛里迪	Open Problems of the Philosophy of Information
2004	英国	弗洛里迪	Blackwell Guide to the Philosophy of Computing and Information
2008	荷兰	本特姆、阿德瑞安斯	Hand book of the Philosophy of Information

弗洛里迪信息伦理学的总体目标是促进信息圈以及信息圈里所有信息客体的繁荣。"善"被界定为保持或改进信息圈的任何事物；"恶"则是它的对立面，即任何损害信息圈或使信息圈枯竭的事物。

弗洛里迪信息伦理学不是把行动、价值和人类主体的品质置于伦理学的中心，而是代之以行为的受动者所遭受的恶（伤害、消亡、毁灭——即熵）。通过把宇宙中每个存在着的实体理解为"信息客体"，弗洛里迪能够把伦理学的观点从"以主体为基础的"（和以人类为基础的）理论转变成"以受动者为基础的"、非人类中心主义的理论，即"（所有的）实体将被描述为数据簇，即作为信息客体。更确切地说，（任何存在的实体）将是一个互不相连的、自足的封装包，包含：①适当的数据结构，该数据结构构成了所讨论的实体的本性，

❶ Moor J H. An Interview with James Moor//Ethics for the Information Age ［M］. 2nd Edition. Addison Wesley, 2006：104.

即客体的状态、独有的特征和属性；②一个操作、功能或程序的集合，由各种各样的交互作用或刺激（即从其他客体接收来的信息或在它自身里发生的变化）激活，并相应地决定客体如何行为或如何反应。在这个抽象程度上，环境的发展过程、变化和相互作用同样被信息化地描述，像这样的信息系统被提升到任何行为的主体和受动者的角色，而不是大体上仅仅被看作生命系统。"❶

弗洛里迪信息伦理学通过这样的途径，所有存在着的实体——人类、其他动物、植物，甚至无生命的人造物、网络空间中的电子客体、知识产权的一些部分——都能够被理解为对其他实体起作用（物理效果）的潜在主体，也能够被理解为受其他实体作用的、潜在的受动者。一系列所有的那些实体——即所有存在的和已经存在的事物，弗洛里迪称之为"信息圈"。

弗洛里迪信息伦理学对"熵"有不同的理解，并以斯宾诺莎的形而上学为前提：信息伦理学提出，有比生命更为基本的东西，即存在。也就是，所有实体和它们全球环境的存在与繁荣，以及比痛苦更基础的某些事物，即熵。后者被极力强调，它不是一个物理学家的概念，即不是热力学的熵。信息伦理学认为存在（信息）具有内在的价值。通过承认任何信息实体都有保持自己的状态的斯宾诺莎哲学式的权利，以及有一种建构主义的权利以繁荣自己，即改进和丰富它的存在和本质，信息伦理学证实了这一观点。❷

可见，弗洛里迪完成的伦理学的转向，并试图证明"信息客体"，如互联网、数据库、网站、电子文本、聊天室、软件机器人、机器人，甚至石头、山脉、行星和星星，至少应当受到最低限度的伦理上的尊重。❸

四、网络伦理意识的形成

网络生活的伦理架构包括伦理抉择机制和伦理执行机制。伦理抉择机制：在充分的伦理对话的基础上，网络社群必须建立一种能够在相冲突的伦理立场之间作出抉择的判定机制。伦理执行机制：通过集体行动和技术手段对那些伦理抉择机制所判定应予以排斥的言行进行相应的责罚。

1. 政府层面

网络伦理问题一方面可以通过法律手段调节和约束，另一方面则可以寻找其他途径加以解决，如通过道德规范网民的行为。边沁曾就伦理与法律的向量作了详尽阐述，他认为伦理与法律不是对立的，二者是相互支持，相互补充。只有当一个人行为危害他人利益，并造成重大损失，且这种损失超过某一临界点时才诉诸法律，而在达到某一临界点之前，通过道德调节来规范人们的行为是可行的。基于此，要求政府出台相应的网络伦理规则，以规范交易主体的行为。

一方面，政府要加强法律法规建设。如 1996 年，美国总统克林顿签署《1996 电信法》，规定利用互联网向未成年人传播不道德文字或图像的行为，将被处以法律制裁。20

---

❶❷ Floridi L. Information Ethics：Its Nature and Scope//W J van den Hoven，J Weckert. Moral Philosophy and Information Technology ［C］. Cambridge：Cambridge University Press，2006：9 - 11.

❸ Floridi L. On the Intrinsic Value of Information Objects and the Infosphere ［J］. Ethics and Information Technology，2003，4（4）.

世纪 90 年代初，德国政府便颁布《信息与通信服务法》，规定互联网不准传播色情和宣扬新纳粹思想。这是世界上第一部对网络行为进行规范的法律。1999 年 12 月，澳大利亚通过《ASIO 修正案》，允许其国家情报机构 ASIO 合法监控个人计算机和监听在线通信，对"目标"进行添加、删除或改变数据的操作。

另一方面，国家或网络管理部门通过统一技术标准建立一套网络安全体系，严格审查、控制网上信息内容和流通渠道。例如，通过防火墙和加密技术防止网络上的非法进入者；利用一些过滤软件过滤掉有害的、不健康的信息，限制调阅网络中不健康的内容等；同时通过技术跟踪手段，使有关机构可以对网络责任主体的网上行为进行调查和控制，确定网络主体应承担的责任。

此外，要积极寻求计算机犯罪防治的国际合作。例如，1997 年 11 月 26 日，欧盟委员会在布鲁塞尔通过了一项旨在维护互联网使用安全的行动计划，要求各成员国共同加强对互联网的使用管理，抵制互联网络中的有害或非法内容，推动网络产业的健康发展。

2. 科学家层面

美国财政部公布的金融界 39 起计算机犯罪案件中，计算机专业人员占 70.5%。[1] 计算机技术具有"逻辑延展性"，并且这种逻辑延展性是计算机伦理学可能性和必要性的基础。计算机技术的逻辑延展性是指，计算机技术可以执行多种功能，而非计算机技术只能执行特定的功能和任务。计算机技术的逻辑延展性为人类行为创造了无限新的可能性，而这种新的可能性又导致了某些真空，摩尔将这些"真空"分为两类：一类是"政策真空"，即面对计算机引发的可能行为，引导人们进行新选择的规范性规则和政策真空；另一类是概念框架的真空，这一框架可以使我们能够清晰地把握已经浮现某些规范性问题的本质。

爱因斯坦曾说过，"只有利他的生活才是值得过的生活"。在掌握计算机网络技术的同时，应进行伦理意识的培养。比如美国就在高等学校普遍为大学生、研究生开设各种计算机伦理学课程，如"计算机伦理学""计算机与信息伦理""网络伦理"等（见表 6.3）。

表 6.3　美国网络伦理学相关课程[2]

学　　校	课　　程	开课教师
哈佛大学	互联网与社会	Jonathan Zittrain
杜克大学	互联网与伦理学	Wendy Robinson
麻省理工学院	电子前沿的伦理与法律	Hal Abelson
东田纳州立大学	软件工程伦理学	Donald Gotterbarn
北卡罗林纳州大学	计算机伦理学	Edward F. Gehringer
普林斯顿大学	计算机、伦理与社会 责任	Helen Nissenbaum
加州大学伯克利分校	互联网伦理学	Yale Braunstein
肯特州立大学	图书情报界的伦理问题	Thomas J. Froehlich
南康涅狄克州立大学	计算机伦理学	Terrell Ward Bynum
长岛大学	信息伦理学	Martha M. Smith
匹兹堡大学	信息伦理学	Toni Carbo

---

[1] 杨博. 计算机犯罪问题的若干法律思考 [J]. 法商研究，1995（2）.
[2] 沙勇忠，牛春华. 网络伦理学的兴起及其知识范畴的形成 [J]. 图书与情报，2007（3）：48.

可见，美国在 IEEE‐CS 教学大纲中，计算机伦理课是核心课程、学位必修课，在美国一些大学中已经开设了 20 多年。美国南康涅狄克立州立大学拜纳姆教授所开设的"计算机伦理学"课程在 2006 年还被评为"美国高校示范课程"，可见其受重视程度。其授课主要内容包括信息技术的社会环境、信息技术与隐私问题、知识产权、数字鸿沟、代理技术等，课程总目标是使学生关注技术给人类带来的社会和生存环境的变化，细分目标为：①学生应当获得广泛的预见性，能够预见由信息技术引起的社会与伦理影响；②学生应当获得有关计算机伦理学不同子领域中的专门知识；③学生应当至少在一个方面深入了解重要的、由信息技术带来的显著的伦理问题；④学生应当发展能够清晰地、合乎伦理地分析涉及信息技术的现实生活案例的能力；⑤学生应当练习并开发批判与分析的能力。我国计算机犯罪的嫌疑人也以一些青年学生居多，因此加强计算机伦理道德的宣传教育刻不容缓。

3. 公众层面

在网络时代，公众如何在网络世界中获取信息、掌握信息、分辨信息成为重要的素质和能力。提升网络责任意识也是公众维护网络安全与公正的分内职责。

网络责任意识是指公众对信息社会赋予每个人的责任的意识，了解什么是信息伦理以及网络公正，并且认真自觉地履行网络社会赋予我们每个人参加网络活动过程中应该负有的责任，在日常行为中践行网络公正观，把责任意识转化到行动中去。

李克东先生认为信息素养应当包括 3 个基本的要点：信息技术的应用技能、对信息内容的批判与理解能力、能够运用信息并具有融入信息社会的态度和能力。❶《全民科学素质行动计划纲要（2006—2010—2020）》中提到公民科学素质的目标是：到 2010 年，科学技术教育、传播与普及有较大发展，公民科学素质明显提高，达到世界主要发达国家 20 世纪 80 年代末的水平；到 2020 年，科学技术教育、传播与普及有长足发展，形成比较完善的公民科学素质建设的组织实施、基础设施、条件保障、监测评估等体系，公民科学素质在整体上有大幅度的提高，达到世界主要发达国家 21 世纪初的水平。❷ 由此可以看出，我国公民信息素养的培养任务相当繁重，信息化教育伦理道德问题直接关系到对和谐社会的构建。

网络伦理素养是用来约束网络主体的言行，指导其思想的一整套道德规范，涉及思想认识、服务态度、业务钻研、安全意识、待遇得失及公共道德等方面。长期以来，由于计算机网络文化和技术发展的不平衡性，人们的思想观念未能跟上网络技术发展的需要。因此，要开展公众网络伦理道德宣传和教育活动，一方面通过宣传手段更新人们的思想观念，使其逐步认识到对计算机网络信息系统的破坏活动是一种不道德、不符合现代社会伦理要求的行为；另一方面通过建立健全切实可行的法律法规及行为规范准则，使人们认识到网络犯罪的非法性，从而使网络伦理思想深入人心，增强个人的道德责任心，提高国民的整体网络伦理道德水准。同时，开设相关讲座，培养正确技术价值观，使公众能在合理价值观指导下成为合格网络公民。

---

❶ 李克东. 信息技术与课程整合的目标和方法 [J]. 中小学信息技术教育，2002（4）：22‐28.
❷ 全民科学素质行动计划纲要（2006—2010—2020 年）[EB/OL]. http：//scitech. people. com. cn/GB/25509/56813/60788/60790/ 4219943. html.

五、参考文献

[1] 严耕，陆骏，孙伟平. 网络伦理［M］. 北京：北京出版社，1988.

[2] 西奥多·多斯所克. 信息崇拜［M］. 北京：中国对外翻译出版公司，1994.

[3] 比尔·盖茨. 未来之路［M］. 北京：北京大学出版社，1996.

[4] 尼葛洛庞帝. 数字化生存［M］. 海口：海南出版社，1997.

[5] 姜奇平. 21世纪网络生存术［M］. 北京：中国人民大学出版社，1997.

[6] 孔昭君. 网络危机［M］. 北京：改革出版社，1997.

[7] 乔岗. 网络化生存［M］. 北京：中国城市出版社，1997.

[8] 尼尔·巴雷特. 数字化犯罪［M］. 沈阳：辽宁教育出版社，1998.

[9] 埃瑟·戴森. 数字化时代的生活设计［M］. 海口：海南出版社，1998.

[10] 严耕，陆俊. 网络悖论［M］. 长沙：国防科技大学出版社，1998.

[11] 林筑英. 多媒体计算机技术［M］. 重庆：重庆大学出版社，1998.

[12] 冯鹏志. 伸延的世界——网络化及其限制［M］. 北京：北京出版社，1999.

[13] 泰普斯科特. 数字化成长——网络时代的崛起［M］. 沈阳：东北财经大学出版社，1999.

[14] 刘大椿. 在真与善之间——科技时代的伦理问题与道德抉［M］. 北京：中国社会科学出版社，2000.

[15] 童星. 网络与社会交往［M］. 贵阳：贵州人民出版社，2002.

[16] 马克·斯劳卡. 大冲突——赛博空间和高技术对现实的威胁［M］. 南昌：江西教育出版社，1999.

[17] C弗兰克. 实在与人［M］. 杭州：浙江人民出版社，2002.

[18] 段伟文. 网络空间的伦理反思［M］. 南京：江苏人民出版社，2002.

[19] 李伦. 鼠标下的德性［M］. 南昌：江西人民出版社，2002.

[20] 黄寰. 网络伦理危机及对策［M］. 北京：科学出版社，2003.

[21] 理查德·A斯皮内洛. 信息和计算机伦理案例研究［M］. 赵阳陵，吴贺新，张德，译. 北京：科学技术文献出版社，2003.

[22] 劳伦斯·莱斯格. 思想的未来：网络时代公共知识领域的警世喻言［M］. 李旭，译. 北京：中信出版社，2004.

[23] 汤姆·福雷斯特，佩里·莫里森. 计算机伦理学：计算机学中的警示与伦理困境［M］. 陆成，译. 北京：北京大学出版社，2006.

[24] 赵兴宏. 网络伦理学概要［M］. 沈阳：东北大学出版社，2008.

[25] 杨礼富. 网络社会的伦理问题探究［M］. 长春：吉林人民出版社，2008.

[26] 理查德·A斯皮内洛. 世纪道德——信息技术的伦理方面［M］. 刘钢，译. 北京：中央编译出版社，1999.

[27] 曼纽尔·卡斯特. 网络社会的崛起［M］. 北京：社会科学文献出版社，2001.

[28] 梅绍祖. 网络与隐私［M］. 北京：清华大学出版社，2003.

[29] 克莱·舍基. 未来是湿的：无组织的力量［M］. 胡泳，沈满琳，译. 北京：中国人民大学出版社，2009.

[30] 拜纳姆，罗杰森. 计算机伦理与专业责任［M］. 李伦，金红，曾建平，李军，译. 北京：北京大学出版社，2010.

[31] 霍华德·莱茵戈德. 网络素养：数字公民、集体智慧和联网的力量［M］. 张子凌，等，译. 北京：电子工业出版社，2013.

[32] Wiener N. God and Golem, Inc.：A Comment on Certain Points Where Cybernetics Impinges on Religion［M］. Cambridge the MA：the MIT Press, 1964.

[33] Tom Forester. Computer Ethics: Cautionary Tales and Ethical Dilemmas in Computing [M]. Cambridge MA: the MIT Press, 1993.

[34] Benedikt M. Cyberspace: Some Proposals//M Benedikt. Cyberspace: First Steps [M]. Cambridge MA: the MIT Press, 1994.

[35] R N Barger. In Search of a Common Rationale for Computer Ethics//The Third Annual Computer Ethecs Institute Conference [C]. Washington D C: the Brookings Institution: 1994.

[36] Kevin Bowyer. Ethics and Computing: Living Responsibly in a Computerized World [M]. IEEE Computer Society Press, 1996.

[37] John Weckert, Douglas Adeney. Computer and Information Ethics [M]. Greenwood Publishing Group, 1997.

[38] Adam D Moore. Intellectual Property: Moral, Legal and International Dilemmas [M]. Rowman & Littlefield Publishers, INC, 1997.

[39] Stacey L Edgar. Morality and Machines: Perspectives on Computer Ethics [M]. Jones and Bartlett Publishers, 1997.

[40] Adam D Moore. Intellectual Property & Information Control: Philosophic Foundations and Contemporary Issues [M]. Trabsaction Publishers, 2001.

[41] Richard A Spinello. Cyberethics: Morality and Law in Eyperspace [M]. Jones and Bartlett, 2000.

[42] Duncan Langford. Internet Ethics [M]. Macmillan Press Ltd., St. Martin's Press, 2000.

[43] Linus Torvalds, David Diamond. Just for Fun: the Story of an Accidental Revolutionary [M]. Harper business, 2001.

[44] Spinello R A, Tavani H T. Readings in CyberEthics [M]. Sudbury, MA: Jones and Bartlett Publishers, 2001.

[45] Robert N Barger. Computer Ethics: A Case - based Approach [M]. Oxford: Cambridge University Press, 2008.

第七章 核技术与核伦理

原子裂变改变了世界，人类正在面临空前的风险。1945 年 6 月，美国在新墨西哥州试爆了第一枚原子弹。原子弹的发明，使人类首次拥有了"一种可能导致地球上很多生命死亡的技术力量"，但人类是否有足够的理智和能力控制这种技术力量，却很令人怀疑。核能的和平开发利用也潜藏着巨大风险。核辐射、核泄漏和核废料处置在技术上都是很棘手的问题，一旦发生事故，就会使放射性物质散播开来，污染空气、水源和土壤。核能开发已经使人类的安全直接受到威胁，因此，核问题就已经不是"由专家来决定"的科学问题，"它取决于公众的意见，因此，是一个政治问题，而且是一个道德问题"。正是为了试图改变人类的思维方式，摆脱核毁灭的空前灾难，寻求人类在核时代的共存原则，导致了核伦理学的兴起。

一、核技术的发展历程

20 世纪 30 年代，原子结构科学取得飞跃性的发展，迎来了核科学的"春天"。这个时期的物理学家们一步一步揭开了原子的内部秘密。

1. 人类对核能的认识

原子核裂变或聚变时可以放出巨大的能量，既可造福人类，也可能对环境和人类产生危害。对核能的认识引起了越来越多人们的关注。1903 年索迪第一次提出，人们一旦驾驭原子核内存在的神秘力量就会带来造福世界或毁灭世界的后果。1919 年，卢瑟福用镭发射的 α 粒子作"炮弹"，研究被轰击的粒子的情况。这是人类历史上第一次实现原子核的人工衰变，使古代炼金术士梦寐以求的把一种元素变成另一种元素的空想变成现实（见表 7.1）。当时卢瑟福写了一本书就取名为《新炼金术》。

表 7.1 关于原子及原子能的认识

时间	国别	人物	事 件	获奖
公元前 5 世纪	古希腊	德谟克利特	首先提出物质构成的原子学说，认为原子是最小的、不可分割的物质粒子	—
1803	英国	道尔顿	提出实心球原子模型	—
1897	英国	汤姆逊	发现电子	1906 年诺贝尔物理学奖
1902	英国	卢瑟福和索迪	对铀、镭、钍等元素的放射性研究中，提出了放射性元素的衰变理论，并提出了"原子能"的概念。	1908 年诺贝尔化学奖
1904	英国	汤姆逊	提出"葡萄干面包式"或"西瓜式"原子结构模型	—

时间	国别	人物	事　件	获奖
1910	英国	索迪	提出同位素假说	—
1911	英国	卢瑟福	提出"行星式"原子结构模型	—
1913	丹麦	玻尔	提出原子轨道模型	1922 年诺贝尔物理学奖
1919	英国	卢瑟福	用 α 粒子轰击氮原子放出氢核而发现了质子，使其嬗变成氧原子（首次实现原子核的人工衰变）	—
1926	奥地利	薛定谔	提出量子力学的"电子云"模型	1933 年诺贝尔物理学奖
1931	美国	劳伦斯	发明回旋加速器，并获得人工放射性元素	1939 年诺贝尔物理学奖
1932	英国	查德威克	发现中子	—
1932	德国、苏联	海森伯和伊凡宁柯	各自独立地提出了原子核是由质子和中子组成的核结构模型	—
1934	意大利、美国	费米	用中子轰击原子核，发现通过石蜡减速之后的慢中子，裂核能力更强	1938 年诺贝尔物理学奖
1934	法国	约里奥·居里夫妇	用 α 粒子轰击铝，产生了一个磷的同位素，但很快放出正电子蜕变为硅（合成新的放射性元素）	1935 年诺贝尔化学奖
1938	德国	哈恩和史特拉斯曼	发现铀经中子轰击后出现钡	—
1939	奥地利、瑞典	迈特纳和弗里什	提出核裂变猜想，以解释铀实验，并称裂变过程要放出大量能量	—

随着科学家对原子及核能的认识进展，其应用日益引起人们的关注。如 1903 年，皮埃尔·居里在领取诺贝尔物理学奖时说："人们可以设想，镭在罪恶的手里会变得十分危险。这里，我们要问：人类认识自然界的秘密究竟有什么好处？即使这种认识对人类无害，那么人类是否已经成熟到能够利用它的地步？"他在列举了诺贝尔发明炸药的用途之后，乐观地指出："我属于与诺贝尔有相同观点的人之一，人类从新的发现中获得的好处将比坏处多得多。"1913 年有一本轰动一时的科幻小说《解放了的世界》，书中令人惊奇地指出：1933 年发现了人工放射性，描写了原子能工业军事上的应用。地球上一些大城市在 1956 年发生的世界大战中，毁灭于大火与核辐射。小说结局令人高兴：在意大利马若湖畔举行了和平会议，劫后余生的人们建成了一个新世界，被解放的人们充分利用原子能带来的好处。事实上，1933 年，匈牙利物理学家齐拉德已经意识到核能的开发可能用于军事，遂于 1935 年，建议物理学家暂缓发表研究成果。但也有一批科学家持谨慎态度，直到 20 世纪 30 年代，卢瑟福和爱因斯坦均没有意识到原子能的实际利用近在眼前，玻尔则直到 1939 年仍认为核能利用为时尚早。

2. 曼哈顿工程

第二次世界大战促成了研制原子弹的"曼哈顿工程"全面启动。1933 年，爱因斯坦移居美国；1938 年，费米逃往美国，并说服美国政府抢在德国之前抓紧研制原子弹；1940 年美国政府正式大量拨款，启动"曼哈顿工程"（见表 7.2），格罗斯将军为行政首脑。

表 7.2 曼哈顿工程进程

阶段	时间	事　件
前奏	1933	爱因斯坦、费米、玻尔、格拉德等科学家都被迫逃离德国，定居美国；约里奥·居里则在德军占领挪威前夕，把制造核弹必需的 200 升重水运到美国
	1939.3	哥伦比亚大学的佩格勒姆首先与政府洽谈，唯一成果是引起了海军部的兴趣
发起	1939	西拉德等科学家担心德国造出核武器，便向美国政府提出应抢先研制，几乎没有这类知识的官员却将此建议视为天方夜谭
	1939.8.2	爱因斯坦给罗斯福总统写信（西拉德等人起草），还附上了科学家们的一份备忘录，就科学技术方面的内容做了详尽的解释，委托罗斯福的挚友和私人顾问萨克斯转交
筹备	1939.10.19	罗斯福收到信件后，下令组织"铀矿顾问委员会"，并任命国家标准局长布里格斯担任该委员会的主席，以此充当政府与从事核研究的科学家之间的联络机构
	1940.6.27	尼瓦尔·布什谏言罗斯福总统成立了国防研究委员会，铀咨询委员会成为国防研究委员会下辖的部门之一
	1941.10.9	罗斯福总统批准科学研究与发展局局长瓦尼瓦尔·布什扩大和深化核研究的提议
	1941.12.6	罗斯福批准了"研制原子弹"的庞大计划，并同意拨出更多资金以确保核武器制造
	1942.3.9/6.17	罗斯福批复了布什的报告并赋予其"高于一切行动的特别优先权"
	1942	美国成立了以罗斯福为首的6人"最高决策小组"，❶ 下设军事政策委员会，格罗夫斯将军被总统授权领导组织原子弹研制作
	1942	罗斯福和丘吉尔首相达成协议，把美英科研部门的所有力量集中在远离德国的美国和加拿大，两国科学家共同开发研制原子弹
准备	1942	美国军方开始建设4种分别采用不同方法的铀同位素分离工厂和其他的研制、生产基地❷
	1942	指派美国军事工程部的马歇尔上校负责全部行动
	1942.9	政府战时办公室和军队高层领导决定，领导修建美国国防部大楼五角大楼的格罗夫斯上校接替马歇尔上校，格罗夫斯在上任后不到48小时内就成功地把计划的优先权升为最高级
开始	1942	军方选择远离城市处建立了一个秘密研制原子弹的生产基地，格罗夫斯将它取名为曼哈顿工程管理区，后来被俗称的"曼哈顿工程"

❶ 其成员包括正副总统、陆军部长史迪文森、参谋长马歇尔、科学研究开发办公室主任布什和国防研究委员委员长柯南特。

❷ 在最高政策小组之下，由康普顿、劳伦兹和尤里三名诺贝尔奖获得者领衔，组建了强大的研究阵容。康普顿在芝加哥大学成立了化名为冶金研究所的机构，专门负责生产钚原料的研究开发；劳伦兹于加州大学的放射线研究所中开始了以电磁分离法来提取铀原料的工作；哥伦比亚大学的尤里则负责提取铀原料的气体扩散法研究。

阶段	时间	事　件
实施	1942	格罗夫斯选定田纳西州的橡树岭作为铀同位素分离工厂基地
	1942.12	费米在芝加哥研制原子反应堆，首次实现了可控的自持链式反应❶
	1943.6	佩汀领导的小组解决了天然铀的提纯技术，纯度达含铀90%以上，并在田纳西州建立了两座大规模的 K-25 铀离析工厂，为美国生产原子弹提供了充足的铀原料
	1943.6	奥本海默领导的小组的在阿拉莫斯研究所先后组建了 3 台新型加速器、2 座小型反应堆和电子计算机，完成了中子速度选择器的试验、反射层材料的性能试验和中子引发器的设计等一系列重要课题的研究
	1944.10	美国开始实施与原子弹研制相配套的另一项工程：从空军中严格筛选一批飞行军官，成立了秘密的"509 小组"，他们训练的科目只有一个，即飞机从 30000 英尺高度向设定地面的 900 英尺目标作直线投掷炸弹
结果	1945 年春	美国造出三颗原子弹，其代号为"小玩意儿""小男孩"和"胖子"
	1945.7.16	"小玩意儿"在新墨西哥州阿拉莫戈多三—试验场的铁塔上爆炸，原子弹爆炸力威力相当于20000 吨 TNT 炸药
	1945.8.6	"509 小组"指挥 B-29 型轰炸机装载 4 吨重的铀弹"小男孩"投向广岛
	1945.8.9	"509 小组"装载 4.5 吨重的钚弹"胖子"投向长崎
衍生	1946—	"曼哈顿工程"留下了 14 亿美元的财产❷
	1946.8.1	《原子能法令》正式生效，格罗夫斯领导的"曼哈顿工程"在国会和政府的同意下，继续支撑着整个核计划
	1946.12.31	杜鲁门决定将原"曼哈顿工程"的全部财产和权力移交给原子能委员会，总部也从橡树岭迁到了华盛顿

原子弹在日本爆炸，爱因斯坦等科学家震惊了，他们陷入迷惘、自责和痛苦之中，科学家造原子弹是为了正义与和平去阻止战争，结果却使无辜的日本百姓丧生。

3. 核技术开发

1896 年，贝克勒尔发现铀的天然放射性，从此诞生了一门新的科学——核科学与核技术学。人类随之进入了核开发利用❸的历史阶段。核开发利用对人类经济社会发展发挥着巨大推动作用。目前人类核实践已在核能开发（核电和核动力）、同位素和辐射的开发利用方面形成了三个巨大的产业。1995 年美国同位素和辐射技术产业的产值达 3310 亿美元，核电为 902 亿美元，占美国 GDP 的 4.7%，提供了 395 万个就业岗位。❹

---

❶ 1942 年 12 月 2 日，从哥伦比亚大学集中整合到芝加哥大学冶金研究所的费米小组建成了世界上第一座铀石墨原子反应堆。它高 5.6 米、长 10 米、宽 9 米，内可装填 52 吨反应材料，装置总重量达到 1400 吨。利用这套装置，人们进行了人类历史上首次核裂变链式反应实验，从而为原子弹的制造奠定了坚实的理论基础。

❷ 包括一个具有 9000 人的洛斯阿拉莫斯核武器实验室；一个具有 36000 人、价值 9 亿美元的橡树岭铀材料生产工厂和附带的一个实验室；一个具有 17000 人、价值 3 亿多美元的汉福特钚材料生产工厂，以及分布在伯克利和芝加哥等地的实验室。

❸ 核开发利用就是人类探索放射性物质包括荷能粒子的特性和规律并加以利用，造福人类的实践活动。

❹ 宋家树. 核能、核技术与防范核恐怖［J］. 科学对社会的影响，2003（4）.

（1）核电站和核动力技术发展

从1954年6月苏联奥布宁斯克核电站并网发电，首次实现了核能和平利用以来，世界核电发展已经走过了半个多世纪的历程。目前，全世界有442台核电机组在运行，装机容量超过3.68亿千瓦，核发电已连续18年稳定在全世界发电总量的16%。

根据世界核能协会2012年4月的数据，目前在全球31个国家中有430多座商用核电反应堆正在运行，总装机容量约为372000兆瓦，占全球电力总量的13.5%。此外正在建设中的核电反应堆有60座，明确提出建设规划的核电站有150多座❶。2013年1月1日世界核能协会公布了截至2012年12月31日世界各国核能发电情况（见表7.3）。❷

表7.3 世界主要国家核电现状

国家	发电机组/座	发电容量/兆瓦	发电量/亿千瓦时	核电占全国总发电量比例（%）
美国	104	102215	790.4	19.2
法国	58	63130	423.5	77.7
德国	9	12003	102.3	17.8
瑞典	10	9399	58.1	17.8
俄罗斯	33	24164	162.0	17.6
比利时	7	5943	45.9	54.0
瑞士	5	3252	25.7	40.8
日本	50	44396	156.2	18.1
韩国	23	20787	147.8	34.6
中国	16	12918	82.6	1.8
世界	435	374108	2518	13.5

除此之外，目前还有16个国家正在建设65座核能发电机组，这些国家包括中国、俄罗斯、印度和韩国。这些正在建设的核能发电机组的总装机容量约为0.63亿千瓦。有机构预计，到2030年，世界核电站总数将达到1000座，核发电量将占总发电量的1/3。

目前，铀是核电站反应堆唯一的燃料，获得铀矿的途径主要是通过矿井输出，其次是通过商业库存、核武器库存、回收处理钚和铀及尾矿等二次来源得到，这些不同渠道铀矿供应核电运行。

（2）核辐射及同位素技术的开发利用

核物质的放射性一方面可能对生命体造成伤害，使物质改变性状，甚至产生基因和物种突变；另一方面这种特性在人为控制下，有目的的作用于物质或生命体，也可以在工业、农业和其他实践领域发挥巨大作用。于是，相应地，辐射防护技术与射线应用技术也迅速发展起来，形成了巨大的辐射产业。此外，核物理的研究还导致了许多放射性核素的发现。它们的半衰期长达数千万年，短则不足1秒。在不同场合下选择适当的放射性核素，可以做追踪剂、测年工具或药物使用，于是又形成了一个巨大的同位素产业。由此，核辐射及同位素技术（简称同辐技术）深入到人类的生产和生活各个方面，形成辐射加工、离子束

---

❶ Nuclear Power in the World Today [EB/OL]. http：//www.world – nuclear.org/info/inf01.html.2012 – 04.

❷ World Nuclear Power Reactors & Uranium Requirements [EB/OL]. http；//www.world – nuclear.org/info/reactors.html.2013 – 01.

加工、核分析技术、辐射探测仪表、放射性药物、标记化合物、同位素示踪技术、加速器技术、核电子学与探测技术、辐射源技术、辐射剂量学等学科，在工业、农业、医药卫生、环境科学、生物生命科学、资源矿藏探测、考古等方面得到十分广泛的应用，在高科技、自动化和测量技术方面的应用已经不可替代。

二、传统核伦理学发展

核伦理学的发展被人类追求世界和平的强烈愿望推动着。传统核伦理学形成于 20 世纪 50~60 年代，成熟于 80 年代，其间曾出现过两次研究浪潮。

1. 核武器发展中的问题

（1）核武器研制中的社会经济问题

核武器的生产耗费巨额社会资产，这样的发展是以巨大的社会资源和自然资源的消耗为代价的。为完成制造原子弹的曼哈顿工程，美国政府动员了 50 多万人，耗资约 22 亿美元，占用了全国近 1/3 的电力。该工程实施以来，美国制造了约 7 万枚核弹头和核弹，6000 多枚战略核导弹，并设置了核武器的全球控制系统，生产发射核武器的导弹、舰艇和飞机，建立起维持核武器的庞大工业系统，这些花费估计已超过数万亿美元。与此同时，苏联以及其他国家发展核武器所耗费的社会资源和自然资源也是惊人的。

（2）核试验的人道主义问题

核武器生产的危害有目共睹，而核试验对人类生命和自然界的影响也不容忽视。美、苏、英、法几乎所有核爆炸试验都是在殖民地或被奴役的土著居民的居住地上进行的，其中包括印第安人、哈萨克人、澳大利亚土著人以及太平洋岛民。他们遭受到放射性危害，这是种族歧视主义不公正的一个典型表现。在核试验中，部分核爆炸是在大气层中发生的，散发到大气层的放射性废物和碎屑，比切尔诺贝利事故的数量要大得多。地下核试验辐射泄漏到大气层虽然少，但是它却导致严重的地下水污染。大多数地下核试验都发生过泄漏，而核辐射对生命的影响根本不存在安全水平，它对人类健康和地球生态系统所造成的损坏是难以估计的。史怀泽——"敬畏生命"的伦理学的倡导者——通过广播电台，号召人们反对发展核武器。他说，核武器"最可怕的毁灭生命的能力已成为当今人类面临的厄运。只有销毁核武器，人们才能避免这一厄运"。

（3）核军备竞赛中的生态性问题

核军备竞赛又造成最为严重的环境污染。核武器的产生和试验对环境的不利影响最严重、最长久。核弹生产的每一步对环境都产生严重的威胁，美国现在已经关闭的位于华盛顿州的普莱克斯工厂，仅生产 1 千克钚就会产生 1300 升含有毒化物质并具有高辐射性的液态废物、20 万千克低中水平的核废料和大量受污染的冷却水。军用核反应堆排出的高污染和低污染的核废料在体积上占美国总量的很大部分。美国与军事相关的高污染核废料已达 14 亿居里。❶

苏联的基什底姆原子弹生产工厂于 20 世纪 40 年代以来将含有铯、锶的放射性废物倒入河流，从而导致远在 1600 千米以外的北冰洋都能测出放射性物质。因此，沿河居民不得

---

❶ 1 居里等于 3.7×10^{10} 贝克勒尔。切尔诺贝利核电站事故释放约 5000 万居里。

不撤走，另辟家园。随后，该工厂又将废料排入湖泊，几年过后该湖泊含有的放射剂量总数已经达到了切尔诺贝利核电站事故泄漏的 2.5 倍多。为了防止它的放射性毒害，该湖现已被一层厚厚的水泥覆盖着。

（4）核战争中的辐射病问题

科学家们发现，核战争带来的环境污染，包括大气、土壤和水源所受的污染，足以使千百万人患上白血病和骨癌，并引起人的基因突变，有可能改变人类种质库的性质，导致人类种属不能生存下去。根据 1958 年美国国会原子能联席会议特别辐射小组会议上物理学家威廉·凯洛格和气象学家沙夫尔所作的证言，如果有 25 亿吨 TNT 当量的核弹打击美国，则爆炸后第 60 天便有 8300 万人死亡（占总人口的 47.7%），2500 万人受伤（占总人口的 14.2%）和 6000 万人受辐射损害（占总人口的 34.2%），根据 L. 鲍林估计，只有 700 万人口（占总人口的 4%）未受损害。高夫曼博士于 1981 年写了一本书《辐射与人类健康》就指出："直到 1972 年，进行核试验所产生的钚使美国 10 万多人患致癌症，而在世界范围内总数有 95 万多人"。❶

2. 传统核伦理学兴起

西方学者称传统核伦理学为核时代的伦理学，或当代国际核政治伦理学。它主要是研究有关在使用核武器过程中所产生的道德问题的学说，其特点是强调人类生存、自由与幸福相结合，把人类共同遵守的价值标准、权利、义务、信仰以及法规渗透到国家关系和核战争决策之中；把道义与战略相结合，为核时代正义防御战略制定新的道德准则；反对在核时代不讲道义或把道义绝对化的观念。

（1）传统核伦理的发展

科学家是思考核伦理问题的先驱。核武器实验成功的巨大威力，使科学家意识到了核毁灭性，正是科学家以高度的社会责任感和不懈努力，促成了核伦理学研究的萌芽（见表 7.4）。

表 7.4　关于科学家反核武器发展的著名宣言

时间	机构/代表	成果	主要内容
1945.6.11	弗兰克委员会	《弗兰克报告》❷	认为不可使用原子弹，原子弹一旦使用将带来一系列人类灾难
1949	国际科学学会联合会	《科学家宪章》	明确概括了科学家的社会责任
1955	罗素、爱因斯坦、鲍林等科学家	《罗素－爱因斯坦宣言》❸	涉及核技术发展的纲领性构想，可以看作是一种核伦理的粗略纲领
1955	52 位诺贝尔奖获得者	《迈瑙宣言》	在德国博登湖畔联名发表
1955	联邦德国 18 名原子科学家	《哥廷根宣言》	声明不参加研制和实验原子武器

❶ 张华夏. 现代科学与伦理世界——道德哲学的探索与反思 [M]. 长沙：湖南教育出版社，1996：239.

❷ 弗兰克组织成立了影响很大的"社会及政治影响委员会"（即"弗兰克委员会"）。1945 年 6 月 11 日由该委员会的 7 名科学家签署完成了《弗兰克报告》。这个报告的主要观点是认为不可使用原子弹，原子弹一旦使用将带来一系列人类灾难。虽然《弗兰克报告》被美国政府否决了，但它却反映了这些科学家高度的社会责任感和道德良知，也因此成为战后影响广泛的文件。

❸ 原名为《科学家要求废止战争》。

时间	机构/代表	成果	主要内容
1957.5	莱纳斯·鲍林	《科学家反对核试验宣言》	后有 49 个国家的 11000 余名科学家签名
1958.9	第三次帕格沃什会议	《维也纳宣言》❶	强调了核战争的巨大毁灭性和核试验对人类及生态环境的破坏，同时强调了科学家的责任以及技术的和平利用与国际合作

这些文献及其相关运动发挥了极大的影响力，自此核伦理问题逐渐成为科学家和政治家以及广大公众关心的话题（见表7.5）。1958 年，鲍林把反核试验宣言交给联合国秘书长哈马舍尔德，向联合国请愿。同年，他写了《不要再有战争》一书，说明核武器对人类的重大威胁。1959 年，鲍林和罗素等在美国创办了《一人少数》月刊，反对战争；同年 8 月，他参加在日本广岛举行的禁止原子弹氢弹大会。鲍林主张建立"一种和人类智慧相称的世界文化"。

表7.5　关于科学家共同体的伦理机构

时间	成立机构	主要内容
1945	原子科学家联合会（美国科学家联合会）成立	致力于结束军备竞赛和避免使用核武器的最早的研究机构，其创办的《原子科学家通报》杂志，在探讨科学的社会责任和伦理意蕴方面产生了广泛的影响
1946	世界科学家协会成立	包括美国和中国在内的 14 个国家科学家协会的代表和观察员在伦敦集会，协会着重强调充分利用科学，促进和平和人类幸福。这是科学界首次在全球范围内强调科学家的道义责任
1957	帕格沃什科学和世界事务会议❷	一个学者和公共人物的国际组织，目的是减少武装冲突带来的危险，寻求解决全球安全威胁的途径。目前，已有 2000 名科学家参加，并在 30 多个国家设有分部

1945 年，参与曼哈顿工程的科学家成立了原子科学家联合会，即美国科学家联合会的前身。这是致力于结束军备竞赛和避免使用核武器的最早的研究机构，其创办的《原子科学家通报》杂志，半个多世纪以来在探讨科学的社会责任和伦理意蕴方面产生了广泛的影响。1946 年，爱因斯坦出任国际原子科学家非常委员会主席并签署了该委员会的纲领："所有科学家都承认下面的事实：①现在能够廉价地、大量地制造原子弹，它们会变得更有毁灭性；②在军事上没有能防御原子弹的方法，而且也不能期望有这种方法；③其他国家靠自己的力量也能重新发现我们秘密的生产过程；④原子战争的战备是毫无用处的，而任何这方面的尝试将毁灭我们的社会秩序的结构；⑤如果战争爆发，原子弹将被使用，它将会毁灭我们的文明；⑥对于这个问题，除了国际控制原子能以及最终取消战争以外，没有其他的解决办法。"❸

---

❶　《罗素－爱因斯坦宣言》直接促成了帕格沃什运动的开展。第一次帕格沃什会议就是以该宣言为宗旨召开的，会议广泛讨论了科学家的社会责任和如何利用原子能的问题。这个宣言至今仍然被当作帕格沃什运动的宗旨而受到人们的重视并被广泛引用。

❷　Pugwash Conferences on Science and World Affairs. 创建人为约瑟夫·罗特布拉特和伯特兰·罗素，创立地点为加拿大帕格沃什。

❸　余谋昌. 高科技挑战道德［M］. 天津：天津科学技术出版社，2001：90.

表7.6 核伦理学的形成

时间	人物/组织	成果	内容
1965	阿尔佩罗维茨	《原子外交》	该书首开了有关核武器伦理讨论的先河
1983	哈佛大学核伦理研究小组	《生活在核时代》❶	通过对核困境思考，分析了核扩散的危害及各种核策略，并说明公众舆论政策的影响对核武器的问题
1985	蒂姆·奥布莱恩	《核时代》	分析冷战时期的核焦虑以及美苏核军备竞赛对人类世界造成的深远影响
1985	埃里森、卡尼萨尔	《鹰派、鸽派、猫头鹰派——如何避免核战争》❷	探讨了面向核冲突的五个路径，并集中探讨了军事、技术和政治影响，提出减少核战争的策略
1986	约瑟夫·奈	《核伦理学》	提出了核武器战略的5条道义原则，标志着最早核伦理学（核武器战略伦理）理论的诞生
1992	倪世雄	《战争与道义：核伦理学的兴起》	系统地介绍了国外核伦理学研究的现状和主要观点

许多科学家以其强烈的社会责任感和道德良知，运用颇具职业特点的方式开始了核伦理学的相关研究，其中一种突出的方式是积极开展针对核武器的使用可能带来的灾难性后果的科学研究，用科学事实向人们讲述核战争的危害，以唤起人们的道德良知（见表7.6）。

如果说科学家对核武器及其战争毁灭性的道德思考和作为催生了核伦理学研究的萌芽，那么社会学家的加入则使核伦理学真正成型和成熟。20世纪50年代末和60年代，随着越战的发生和升级，不少西方学者转向核威慑战略理论的研究，其间有阿尔佩罗维茨的《原子外交》以及基辛格两本堪称"改变美国战略思想"的代表著作《核武器与对外政策》和《美国对外政策》。

（2）核武器伦理学派别

核武器伦理学研究者按其所持观点和立场的不同，可以分成怀疑派、现实主义派、国家道德派和世界主义派四大派别。❸

怀疑派认为，核毁灭能力达到空前的程度，世界现存的核武器足以毁灭世界好几次，在这种情况下，要讲核道义和核伦理、实现核时代的和平是不可能的。怀疑派实际上是核时代的伦理悲观主义者。

现实主义派特别强调国家生存的原则，认为维持核均势符合国家之间的正义标准，是实现核伦理的最重要的手段；而维持秩序则符合克服无政府状态的价值标准，是实现正义的必要条件。无论是均势还是秩序，均与国家利益密切有关；道义和伦理原则应服从国家政治行为的支配。该派是核理论的谨慎派。

国家道德派则强调国家之间道义行为的重要性，尤其是强调应该尊重别国主权，反对干涉政策；而要做到这一切，关键是恪守国际法准则，对违背国际法准则的行为予以道义上的谴责。另外，虽然该派视民族国家为个人权利义务的集中体现，但认为不能绝对化：国家的普遍道德与个人的道义准则之间不能轻易地划等号，国家的普遍道德应规范化和理想化。因此，国家道德派是核理论的理想派。

---

❶ The Harvard Nuclear Study Group. Living with Nuclear Weapons ［M］. Harvard：Harvard University Press, 1983.

❷ Graham Allison, Albert Carnesale. Hawks, Doves and Owls：An Agenda for Avoiding Nuclear War ［M］. Norton, 1985.

❸ 倪世雄. 核伦理学 ［J］. 道德与文明, 1987（6）.

世界主义派强调人类共同的特性和愿望，认为基本权利和义务应该是世界性的，主张"道义无国界"，一切干涉、破坏别国正常生活和安定的行为都是不道德的，都是违背伦理准则的。该派认为，随着"全球化"趋势的深入，世界正在变成一个"全球村落"，正在形成之中的"全球政治学"便是治理这个"全球村落"的法典，它视核伦理学为其主要内容之一。世界主义派实际上是核时代的乐观主义者。

20世纪70年代末和80年代初，国际原子能机构成立伦理委员，哈佛大学核伦理学研究小组成立。1986年约瑟夫·奈在已有研究的基础上出版了《核伦理学》❶一书，该书是传统核伦理学研究的集大成之作，它的出版标志着以研究核武器及其道义问题为主要内容的传统核伦理学的成熟。

约瑟夫·奈认为，《核伦理学》"是一部关于人类在核时代条件下如何寻求共同的伦理道德准则的书"，并指出核伦理学是关于如何将道德原则运用于核时代的国家关系的理论，重点是研究核威慑战略理论的伦理问题。

3. 传统核伦理内容

核武器的出现使科学与社会的关系发生了历史性的变化，反对核战争是现代人类和平运动的主要目标。"战争与道义"难题导致了传统核伦理研究乃至核伦理学的产生与发展，这也是核伦理研究乃至核伦理学产生的时代背景或者传统核伦理研究的历史任务。以研究核威慑战略伦理为核心构筑理论体系的核伦理学称为传统核伦理学。

（1）核威慑理论

第二次世界大战后，世界各国，特别是美苏两个超级大国，为了实现各自利益，卷入了一场旷日持久、轮番升级的核军备竞赛，更具毁灭性的氢弹也被制造出来（见表7.7）。在核竞赛高潮时，美苏每年分别生产一千多个核弹头。苏联最多时有4.5万个核弹头，美国有3.25万个。据报道，全世界已生产核弹头127922枚，核武器的总能量相当于150亿吨。这些武器足以把地球摧毁数千次。同时，核动力开发也被首先应用在军事领域。第二次世界大战一结束，美国就开始执行核潜艇的研制计划。1952年，美国国会批准了建造第一艘核潜艇的计划。1954年1月第一艘核潜艇下水，并于1955年服役。核动力潜艇延长了潜艇潜水时间和行距，提高了航行速度和能力，拓展了作战半径，大大增强了潜艇的作战能力。随后世界各国纷纷开始了核潜艇的研制开发，目前已有大量的核潜艇游弋在海洋的各个角落。

表7.7 世界各国核军备竞赛情况

时间	国家	核武器情况
1945.7	美国	在新墨西哥州的荒漠上进行第一颗原子弹爆炸
1949.8	苏联	第一颗钚充料的原子弹"铁克瓦"在中亚哈萨克的塞米巴拉金斯克靠近卡劳尔村的"米什克瓦"实验场爆炸成功，成为世界上第二个拥有可用于实战的原子弹的国家
1952	英国	英国第一颗原子弹在澳大利亚蒙特贝洛沿海的船上试爆成功，成为世界上第三个拥有核武器的国家
1954	美国	第一颗可投掷氢弹问世

❶ Joseph Nye. Nuclear Ethics [M]. New York：The Free Press，1986.

时间	国家	核武器情况
1960	法国	在非洲西部撒哈拉大沙漠赖加奈的一座100米的高塔上爆炸成功了法国第一颗原子弹，成为世界上第四个拥有核武器的国家
1964	中国	中国第一颗原子弹在罗布泊爆炸成功
1998	印度	印度连续进行了5次核试验
1998	巴基斯坦	进行了两轮六次核试验
2006	朝鲜	试爆原子弹

核威慑理论应运而生。一方面，有些研究者首先会从道德上承认核威胁战略，认为它是有效遏制核武器、核战争的手段，因为从现实主义观念来看，在相当长的一段时间内消除核武器是不现实的，作为妥协而给核威慑战添加一些道德约束和伦理规范是现实的。但是，就核威胁本身而言，若以核武器作为威胁手段，它是不道德的。这两种价值判断标准削弱了伦理道德对核武器和核威慑战略的否定和批判力，使道德陷入两难境地，正如有学者指出的"核威慑战略和核威慑伦理原则从本质上讲是反道德、反伦理的，对待核武器只能从观念上、从意识深处、从道德的自觉来反对和抵制，人类才真正有希望"。❶

美国化学家鲍林说，"多年来世界处于极大的危险之中，一场核战争爆发的危险几乎可以肯定将导致人类的灭绝。虽然这种危险的存在尽人皆知，但是我们没有能够采取行动以减少这种危险并使军国主义得以控制。相反，我们已经使得核武器系统和运载它的工具越来越复杂化，这种不断增长的复杂化增加了这种机会，即一个技术上或心理上的错误将导致一场灾难性的核战争，这场核战争将会带来地球文明时代的结束。"❷

由于核禁忌的形成，"核武器的遏制效果一次也没有达到，原因是现实侵略者完全不惧怕防御一方的核武器，也没有放弃对其实施的袭击。侵略者也清楚，核国家自身也害怕使用核武器达成遏制的目的。"❸ 冷战结束后，美苏签署控制和削减战略核武器的条约，核威胁有所缓解。但是20世纪末，首先是印度，接着是巴基斯坦，竞相进行多次核爆炸实验，核扩散高潮再一次出现。这表明，核武器始终是对人类的最为严重的威胁之一，伦理问题研究仍然具有重要的现实意义。

（2）"核冬天"的预测性理论

在核战争的毁灭性后果方面，科学家提出了"核冬天"的预测性理论：这一科学理论告诫人们在核战争之后，由于大气层中充满了致命的放射线、化学物质以及烟尘而出现长期的寒冷和黑暗，不论有罪或无辜，也不论强者或弱者，所有人将无一幸免；更重要的是，它提醒人们，核战争不仅对交战国的人民是致命的打击，就是那些不介入战争的国家也不可能幸免于难。

科学家们对核试验和核战争带来的环境破坏不断进行研究，1983年终于在华盛顿召开的一次关于"核战争后的世界"的学术讨论会上，美国气象学家C.萨根提出了"核冬天"的概念，即当核爆炸当量达到50亿吨TNT时，它所产生的尘埃云将在北半球的中纬度地区

❶ 冯昊青，李建华. 核伦理学论纲［M］. 南昌：江西社会科学出版社，2006.
❷ L鲍林. 告别战争［M］. 长沙：湖南出版社，1992：121.
❸ 俄斯里普琴科. 超越核战争［M］. 陈玺，等，译. 北京：军事谊文出版社，2000：159.

造成一个黑幕，遮掩了正常太阳光的 5%，于是北半球的温度会突然降到 - 23℃并终年霜冻。地球上有 30%的地方辐射量达到 250 伦琴，达到置人于死地的一半。大气被城市大火引起的有毒烟雾所污染，破坏了大气上层的氧化氮带，于是人们暴露在紫外线的辐射之下，破坏人体的免疫系统并导致失明。❶

科学家估计，一场全面的核战争产生的冲击波、热辐射和核辐射可能在短期内使世界人口的三成至五成死亡，幸存的人也会因受到"核冬天"的威胁，由于缺乏食物而大量死去。"核冬天"除了直接对人类本身所造成的伤害外，同时也会对地球生态系统带来灾难性影响，使大多数生态系统遭到毁灭性破坏。科学家认为，"核冬天"的出现，可能导致地球生命和整个地球生态系统的毁灭。核技术的滥用要担负起可能对整个人类或地球本身造成伤害的道德责任。

"核冬天"不仅是理论，同时也是具有高尚道德含义的政治宣言。"核冬天"理论的发明，对整个世界起了重大影响，它唤起了我们必须肩负起人类生存责任的觉醒意识。美国物理学家戴森在《全方位的无限》一书中指出："它（即'核冬天'）强迫我们自省，不论我们由核武器所获得的利益有多少，都会被其危害给抵消掉。而这种难以挽救的危机，无论如何都是不允许存在的。"❷ 戴森说，"'核冬天'是一个标记，一个由于人类暴行而伤害地球母亲的标记。'核冬天'不仅是技术上的问题，它也同时更是道德和政治上的问题。"因此，我们不仅反对核战争，而且反对核军备竞赛；不仅反对使用核武器，而且主张彻底销毁核武器。这是人类的道德责任。

三、现代核伦理学发展

随着时代的发展，核能不仅用于制造武器，也被应用于人类社会生活的多个方面。把核作为一种能源有了核电站，核科技还被应用于医学、生物、能源等很多领域。

1. 现代核科技发展中的问题

在核物质的开发利用过程中，人们通过一系列技术手段和装置将放射性物质浓缩、聚合，使其放射性及其他性能增强，随之而来的是给人类社会和生态环境的安全带来威胁。核污染和核伤害所造成的严重后果远远超出人们的想象，不仅导致生命死亡，其对基因、物种的改变是非常可怕的，而对大气、水源、土壤等生态环境的污染数万年都难以消除，甚至影响人类的安全和命运，因而相关的价值和伦理难题不断凸显，引发了更广泛而复杂的价值和伦理争论。

（1）广泛存在的核电设施安全风险

根据国际原子能机构对核事件及事故的划分标准，❸ 世界各国发生的四级以上的核事故共有 13 起，其中四级事故 6 起、五级事故 4 起、六级事故 1 起、七级事故 2 起（见表7.8）。

---

❶　张华夏. 现代科学与伦理世界——道德哲学的探索与反思 [M]. 长沙：湖南教育出版社，1999：239.

❷　F J 戴森. 全方位的无限 [M]. 北京：生活·读书·新知三联书店，1998：292.

❸　为了及时准确地向社会公众传播事件或事故的情况，统一核设施安全评价标准，国际原子能机构和联合国经济合作与发展组织核能机构组织各国核能专家于 1989 年制定了国际核事件分级表，并于 2008 年修订。具体参见：The international nuclear and radiological event scale [EB/OL]. http：//www. iaea. org/publications/factsheets/english/ines. pdf. 2008 - 8 - 1.

表 7.8 世界各国核事故情况统计

时间	国家	核电站名称	事故级别	事故原因
1952.12	加拿大	恰克河的核电站	五级	由于机械故障和人员失误，导致反应堆功率骤增，发生氢气爆炸使堆芯损毁
1957.9	苏联	"车里雅宾斯克4号"核废料仓库爆炸	六级	一个装有固态核废料的放射性废物储物罐冷却系统发生故障，最终发生爆炸，迫使苏联当局紧急撤走了当地居民，至少有万人死于由核辐射导致的癌症
1957.10	英国	温茨凯尔1号铀生产反应堆火灾	五级	人员操作失误，150根工艺管熔化，反应堆石墨起火导致核电厂发生火灾，释放的放射性元素几乎覆盖英国全境，参与清理工作的人员受到大量辐射
1961.1	美国	爱荷华州一个实验型反应堆	四级	人员操作失误，造成3名工人死亡
1977.2	捷克斯洛伐克❶	Bohunice核电站	四级	人员操作失误，导致堆芯冷却系统发生故障，而拆除设备和去污工作持续多年才结束
1979.3.28	美国	三里岛核反应堆	五级	对阀门的错误操作，导致大量放射性颗粒外溢，后由于管理不善等原因使事故人员在撤离中发生踩踏事故
1980.3	法国	圣洛朗核电站	四级	由于石墨退火导致反应堆部分溶化，但没有造成放射性物质泄露
1983.9	阿根廷	布宜诺斯艾利斯核电站	四级	重新布置燃料棒时发生临界事故，造成1死2伤
1986.4.26	苏联	切尔诺贝利核电站	七级	人员操作失误，第四号机组发生事故，反应堆猛烈爆炸，并引起了大火，大规模放射性物质和辐射尘释放到空气中，造成53人死亡，有超过33.5万人被迫撤离疏散，另有数千人因受到辐射患上各种慢性病
1987.9	巴西	戈亚尼亚某放疗机构	五级	废弃装有铯-137的放疗机，由于管理疏忽未将放射源取出，后被人偷走卖给了废品收购站，造成7个主要污染区和85间房屋受到污染，4人死亡、121人受伤
1993.4	苏联	托姆斯克核电站	四级	工人们用具有高度挥发性的硝酸清理一个地下容器时发生了爆炸，工厂电力系统又因短路发生火灾，巨大的放射性气体云释放到周围环境
1999.9.30	日本	茨城县那河郡东海村JCO核燃料制备厂	四级	工人在精炼铀燃料过程中省略了几个步骤，最终发生严重的临界事故，有两名工作人员死于辐射，数十人遭到不同程度的辐射，30万人在屋内避难

❶ 现为斯洛伐克。

时间	国家	核电站名称	事故级别	事故原因
2011. 3. 12	日本	福岛核电站	七级	由于地震引起的断电导致反应堆冷却剂泵停止工作，1 号反应堆的发电机无法启动，反应堆芯温度持续升高最终导致爆炸。在核电厂附近检测到铯和碘的放射性同位素，有 12 万人进行核辐射检查

除了上述严重的核事故，世界各国还有很多核事故发生。由于核事故发生后的放射性污染造成的影响是长期的、持续性的，更可能对物种基因的繁衍造成无法弥补的严重伤害，所以核能发展中核事故带来的危害大、后果严重。这些事件产生了一系列的伦理问题，促使人们对核实践产生了是否道德的疑问，甚至使核开发利用（特别是核电）在一些国家一度陷入低谷。在各类核电站建立的过程中，在反核呼声中总能听到"NIMBY"（不要建在我的地盘上）的声音，人们对核电站的建立与自己工作生活的地方的距离非常在意，曾经发生的核事故以及恐核心理使得人们要保护自己生命健康和生态环境安全无害的发展。

（2）核滥用和不适当应用风险

科学家还研究了核放射性对人和生态环境的危害。分子遗传学家穆勒义提出放射性物质对地球上的任何有机体都会产生影响，严重情况下会造成伤害：引起基因突变、生物变异，导致多种病症，像白细胞增多症、骨癌等。而各种遗传性疾病的发生会直接影响人类的生育能力和生育质量，其对后代（不只一两代）所带来的生殖能力的损害是不堪设想的。

例如，核技术在生命科学、医药卫生和农业方面的应用，对于人类实现疾病治疗、优良物种改造、害虫灭杀等方面具有十分突出的科学价值和实用价值，但辐射产生的变异基因通过某种途径扩散到其他人工培养物或自然界物种中，将导致自然界物种基因改变。加入了变异基因可能产生哪种新基因是一个未知数，这不仅污染了原有基因，更可能给生物圈以至整个生态系统带来灭顶之灾。

（3）核废料处理及核污染风险

核污染物及核废物对人类及其生存环境的影响已经出现，一些国家将核废料倾倒入海、深埋海沟或转嫁给其他群体等不道德的做法引起了国际争议和公众的普遍反对。而目前对核废物的处理是世界性的难题，也是困扰核开发利用事业发展的瓶颈。

例如，加拿大霍普港位于多伦多市以东 110 千米，是个风光如画的湖畔小镇。Cameco 精炼厂 50 年来一直在这里提炼镭和铀，留下了大量辐射污染物。随着居民对核辐射污染的保护意识日益提高，联邦遂于 1982 年成立低放射性废物管理办公室，负责测量和清理镇上建筑物的辐射残余物，但费用十分昂贵。2002 年 10 月，经合组织核能局"利益相关者信心论坛"❶ 在加拿大渥太华召开，会议突出强调了加拿大安大略湖畔霍普港社区长期放射性废物污染的经历。污染主要源于过去工厂从事的镭和铀的精炼作业活动。霍普港社区采取的责任管理概念，正式称为"霍普港地区计划"，将放射性废物视为现代的垃圾堆或坟场。❷

同时，核潜艇事故和退役也会造成核灾难。例如，挪威环保团体"贝隆纳"在一项报

---

❶ "利益相关者信心论坛"以及 2000 年之后的相关研讨会信息，参见：http://www.nea.fr/html/civil/welcome.html.

❷ 阿安吉拉·吉马良斯·佩雷拉，西尔维奥·芬特维兹. 为了政策的科学：新挑战与新机遇［M］. 宋伟，等，译. 上海：上海交通大学出版社，2015：254.

告中说，俄罗斯弃置的 100 余艘核潜艇，使俄西北部科拉半岛面临环境污染大灾难的威胁。

（4）核开发中的自然污染风险

核物质的自然污染也是造成核灾难的一大危险。核物质的自然污染是指核物质天然的放射性对人类及其生存环境，包括人体、生物、水体、大气等造成的放射性污染，同样人们利用核辐射作用来治疗疾病、改造或改良物种、杀灭有害生物等也会对人身、物种、生态环境造成危害。这种污染和危害在整个核开发利用过程中始终是相伴相随的。虽然人类大规模核开发利用的历史较短，这方面的研究还在继续，尚未得出权威和科学、全面的论断，这种污染和危害造成的灾难始终是有可能发生的。

（5）放射源遗失、被盗等管理失控风险

当前，放射源遗失、被盗等管理失控隐患也日益突出。据初步估计我国已经产生了 2.5 万枚废弃不用的放射源，其中有 2000 枚完全失控。❶ 另根据《中华放射医学与防护杂志》和《中国辐射卫生》等杂志中报道的统计❷，在 1988～1998 年全国因此类问题导致的放射事故有 25 起。这些事故在不同程度上造成了人身和环境伤害，产生了更多的伦理问题。

（6）"地下核走私"风险

核材料及放射性材料非法贩卖和走私活动带来的威胁主要是恐怖分子制造毁灭性武器、用于放射性散布装置中。拥有 25 千克高度浓缩铀或 6～8 千克高浓度的钚 -239 就足以制造一件大规模毁灭性武器，百万分之一克的钚 -239 就能置人于死地，这将对人类生命安全、心理健康、经济及生态环境产生巨大伤害。

国际走私核材料活动出现了两次高峰，第一次是 1992～1996 年，第二次从 20 世纪 90 年代末至今。根据《美国今日》报道，核及其他放射性材料交易的数量从 20 世纪 90 年代初至 2006 年已翻番。1993～2006 年共发生 275 起涉及走私核材料和放射性材料以及相关犯罪活动的事件，其中 14 起发生在 2006 年。在这 275 起走私活动中，55% 涉及核材料（15 起涉及高浓缩铀和钚），其余 45% 涉及放射性材料。除走私活动外，还出现 332 起偷窃和丢失核材料或放射性材料的事件，以及 398 起未经授权的活动。❸ 截至 2011 年 12 月 31 日，共发生 2164 起已得到确认的涉及走私核材料及其他放射性材料的事件，其中涉及核及其他放射性材料的未经许可拥有及相关犯罪活动的事件有 399 起；涉及核及其他放射性材料的被盗或遗失的事件有 588 起。❶

（7）"核广泛扩散"风险

"核广泛扩散"是指以和平利用为幌子，或以民族、宗教等为借口的国家或组织违反现行的"核不扩散条约"的宗旨，不惜一切代价发展核武器的行为。各种核走私行为使具有不良企图的个人、组织、国家获得和制造核武器、核凶器的可能性越来越大。随着当前国际局势的进一步复杂化，恐怖主义、民族和宗教冲突日益加剧，特别是伊朗、朝鲜、印度、巴基斯坦等国的核问题愈演愈烈，而日趋猖獗的核走私活动使获得核物质、核装置、核技术越来越容易，一些国家以各种和平利用为幌子而谋求核武器或核霸权的核活动也日益加剧，国际核问题又趋复杂化。如巴基斯坦"核弹之父"卡迪尔·汗利用自己职务之便通过

---

❶　陈殿华. 核技术应用的产业化发展 [J]. 国防科技工业，2004（9）.

❷　冯昊青. 基于核安全发展的核伦理研究 [D]. 长沙：中南大学，2008.

❸　国际原子能机构公布走私核材料及放射性材料数据 [N]. 新华网，2007 - 9 - 13.

❶　伍浩松. IAEA 公布有关核及他放射性材料的非法贩运数据 [J]. 国外和新闻，2012（4）：18 - 20.

跨国网络经营一个出售核材料生产部件的黑市,销售范围覆盖了巴基斯坦、朝鲜、马来西亚、俄罗斯、德国、日本和阿联酋等国,后于 2004 年被解除职务并遭到长期软禁,直至 2009 年 9 月才重获自由。❶ 2001 年 3 名工程师违反瑞士核不扩散相关法律,经由马来西亚一家企业向利比亚转让气体浓缩配件,这一配件有助于生产制造核武器的铀浓缩设备。

2. 现代核伦理学的内容

现代核伦理学是以核开发利用中的各种价值关系与道德关系的相互交叉、关联、作用为基础,研究核开发利用中的伦理道德问题,以及伦理道德在核开发利用中的一般规律和技术的学问。核伦理学的学科性质是致力于解答核开发利用的价值原则和行为准则问题,应包括核开发利用的伦理道德规范守则。与此同时出现的伦理问题就不仅是关于核武器的伦理问题,还有核政治伦理、核科技伦理、核生态伦理、核商业伦理、核管理伦理、核职业伦理。❷

（1）核职业伦理

在对核物质和放射性物质的管理及其相关设施的操作中,由于人为原因造成的事故伤害往往后果严重,核电管理人员在核电中安全责任意识缺失的现象屡见不鲜。核职业伦理研究核开发利用相关职业中的道德现象,为从事核职业中的管理者与操作者起到道德约束规范的作用。由于人的行为结果偏离了规定的目标或超出了可接受的界限而产生了不良影响,称为"人因失误"。

（2）核商业伦理

核商业伦理致力于研究核商业活动中的道德现象。由于核商业活动除了营利外,还涉及对人类社会、生态环境及未来发展的责任。在核经济活动中,要以商业责任高于商业利益为最高伦理原则。

（3）核生态伦理

生态环境已经承受来自核能利用的压力。"核生态环境伦理强调人在核实践中对生态环境保护的自觉和自律,强调人与自然环境的相互依存,相互促进,共存共融,强调核实践在改造自然及发展社会生产的巨大价值。不断提高人类的物质文化生活水平的同时,更应该突出强调尊重和保护环境,不能急功近利,造成生态环境灾难,断绝人类可持续生存发展的道路,不能以牺牲生态环境为代价取得经济、社会、政治、军事的暂时发展或国家民族的尊严。"❸

（4）核科技伦理

核科技伦理用核道德理性弥补单纯的核科技理性的不足,增强核科技工作者对于科技开发后果的道德责任感,以道德理性的自觉性来最大限度地消解核科技理性在社会负面作用上的不自觉。

（5）核安全伦理

核安全伦理研究的是人类涉及核材料及放射性核素相关的安全问题的道德活动规律,其中不止关注核设施的安全,更强调道德安全。核伦理的正确性及其价值取决于核实践的安全责任。"核安全伦理研究既涉及参与核实践的人的生理、心理、品质、信仰、道德观念等内容,也涉及核管理的人因控制、法律、法规、制度、文化等现象中的伦理道德问题,

❶ 王妍慧,郭晓兵. 核科学家的命运 [J]. 世界知识,2010（3）：38 – 39.
❷ 张晓红,李兆友. 技术善恶的元伦理探究 [J]. 东北大学学报（社会科学版）,2009（9）.
❸ 用科学发展的眼光看当代核伦理,http：//blog. myspace. cn/neversayfail001/category/487473. aspx

以及核对生态、物种（基因）、环境的影响和相关的伦理问题等，对这些问题的深入研究将会促使核伦理学进一步与核科学技术学、安全学、生命科学、医疗卫生学、心理学、生态环境学、政治学、管理学、法学、社会学等学科融合，从而促进和推动核伦理学的发展。"❶

3. 现代核伦理的原则

（1）和平利用原则

和平利用原则指核能利用的参与者以核能朝着安全和平方向发展为首要指导思想，避免核能利用走上危害人类生命健康的道路。和平利用原则除了坚持军事上"核不扩散原则"之外，提倡建立起一种安全意识，使得核电站技术不转换到军事目的，不打着发展民用核电的幌子非法研究核武器。

（2）安全性原则

国际原子能机构核安全咨询组在 1986 年《关于切尔诺贝利核电厂事故后的审评总结报告》中首次提出了"安全文化"，报告中指出安全文化是存在于单位和个人中的种种素质和态度的总和，它是一种超出一切之上的观念，即核电厂的安全问题由于它的重要性，必须绝对保证"安全第一"。正如国际原子能机构在《核安全文化》中所指出的那样，"除了人们往往称之为上帝的旨意以外，核事故发生的任何问题在某种程度上都来源于人为失误"。基于此认识，国际原子能机构组织世界各国签署了《核安全公约》，核安全责任及其伦理问题研究由此展开。从单纯的"技术决定论"到强调人的核心作用，再到强调涉及核安全的整个文化要素，认识逐步深入和全面，同时伦理道德的作用和重要性也进一步凸显出来。1994 年 6 月 17 日国际原子能机构在维也纳举行的外交会议上通过了《核安全公约》❷，将核安全及其伦理问题研究进一步推向深入，使核安全研究在相关的诸多领域得到广泛响应。

（3）公平性原则

公平性原则主要研究核开发利用中的权利和义务、利益和风险的对等及其公平性问题。核开发利用的公平性从国际核战略看，主要集中在核开发利用的权利垄断与权利分享上，以及核开发利用权利的享有和承担"核不扩散"义务与维护世界和平的问题上；从核开发利用上看，主要集中在不同部门和单位的利益分配，以及核设施布局而导致的不同地域之间的利益分享与风险承担上；从公众和核开发利用的受众来看，主要集中在风险承担与知情权等问题上。❸

（4）公开透明原则

公开透明原则是指在核开发利用中，在保护知识产权和"防核扩散"等核能安全的前提下，要诚实、积极、全面公开核能利用的相关信息，不瞒报谎报信息，使信息公开透明，消除对核能利用信息掌握的不平衡和误解。例如，直到 1979 年美国政府才承认，在 300 次地下核爆炸中有 35 次没有"达到标准"，使得放射性尘埃随风扩散，甚至污染了加拿大边境。而 1945～1947 年美国在纽约州的罗彻斯特等地区的医院秘密进行的人体核试验一事，

---

❶　熊哲.核武器伦理再研究［D］.长沙：国防科技大学，2009.
❷　1996 年 3 月 1 日，中国第八届全国人民代表大会常务委员会第十八次会议决定批准由国际原子能机构 1994 年 6 月 17 日在维也纳举行的外交会议上通过的《核安全公约》。
❸　王智永.基于伦理的视角论现代科技的发展［J］.新西部，2009（10）.

直到 1993 才被媒体披露。❶ 公开透明原则是一种公众对政府、企业、科学家等掌握核能技术的行为主体的监督。通过这种外部的"他律"，即公众的舆论评价和道德监督，使得掌握更多信息的人做出符合人类、符合集体的行为。

四、核伦理意识的养成

1952 年，日本学者武谷三男教授提出原子能必须服务于人民、有益于发展技术的三项条件，即研究原子能的自主、民主与公开三原则，在一定程度上使政府、公众、科技界都感受到对科技活动进行规范的必要性。

1. 完善政府监管机制

首先，通过恰当的科技政策引导科技活动是政府的当然职责。当核武器发展与道义要求相去甚远时，政治家往往会过滤重要信息，蒙蔽人们的视听，以操纵社会舆论。从核武器的研发过程来看，首先是科学家们提供思路，然后由政治家同意武器研制计划，最后科学家得到支持并进行开发和研究。这一过程的三个环节结合紧密且环环相扣。罗特布拉特退出"曼哈顿工程"、奥本海默反对研制氢弹，这些努力其实并没阻止原子弹、氢弹的最终问世。尊重和保障人的生命安全是人类道德中的最基本的道德，它具有绝对的优先权。当生命权与其他政治、经济、文化权利相冲突时，应首先保证生命权，以生命优先为行为准则。

其次，政府需建立和完善核安全风险监管机制。政府作为核监管机制的制定者，在出台一项制度体系时，要做好充分准备工作，一定要把人的生命安全作为主要考虑因素，必须具备明确的核安全理念，制定清晰明了的核安全监管准则和强有力的核安全监管制度，在此基础上对实施现场进行全程有效的监督。

再次，政府建立能够有效处理风险事件分析和经验反馈的专门管理机构。在 2012 年 3 月 11 日，日本政府设立了核电监管厅作为日本核电安全监管部门，这将逐步实现政府各部门一体化管理。日本核事故后，中国政府很快颁布"国四条"，及时迅速采取对核电的谨慎措施，得到国际社会的赞扬。中国已经制定《中华人民共和国民用核设施安全监督管理条例》《核电厂核事故应急管理条例》《民用核安全设备监督管理条例》等现行法律法规，全方面提供法律保障。目前正在研究论证制定能源法及核电管理等方面的行政法规，这将弥补伦理道德的不足之处。

2. 强化科学家的职业伦理规范

首先，要从科学家应自身来完善责任伦理意识。英国哲学家、诺贝尔奖获得者罗素说："科学自它首次存在时，已对纯科学领域以外的事物发生了重大影响。科学家们在他们对这影响的责任的问题上有着分歧。有人说科学家的社会功能是提供知识，而不是关心知识被用来做什么。我不认为这种看法是对的，特别是在我们今天的时代里。科学家也是一位市民，而且是具有特殊技能的市民，有责任去观察——只要他们能够的话——他们的技能是否在符合公众利益下被应用。"❷ 随着第一颗原子弹成功爆炸，这些核科学家就反对使用原

❶ 罗青，等. 黑色档案：世界核武器揭秘 [M]. 北京：长虹出版公司，2000：254-255.
❷ 徐少锦. 西方科技伦理思想史 [M]. 南京：江苏教育出版社，1995：444.

子弹，反对核战争、核威慑，要求全面禁止核试验，直至销毁一切核武器。

其次，科学家应自觉树立风险规避意识，主动控制科研活动的风险。英国物理学家罗特布拉特当年参加曼哈顿工程的想法是，只有美国的原子弹才能阻止希特勒使用原子弹。但是到 1944 年年底，当他得知德国原子弹研制工作已经处于瘫痪状态、已经不可能研制出原子弹时，立即辞职回到英国利物浦大学，成为唯一一位在原子弹爆炸前就辞职的科学家。广岛原子弹的投放造成大量平民伤亡，罗特布拉特由此憎恨科学的滥用，于是将研究方向转到物理学的医疗应用上。1946 年，罗特布拉特和其他科学家共同成立原子能科学家协会。1947 年，他组织了"原子火车"，这是世界上第一个倡导核能的和平利用、反对军事应用的大型展览。罗特布拉特是《罗素—爱因斯坦宣言》的 11 位签名人之一。1957 年，他组织了第一次帕格沃什科学与世界事务会议。在"冷战"时期，帕格沃什的主要任务是阻止军备竞赛，防止世界核战争的爆发。在罗特布拉特 40 多年不知疲倦的领导下，帕格沃什引领了世界范围内的反对核武器运动，成为最重要的禁止核试验和倡导核裁军的非政府组织之一。1995 年，科学家罗特布拉特获得诺贝尔和平奖。

再比如，被称为苏联"氢弹之父"的萨哈罗夫于 1948 年研究生毕业后开始参与苏联核武器工程计划，很快成为整个工程的首席理论家。萨哈罗夫在工作中逐渐认识到，大气中的核试验产生的放射性元素能引起癌症，导致大量死亡。从 1958 年起，他几次要求政府取消大气层核试验计划，遭到拒绝。萨哈罗夫逐渐成为持不同政见者。1968 年，他完成了《进步、共处与知识分子的自由》一书，呼吁苏美停止军备竞赛，实行真正的共处合作，并要求苏联实行言论自由，取消新闻检查，改革经济制度和教育制度。1970 年，他和其他两人宣布成立"人权委员会"，要求实行民主化、自由化和非军事化。

再次，从社会环境等外部环境来完善科学家的职业伦理规范。在复杂的国际形势和政治局势的变动下，科学共同体内部各派别时有沉浮。当一派科学家的建议与当权政治家的偏好吻合时，政治家毫不犹豫地接受其观点，给予大力支持。而当科学家的建议与其意见相左之时，政治家拒绝听取他们的建议，有时，甚至会因政治目的而贬低科学家的贡献和声誉。如奥本海默因领导研制原子弹产生的愧疚心理而反对研制氢弹，结果泰勒顶替他成了"氢弹之父"。1954 年 4 月 23 日，原子能委员会就"奥本海默是否安全可信"举行听证会，泰勒给奥本海默以沉重的打击。他说："从很多场合，奥本海默博士的行动——我这里指的是他已做过的事——使我非常难以理解。我在很多问题上与他的看法不一致。他的许多行动让我感到迷惑和难以理解。从这个意义上说，我希望看到对这个国家生命攸关的事业掌握在我更了解，因而也更信任的人手中。"[1] 这一历史告诉我们，科学家是在一定的社会环境中从事科研活动，与社会环境是相互影响、相互作用。因此，要促进世界范围内科技伦理委员会的成立，对贯穿于科研整个过程的实践活动进行道德监督与评判，尤其是对有争议的科研行为进行单独进行审查和监督，必要时给予禁止或暂停的警告。

3. 引导公众的社会责任意识

增强信息的沟通，让公众积极参与，科学家的反核行动揭开了世界性反核运动的序幕，随后大规模的群众性反核运动在英国爆发，反核运动推向第一次高潮。1956 年，在埃德莱·E. 斯蒂文森和戴维·D. 艾森豪威尔竞选美国总统的辩论中，核辐射问题作为一个议

---

❶　方在庆. 重审"奥本海默事件"[J]. 科学文化评论，2006，3（6）：80.

题首次被提出。1957 年 2 月，伦敦许多反对核试验的团体聚集在一起组成了废止核武器试验全国委员会，组织民众进行了示威游行。随着和平运动的发展，1958 年年初英国出现了一个具有更广泛目标、更有威望的新的和平组织"核裁军运动"，它联合了传统和平组织、反核团体以及新左翼三方面的力量，发动和组织了有名的"复活节和平进军行动"。这一行动的影响越来越大，1958 年有 1 万人参加，1959 年有 2 万人，1960 年达到 10 万人，1961 年达到 15 万人。同时吸引了大量的公众和社会组织及团体参加，1960 年已有 450 多个地方团体，1961 年发展到 800 多个团体，其月报《Saniyt》达到 45000 份的发行量。这一巨大的反核运动得到了美国和欧洲主要国家民众的响应，对英国的政治生态产生了巨大影响。

1963 年 7 月 25 日，苏联、美国和英国政府在莫斯科签署协定，决定不再在大气层中和水中进行核试验。这是世界各国人民反核运动的一个重大成果。20 世纪 70 年代末，随着美苏围绕"双重决议"❶ 的争夺愈演愈烈，西欧一些国家出现了声势浩大的反核运动。1983 年 10 月"全欧行动日"这一天，从西欧的英国、法国、比利时、联邦德国到南欧的意大利、西班牙和北欧的瑞典、芬兰共有 200 多万人参加各种集会和活动，其声势之浩大是欧洲战后反核运动所罕见。随后这一运动燃烧到英国、美国两国，引起两国全国范围的反核群众性的政治运动，而且将许多政治人物和政党也卷了进来。

另外，在反对核能开发方面，康芒纳、奥德姆兄弟等学者不遗余力。他们对核能开发的抨击与辩论，通过各种媒体进入千家万户，使越来越多的公众站到他们的一边，迫使核能开发放慢脚步。由于过度的核污染和核危害的宣传渲染造成公众过分的"恐核"心理，使核和平开发利用也常常引发核政治纷争。例如，中国最初在广东沿海建核电站时引起香港民众，特别是环保人士的抵制和抗议，美国欲在犹他州建核废物处置厂而引起民众广泛抗议。同时，由于核废物处置不当也会引发核政治纷争。例如，俄罗斯将核废料倾倒在北海而引发俄日纷争，中国台湾隐瞒核废物实情而引发处置地兰屿岛民众抗议活动等。

4. 加强媒体的宣传力度

许多国家的媒体拍摄了如《中国综合征》《布朗费利事件》《危险：放射性废料》《上帝啊，我们干了什么?》《原子咖啡馆》等揭露核事故给人类和环境造成伤害的电影和纪录片，使得公众接触核能的几乎全是负面影响和恐慌，唯恐避之而不及的态度使许多人而失去了揭开核能利用真面目的勇气。为保障公众对核电站生产运行情况的知情权和参与权，只有进行积极的科普宣传、对公众开放参考考察、让公众对核能发展献言献策才是促使公众对核能利用消除误解、保障核能长远安全发展的途径。

媒体要积极开展核电的科普宣传，使公众走出对核能的恐惧当中。了解接触和支持核电要先揭开核电的神秘面纱。2012 年 8 ~9 月我国分别由中电投集团在山东海阳核电站、中核集团在秦山核电站举办公众开放日活动，让核电站员工、当地家庭居民、中小学生及媒体到场参观了解核电发展情况。与此同时，2012 年 8 月 23 日中国东南沿海地区的大亚湾、台山、阳江、红沿河、宁德、防城港 6 个核电站同时举办核电站公众开放日活动，共有 700 多人参加了活动，近距离了解核能核技术产品和核电运营方式。通过亲身体验，核电站不再神秘，民众对核电站的安全性也更有信心。

---

❶ 双重决议：北约决定开始在英国、西德、意大利、荷兰、比利时部署枚新导弹，同时美国与苏联削减欧洲中程核武器谈判。

五、参考文献

［1］约瑟夫·奈. 核伦理学［M］. 纽约：自由出版社，1986.

［2］弗里德里希·赫尔内克. 原子时代的先驱者［M］. 徐新民，译. 北京：科学技术文献出版社，1981.

［3］科技气象情报所. 核冬天——核战争后果的气象研究［M］. 北京：气象出版社，1985.

［4］倪世雄. 战争与道义：核伦理学的兴起［M］. 长沙：湖南出版社，1992.

［5］刘舜禹. "冷战"、"遏止"和大西洋联盟［M］. 上海：复旦大学出版社，1993.

［6］安东尼·凯夫·布朗，查尔斯·B麦克唐纳. 原子弹秘史［M］. 董斯美，等，译. 北京：原子能出版社，1986.

［7］莱斯利·R格罗夫斯. 现在可以说了：美国首批原子弹制造简史［M］. 钟毅，何纬，译. 北京：原子能出版社，1991.

［8］L鲍林. 告别战争［M］. 长沙：湖南出版社，1992.

［9］F J戴森. 全方位的无限［M］. 北京：生活·读书·新知三联书店，1998.

［10］斯里普琴科. 超越核战争［M］. 陈玺，等，译. 北京：军事谊文出版社，2002.

［11］鲍云樵. 原子时代的奇迹［M］. 北京：科学普及出版社，1987.

［12］罗上庚. 走进核科学技术［M］. 北京：原子能出版社，2005.

［13］马栩泉. 核能开发与应用［M］. 北京：化学工业出版社，2005.

［14］王甘棠，孙汉城. 核世纪风云录［M］. 北京：科学出版社，2006.

［15］周志伟. 新型核能技术概念、应用于前景［M］. 北京：化学工业出版社，2010.

［16］F G Gosling. The Manhattan Project：Making the Atomicbomb［M］. New York：United States Department of Energy，1999.

第八章　机器人技术与机器人伦理

自 20 世纪 30 年代机器人出现至今，短短几十年的时间里，机器人迅速改变了人类的生活方式、思维方式和认知方法。可以说，机器人是当今社会技术成就非常成功的一个典型。最初，机器人主要应用在工业和制造业部门，后来扩展到社会服务部门和个人生活领域。面对机器人行业的快速发展，2013 年，《美国机器人发展路线图——从互联网到机器人》预言机器人是一项能像网络技术一样对人类未来产生革命性影响的新技术，有望像计算机一样在未来几十年里遍布世界的各个角落。❶ 比尔·盖茨也曾指出："机器人行业的出现……将与 30 年前计算机行业的蓬勃发展相类似。"❷ 他秉持"摩尔定律"并坚信在不久的将来，机器人的飞速发展将会达到和当今计算机一样的普及程度。信息哲学和信息伦理的创始人弗洛里迪把其称之为"第四次革命"。弗洛里迪认为，四次革命分别由哥白尼、达尔文、弗洛伊德和图灵开启。生态中心论者把这四次革命看作是对人类生存境遇的困扰，即每一次革命都增强了人类掌握自然的能力。❸

然而，"机器人在可预见的未来将面临人类道德的拷问，也面临担负着人类道德和法律的责任"。❶ 2016 年，谷歌 Deep Mind 团队开发的 Alpha Go 程序以 4∶1 的成绩"战胜"韩国棋手、世界冠军李世石，使人工智能议题高度亢奋。近年来，在人工智能研究领域中又新兴起"技术人工物道德"和"机器（人）伦理"探讨的热潮，该跨学科交叉领域也引起了诸多计算机科学家、哲学家和工程师的兴趣。

一、机器人技术发展

从人机交互最先出现的工业领域开始，然后扩展到健康护理、医疗保健和军事领域，可以说在所有可能的应用领域，机器人与人类的互动已非常广泛和深入。1959 年，美国的英格伯格和德沃尔设计制造出世界上第一台工业机器人。自此，机器人的历史真正开始。由于英格伯格对工业机器人的研发和宣传，他也被称为"工业机器人之父"。❺

1973 年，美国哈佛大学丹尼尔·贝尔教授推出《后工业社会的来临》一书，认为在今后 30 ~ 50 年将看到"后工业社会"的出现。他总结了"后工业社会"主要特征：第一，经济方面，从产品生产经济转变为服务性经济；第二，职业分布，专业与技术人员阶层处

---

❶ A Roadmap for U. S. Robotics, from Internet to Robotics, 2013 edition. http：// robotics - vo. us/ sites/ default/. files/ 2013%20Robotics/%20Roadmap - rs. pdf.

❷ Bill Gates. A Robot in Every Home [J]. Scientific American, 2007 (1), 58 - 65.

❸ Floridi L. Artificial Intelligence's New Frontier：Artificial Companions and the Fourth Revolution [J]. Metaphilosophy, 2008, 39 (4 - 5)：651 - 655.

❶ Floridi L, Sanders J W. On the Morality of Artificial Agents [J]. Minds and Machines, 2004, 14 (3)：349 - 379.

❺ 王东浩. 应用伦理学研究的新视野：机器人伦理 [J]. 石家庄职业技术学院学报，2013, 25 (2)：50 - 52.

于主导地位；第三，中轴原理，即理论知识处于中心地位，它是社会革新与制定政策的源泉；第四，未来的方向是控制技术发展、对技术进行鉴定；第五，制定决策，创造新的"智能技术"。

1. 机器人的概念

1920 年，捷克斯洛伐克作家卡雷尔·恰佩克在他的科幻小说《罗萨姆的机器人万能公司》❶ 中，根据 Robota（捷克文原意为"劳役、苦工"）和波兰文 Robotnik（原意为"工人"）创造出"机器人"这个词。1927 年，第一部有机器人剧情的电影是德国导演弗里茨·朗拍摄的无声电影《大都会》。阿西莫夫在讨论科幻小说的历史时就是这样感慨的："……结果就是，当代的科幻小说时常反复呈现给我们的是，孩子取代父母、宙斯取代克洛诺斯、撒旦取代上帝、机器取代人类的故事。"❷ 英国作家塞缪尔·巴特勒早在 1863 年就已开始考虑机器成为人类继任者的可能性。他在该问题上做了深刻的哲学反思，不仅表现在对智能机器的一般性探讨，而且也对机器的伦理方面做了深刻的考察，即利用伦理原则对机器行为进行规约和引导。

"这样一个机器人必须有传感器模拟认知和执行的能力。传感器体现在必须能够从环境中获取信息；模拟认知体现在具有一定认知能力的反应性行为，类似于人类的牵张反射；而执行能力体现在必要的伴随程序上，以及该程序下机器人所具有的行为力。一般来讲，这些驱动力将作用于整个机器人或其整体的某个组成部分（如手臂、腿部或齿轮）。"❸

法国作家维里耶德利尔·亚当在他的小说《未来的夏娃》中将一台机器起名为"安卓"❹，其外表十分接近人类，是一种人形机器人。按照《未来的夏娃》里面的描述，一台类人机器人要包括：能够平衡调节运动、有感觉和表情的生命系统；关节能自由运动的金属覆盖体，也被称为造型解质；高度仿人、有静动脉的肌肉；含有人形轮廓的人造皮肤。❺唯有这样才能将"机器人"由"机器逻辑"解放出来，将其语法逻辑点放在"人"上，进一步讨论未来科技创新到一个新的分水岭——人类有能力制造出一个新的种群，这一种群相较于弗兰肯斯坦或者克隆人，是最低程度上会引发伦理争议的"机器人"的种种可能性，也是由伦理选择真正过渡到科学选择中最有科幻可能性的一种途径。

按照现代观念的理解，机器人有广义和狭义之分。广义的机器人如智能手机内置的"希瑞"（Siri），是一种语音智能装置，可进行人机互动，辨识常识性问话并给出相应回答，被广泛应用于智能手机和平板电脑，或者是智能电饭锅、汽车导航系统或扫地机器人。这种阿西莫夫在世时还没有被广泛使用，而到现在已经屡见不鲜的智能化装置，它们代表着工业文明的最尖端科技发展，是工业时代向私有化和智能化发展的标志性代表物。而狭义的机器人只有一种：像人的机器。它，或者更进一步说，"他/她"正如人类对宠物或者电子游戏中的虚拟角色的感情一样。如果智能机器人在未来出现，一定会被冠以男性或女性

❶ 1920 就把弗兰肯斯坦式的恐惧蔓延到了一个种群和整个星球。他笔下描写的这些弗兰肯斯坦式的机器人，他们从一条流水线上被批量生产出来，变成了一种机械奴隶，从事无休止的苦力与危险工作。剧作中他们终于诞生了种群和反抗意识，欲把人类消灭而取而代之。

❷ 艾萨克·阿西莫夫. 阿西莫夫论科幻小说 [M]. 涂明求，等，译. 合肥：安徽文艺出版社，2011：161.

❸ George A Bekey. Autonomous Robots：from Biological Inspiration to Implementation and Control [M]. Cambridge：the MIT Press Ltd，2005：335.

❹ Android 代表智能一词，当今流行的安卓系统源名于此。

❺ 利尔·亚当. 未来的夏娃 [M]. 李馨儿，译. 北京：北京理工大学出版社，2013：24.

的第三人称称呼，包括头部、四肢和躯干，一举一动都会模仿人类的言谈举止。

2. 机器人发展的三个阶段

从机器人的功能角度来看，到目前为止，机器人的发展（见表8.1）大体可划分为三代。❶

表8.1　关于机器人发展代表性成果

时间	名称	国家	开发公司	成　　果
1959	尤尼曼特	美国	德沃尔、约瑟夫·英格伯格	制造出第一台工业用机器人，随后成立了世界上第一家机器人制造厂 Unimation
1966	沃莎特兰	美国	AMF 公司	最早发明的工业机器人之一
1968	Shakey	美国	斯坦福研究所	世界上第一台智能机器人
1969	—	日本	早稻田大学加藤一郎实验室	第一台以双脚走路的机器人
1978	PUMA	美国	Unimation 公司	发明通用工业机器人，标志着工业机器人技术已经完全成熟
90 年代	Cobots	美国	西北大学教授 Peshkin 与 Colgate❷	"Cobots"和人类可以共同就一个对象而行动，但是行动的能量完全由人类提供
1988	Helpmate	美国	TRC 公司英格伯格	世界上第一个服务业机器人，完成为病人送饭、送药、送信件、送设备以及医疗记录等工作
1999	爱宝	日本	日本索尼公司	犬型娱乐机器人，为目前机器人迈进普通家庭的途径之一
1999	达·芬奇机器人	美国	Intuitive Surgical，Inc.	世界上第一台手术机器人，通过外科手术专家进行远程操作
2000	阿西莫（Asimo）	日本	本田工业技研公司	最先进的仿人行走机器人
2002	Roomba	丹麦	iRobot 公司	真空吸尘器机器人出现，但在一些重要的事情上还不能与人进行交流
2003	Wakamaru	日本	三菱重工公司	以人类伙伴的角色出现，即"伙伴机器人"
2006	Nao	法国	Aldebaran Robotics	在世界范围学术领域内运用最广泛的类人机器人，当前主要应用在许多大学的实验室里
2010	Roxxxy	美国	新泽西的"真实伴侣"公司	世界上第一款性爱机器人，可以向主人发送电子邮件、上网升级自己的程序、自动扩充词汇量等，甚至会陪人聊天
2013	阿特拉斯	美国	波士顿动力公司	为美军研制的先进人形机器人
2015	索菲亚	美国	汉森机器人公司	以奥黛丽·赫本和汉森的妻子为原型，具有能模拟面部肌肉特性的人造皮肤，可以用一枚 3D 传感器感知深度，还拥有面部和语音识别能力

❶ 李大光. 军用无人化技术与装备（续一）［J］. 国防技术基础，2012（3）：43 – 50.
❷ Peshkin M A, Colgate J E. Cobots［J］. Industrial Robot，1999（5）：335 – 341.

续表

时间	名称	国家	开发公司	成　果
2015	Pepper	日本、法国	日本软银集团和法国 Aldebaran Robotics	能识别人的情感并与人交流的机器人
2016	AlphaGo	美国	谷歌旗下 DeepMind 公司	是一款围棋人工智能程序，其主要工作原理是"深度学习"❶

第一代为固定程序和可编程序机器人，主要用于搬运、点焊等繁重的重复性劳动。1947年，为了搬运和处理核燃料，美国橡树岭国家实验室研发了世界上第一台遥控机器人。1962年美国又研制成功PUMA通用示教再现型机器人，这种机器人通过一台计算机来控制一个多自由度的机械，通过示教存储程序和信息，工作时把信息读取出来，然后发出指令，这样机器人可以根据当时示教的结果重复地再现这种动作。例如汽车的点焊机器人，只要把这个点焊的过程示教完成，它总是重复这种工作。

第二代是具有感知外界信息能力的机器人，它们已具有视觉、触觉、听觉等传感功能，能进行产品装配、电弧焊等比较复杂的加工作业。

第三代机器人已具有一定的人的智能，能按环境的变化或按人的指令进行学习、推理、决策、规划等工作。智能机器人带有多种传感器，能够将多种传感器得到的信息进行融合，有效地适应变化的环境，具有很强的自适应能力、学习能力和自治功能。大多数专家认为智能机器人至少要具备三个方面的能力：一是感知环境的能力，二是执行某种任务而对环境施加影响的能力，三是把感知与行动联系起来的思考能力。智能机器人基本能按人的指令完成各种比较复杂的工作，如深海探测、作战、侦察、情报搜集、抢险、服务等，能模拟完成人类不能或不愿完成的任务，不仅能自主完成工作，而且能与人共同协作完成任务或在人的指导下完成任务。澳大利亚国立大学哲学系教授戴维·查默斯认为，超级人工智能在不久的将来就会变为现实，它的智力与人类智力水平相当，这样的高级人工智能也可能具有意识。❷

20世纪70年代，美国工业机器人成为这个领域的领航者。20世纪80年代机器人技术扩展到日本和欧洲，2004年年底，这些国家对机器人研究的发展已然超过美国。2006年微软公司推出机器人工作室，机器人模块化、平台统一化的趋势越来越明显，比尔·盖茨预言，家用机器人很快将席卷全球。2007年丰田公司推出一系列类人机器人，这些"伴侣机器人"会吹小号、拉小提琴，丰田欲将这些机器人打造成人类的生活伙伴。2008年世界首例机器人切除脑瘤手术成功。施行手术的是卡尔加里大学医学院研制的"神经臂"。与外科医生的双手相比，"神经臂"的优势在于，它能够在更小范围内更加稳定地移动，确保不会出错。20世纪90年代各国纷纷提出了"情感计算""感性工学""人工情感"与"人工心理"等理论，为情感识别与表达型机器人的产生奠定了理论基础。

从世界范围来看，由于国防现代化的需要，美国、法国、德国、英国、日本和意大利等一些经济和技术实力比较雄厚的国家均制定了自己的智能机器人发展计划，投入大量的经费，研制出种类繁多、功能强大、用途广泛的军用智能机器人，如侦察机器人、爆炸物

❶ "深度学习"是指多层的人工神经网络和训练它的方法。
❷ Chalmers D. The Singularity：A Philosophical Analysis［J］. Conscious Stud, 2010, 17（910）：7–65.

处理机器人、步兵支援机器人等。❶ 2014 年，习近平在"两院院士大会"上指出，机器人有望成为"第三次工业革命"的切入点，中国将迎来机器人发展的黄金时代。

从工业机器人到家政机器人、娱乐机器人，机器人技术正朝着以下四个方向大步前进：感官功能越来越丰富、制作成本越来越低廉、设计编程越来越简化、使用起来越来越安全。随着人对于心理活动和情感方面的认识逐渐加深，机器人拥有"高情商"的日子也指日可待。现代人甚至开始研究"逆向"设计机器人大脑，即把复杂的人类大脑完整上载，以计算机电子信号的形式进行模拟。❷ 机器"人"的人工智能对人类的未来发展似乎起着至关重要的作用，人在矛盾中重新思考着"我"为何物，在文学创作的深层思索中，从伦理选择过渡到科学选择的时代已悄然到来。

纵观整个机器人发展的历史，由机器到示教机器人再到智能机器人，由工业机器人到农业机器人再到第三产业机器人，由初级、单一化、单领域到高级、多元化、多领域，根据其演变规律，可以进一步设想由无伦理、无道德、无责任到有伦理、有道德、有责任的机器人的演进，寻找升华机器人伦理的"奇点"。

3. 机器人技术应用

随着人工智能技术的发展，人工物行为体日益呈现出高度的"自主权"和"感知性"，并发展为应用于军事领域、生活领域、科考领域的机器人。目前，机器人已经在教育、医疗、军事、家庭生活等多个领域广泛应用。

（1）工业制造领域

机器人一出现就开始在制造业中发挥作用。自 20 世纪 60 年代初现代工业机器人"尤尼曼特"和"沃莎特兰"在美国诞生以来，至 20 世纪 70 年代，工业机器人在世界各地得到了广泛的应用，应用范围也已转向机械、电子、轻工、纺织、石油、汽车、食品、化工、医药、建筑、电力等生产领域，例如各种移动印刷机器人、激光焊接机器人、切割机器人、锁螺钉机器人、涂胶机器人、码垛机器人、放射源操作机器人、移动机器人。目前，在工业领域，机器人的应用已不再仅限于简单的动作重复，对于复杂作业需求，工业机器人的智能化、群体协调性也有了很大提高。

（2）生命医疗领域

"医疗机器人"已经进入快速发展时代。20 世纪 80 年代末 90 年代初，专门用于手术的外科机器人诞生了，比较有代表性的是 RoboDoc。90 年代中后期，可以做微创手术的机器人诞生了，比较有代表性的是 Aesop（伊索）和 Zeus（宙斯），来自日本 Riken 和 Sumito-moRiko 公司的"大白"机器人护士 Robear，以及来自美国达·芬奇公司的协助或者部分代替医生做手术的机器人。2000 年，Da Vinci（达·芬奇）机器人系统正式开始使用，外科手术进入新的时代。从此，外科医生开始苦练"电子游戏"。在美国，达·芬奇机器人已经非常普及，在包括社区医院在内的全国 5000 多家医院里，达·芬奇机器人的装机量已经达到 2200 多台，只要是略具规模的医院，肯定会配备达·芬奇机器人。达·芬奇机器人手术系统以麻省理工学院研发的机器人外科手术技术为基础。2011 年，Watson（沃森）在《Jeopardy!》问答节目中完胜对手，随后，这个超级计算机被应用到了医疗等领域。现在沃森不仅能研究蛋白质结构，还能寻找某些药物的替代成分。除此之外，沃森还会自行学习

---

❶ 王树国，战强，陈在礼. 智能机器人的现状及未来 [J]. 机器人技术与应用，1998（1）：4 - 7.
❷ 雷·库兹韦尔. 奇点临近 [M]. 李庆诚，等，译. 北京：机械工业出版社，2011：85.

大量文献，通过"假设自动生成"来完成诊断。美国最大的医疗保险公司 Wellpoint 预测，沃森甚至可以在很大程度上帮助缩短辨别癌症的时间。

"服务型机器人"也日益受到关注。在发达国家的医院里，经常会见到跑来跑去送东西的机器人，而它们的老祖宗，就是 20 世纪 90 年代初期出现的 Helpmate 机器人。日本医院里有帮忙提包的机器人、可以抱病人的 RiMan 机器人。著名的"Care - O - Bot"机器人有一只托盘、一只手，最会倒水。

与此同时，"远程医疗机器人"也已经发挥作用。2003 年，世界上第一个远程医疗机器人系统问世。应用于生命医疗领域的医疗机器人能够对偏远地区和远程战场的士兵实施医疗救护，消除医疗救护的局限性。这项技术为医学伦理学领域提出了新的问题和挑战，成为当今医学伦理学家关注的热点问题之一。

（3）社会环境领域

环境机器人被人们用于收集环境变化的数据并充当人类直接的价值工具，在生态（环境）伦理学的实践具有变革性意义，为生态（环境）伦理学的发展提供了新的论题。2001年 4 月 7 日美国向火星发射了"奥德赛"火星勘察机器人。目前，环境机器人在野外勘测、深空深海探测等领域发挥着作用，在环境感知、环境适应、自主控制、人机交互等方面已经取得了很大的进展。

（4）家庭生活领域

2006 年 6 月，微软公司推出 Microsoft Robotics Studio，使机器人模块化、平台统一化的趋势越来越明显。比尔·盖茨预言，家用机器人很快将席卷全球。目前，个人或者家庭用的扫地机器人、擦窗机器人、除草机器人得到广泛应用。儿童看护机器人在韩国、日本和一些欧洲国家得到重视。日本和韩国开发出的儿童护理机器人，具备了电视游戏、语音识别、面部识别以及会话等多种功能。它们装有视觉和听觉监视器，可以移动，自主处理一些问题，在孩子离开规定范围时还会报警。丹麦作为这个领域出色的领跑者，对使用机器人持最开放态度。SILBOT 机器人是专门为老年人设计的，它通过对老年人脑力的训练，使他们保持思维的敏捷和意识的清晰，能维持他们思考判断的能力并增强记忆力。

情感识别与表达型机器人技术的发展，揭开了情感机器人真正登上历史舞台的序幕。情感机器人又称为社交机器人或情感计算机器人，❶ 其利用植入的生物识别技术，通过自动识别来自人类面部表情、肢体语言的信息获取数据来判断用户的情绪状态。在该领域中，伦理学家注重机器人"情感"因素的探讨，旨在使机器人能够依据情景变换调整相应的情感状态，使得用户能够与其更友好地相处。

此外，性爱机器人随着人工智能的发展及其市场化趋势，能够通过先进的生物识别技术，掌控和激发用户的强烈情绪，致使用户对其产生依赖倾向，这对人们的婚姻家庭观和传统性观念产生巨大的影响，成为当今社会关注的热点问题之一。

根据联合国经济委员会对欧洲机器人技术的调查，2002 年家用和服务用途的机器人数量同比翻了三倍多，几乎超过了工业用途的机器人的数量。日本公司争先恐后地研制接近人类的家庭服务机器人来照顾老年人，韩国甚至定下 2020 年全部家庭用上家用机器人的目标。

（5）军事领域

军用机器人拥有较高的作战效率、全天候作战能力、绝对服从命令、较低的作战费用

---

❶　Breazeal C. Designing Sociable Robots [M]. Cambridge, MA：the MIT Press, 2002：1 - 6.

以及可以降低人员伤亡等优点，使得世界各军事大国都在不遗余力地开发军用机器人，其自主程度也在不断提高。当今世界已经有包括伊朗等在内的超过 40 个国家拥有了开发军事机器人的技术。而最令人担心的是，假如这些军事机器人被用于反社会的角色，那后果将不堪设想。

军事应用是目前为止机器人伦理学研究中最为重要的分支领域。围绕正义战争理论的应用是机器人伦理学首要和重要考察的论题。在该领域中存在诸如如何通过编程把伦理原则植入机器人以达到伦理的"善"，以及对机器进行编程、进行道德约束等问题。

对于研发自动杀人机器人，很多国家的军队都表现出浓厚的兴趣。因为一旦这种机器人投入战场使用，就可在危险的情况下派机器人代替士兵参与作战，降低士兵的伤亡率。美国多家媒体近日报道说，美国武器合约商波士顿动力公司为美军研制的世界最先进人形机器人"阿特拉斯"日前亮相，这一机器人将来或许能像人一样在危险环境下进行救援工作。❶ 按照美国国防部的计划，到 2015 年前，三分之一的地面战斗将使用机器人士兵。世界正面临一场自动杀人机器人研发的军备竞赛，杀人机器人也许不久即将面世。

此外，佐治亚理工学院的研究人员已经研发出会说谎的人工智能机器人。这个由罗纳德·阿金教授带领的研究团队希望他们研发的机器人以后可以运用在军事上。一旦这项技术成熟，军方可以将这种智能机器人派到战场上充当护卫队的角色，保护物资和弹药。这些智能机器人学会说谎后，会改变自己的巡逻策略，误导敌军，为援军的到来拖延时间。但是，阿金教授也承认他的实验关乎伦理问题。如果他的研究成果泄露到非军方人员甚至是不法之徒的手里，这将会导致一场灾难。

2013 年 5 月底，联合国人权理事会在瑞士日内瓦开会，紧急叫停美、韩、俄、英、德、日等国研发"自动杀人机器人"的军备竞赛。杀人机器人不会投降，也不知疲劳、饥饿和伤痛，其力量、感知、速度、抗毁伤能力都大大超过人类。如果对研制具有杀人能力的智能机器人不加以限制，总有一天会出现这样的局面："全自动"的"杀人机器人"走上战场，并自主决定人类生死。❷ 2013 年 5 月，联合国特别报告员克里斯托夫·海因斯向人权理事会第 23 次会议提交报告，建议人权理事会呼吁各国冻结"致命性自动机器人"技术的研发、生产和使用。他认为，是否可以允许机器来杀人值得全世界集体停下来思考。在阿根廷召开的 2015 国际人工智能联合会议期间，专家们就发布了一封公开信，禁止开发人工智能自动化军事武器。

（6）休闲娱乐方面

例如，"夏娃机器人 2 号"是韩国科学家最新研制的一款娱乐型机器人，这位"女性"机器人不仅能和观众进行对话，还能和人进行眼神接触，并会表达各种情绪和唱歌，唱歌时能对上口型并随着歌曲扭动手臂、臀部和膝盖。

消费者可以通过个人计算机或手机与这类机器人连接，通过互联网指挥这些机器人进行表演。娱乐机器人可以解除人精神上的疲劳。日本是世界上第一台类人娱乐机器人的产地。2000 年，本田公司发布了 ASIMO，这是世界上第一台可遥控、有两条腿、会行动的机器人。2003 年，索尼公司推出了 ORIO，它可以漫步、跳舞，甚至可以指挥一个小型乐队。

---

❶ 杨于泽. 机器人战士或是人类噩梦 [N]. 长江日报，2013 - 07 - 18.

❷ 马之恒. 杀人机器人：救星还是魔鬼？[N]. 北京科技报，2013 - 06 - 24.

4. 机器人技术应用中的问题

机器人在应用过程中对传统伦理和道德关系的冲击和影响日益凸显。如何有效规避和预防这些问题并充分发挥机器人向善的一面已成为人类必须面对的问题。机器人革命在一定形式上解放了生产力，给我们的社会生活带来了便捷，国际性的机器人联合组织估计在2008年大概有1300万机器人活动在制造业部门。但是，我们需要注意的是，与其他新兴技术一样，与之伴随而来的风险也成为我们社会所要面对的新问题。

（1）安全性问题

面对机器人的发展，机器人自身安全和所引发的相关问题已经引起关注。早在1978年，日本就发生了世界上第一起机器人杀人事件（见表8.2）。2013年5月杀人机器人的伦理问题在联合国人权理事会上被提出。❶

表8.2 关于机器人事故统计

时间	国家	事　件
1978	日本	日本广岛一家工厂的切割机器人在切钢板时突然发生异常，将身旁工作的工人当作钢板并执行了既定的程序
1979	美国	密歇根的弗林特福特制造厂，有位工人在一次罢工中试图从仓库取回一些零件而被机器人杀死
1981	日本	1名日本维修工人在对机器进行维修的时候被机器人杀死❷
1985	苏联	苏联国际象棋冠军古德柯夫同机器人棋手下棋连胜，机器人恼羞成怒向金属棋盘释放了高强度的电流，将这位国际大师杀死❸
2007	南非	南非陆军部署的一个半自治机器人火炮出现故障，酿成9名士兵死亡和14人受伤的惨剧
2010	美国	美国军方的一架试飞超过23英里的无人驾驶直升机突然失控，违反空域的限制转向华盛顿特区，严重威胁了白宫和其他政府部门的安全
2013	奥地利	一户名为Gernot Hackl普通家庭中有一个普通清扫机器人，这个清扫机器人已经正常工作4年。在像往常一样完成相应的工作任务后，Gernot Hackl便切断电源把它放入柜子内。他下班回家后，发现这个机器人自动爬上炉子，点燃了自己，最后成为一堆灰烬。机器人的自焚引燃了Gernot Hackl的屋子，Gernot Hackl无家可归
2016	中国	第十八届中国国际高新技术成果交易会上，由于某展商工作人员操作不当，误将"前进键"当成"后退键"，导致用于辅助展示投影技术的一台机器人（又名"小胖"，北京进化者机器人科技有限公司生产）撞向展台玻璃，玻璃倒地摔碎并划伤一名现场观众

虽然引入了更加安全的机制，自1981年以来，机器人依然使多人遭受伤害。很多年来，人类被机器碾碎，被重击头部，被电焊，甚至被机器人用滚热的铝液倒在身上。根据英国健康与安全执行局的统计，2005年仅英国就有77起与机器人相关的事故。

---

❶ 联合国拟议冻结"杀人机器人"研发［N］，新华每日电讯，2013 - 5 - 7.
❷ 1981年，一名37岁的日本工程师浦田健司在川崎一家工厂里爬上安全栏对机器人执行常规的维护工作，由于一时疏忽他没有正确关闭机器人，无法探测他存在的机器人继续操作液压机械手臂工作，最终发生工程师被推入碾碎机的悲剧事件。这次意外使浦田健司成为首个记录在案的命丧机器人之手的受害者。
❸ 后经分析，科学家认为是电子雾使超级计算机内部程序出现了紊乱，产生强大电流。随着科技的发展，人们注定要面对这些随之而来的伦理困境。

机器人的安全问题与他们的软件和设计相关。计算机科学家和频繁犯错的人类一样，都极力创造一个完美无瑕的软件，但我们需要正视的是，在由一个团队的程序员所写的数百万行代码的某处，很可能存在错误和纰漏。只要他们自身软件出现一点瑕疵，那么都可能会导致致命的结果。专家们担心的是人类能否创造出足够先进的软件装备军用机器人，消弭其威胁性。

黑客攻击是当今计算机安全领域共同关注的话题，机器人在恶劣环境中所特有的承受强度、访问能力以及操作能力使其价值日益彰显出来，也正因为如此，机器人会被一些不法之徒利用而转向人类社会的对立面。我们该怎样才能防止机器人沦为杀人狂，同时又能保护机器人免受黑客和别有用心的人攻击，进而在技术和社会效应上保持一种平衡状态呢？因此，机器人的安全性问题成为"机器人伦理学"研究的最为现实和首要的问题。2016年8月，美国国防部高级研究计划局举办网络挑战赛，7支科学家队伍进行角逐。这次竞赛的目的是开发出超智能的人工智能黑客，专门攻击敌方计算机系统的弱点，同时也可以自行发现并修补自身的缺陷。如科学家所说，"保持高效攻击的同时，保护自身机能"。尽管开发智能黑客系统的初衷是为了大众网络安全，但是科学家们也明白，一旦技术被犯罪分子掌握，这些超智能人工智能将带来无尽的麻烦与破坏。想象一下，如果一个拥有超常智慧的机器人控制了整个智能黑客系统，那给人类带来的危险是不可估量的，到时人类将无计可施。

随着目前机器人逐渐准备脱离工厂的限制进入普通人类家庭和一般的工作场所，机器人学家对牵涉安全问题的关注已经超出保护工厂员工的范围。为了防止人工智能接管世界，科学家研发了一种新方法，它可以使机器辨别是非。通过这种方法，人工智能会变得更善解人意，也更有人性。伦敦帝国学院的认知机器人教授穆雷·沙纳罕认为这是防止机器消灭人类的关键。然而，给机器人灌输道德观念之后还是会有风险。回顾一下人类历史就会发现，即使知道是非对错，人们仍然会犯下难以想象的罪恶。

（2）法律与伦理问题

技术的进步往往领先于意识的发展。面对机器人技术的突飞猛进，相关的伦理道德标准却显得很苍白。随着人工智能不断进步，机器人与人类的界线已经变得模糊起来。如果机器人能够与人类互通心意，也许会出现机器人深入个人生活，威胁人类隐私的事态。

机器人极有可能因为产品缺陷引发的安全事故而出现在民事法庭上。位于欧登塞的南丹麦大学教授约翰·哈雷姆指出："如果出现一台地毯清扫机器人吞进婴儿的情况，到底谁该负责？""如果一部机器人拥有自我控制甚至学习的能力，它的设计者是否仍然要为自己作品的全部行为负责？目前对这个问题的回答是肯定的。但是随着机器人不断发展复杂化，这个问题的答案恐怕会变得非常不明确。"

但是，我们使用机器人代替人类来推卸监护老人和儿童的责任是道德的吗？用机器人取代动物或人类的角色而充当诸如酒友、宠物，以及性伴侣等其他社会关系，这会产生道德问题吗？机器人具备哪些特征才能成为一个真正的"人"？假如其具备基本"人格"的话，那么我们又该赋予其哪些权利和责任呢？如果机器人真地达到这个"临界点"的话，那么机器人是我们的"奴隶"还是和我们一样平等呢？我们人类对于机器人有特殊的道德义务吗？鉴于半机械人的能力特征，其应该享有区别于自然人的特殊法律地位吗？把机器人应用到诸如警局、监狱、政府和学校等权力部门充当管理角色时，那么人类是否应当服从机器人的管理，听从机器人发号施令呢？

（3）社会问题

随着机器人革命的来临，人类社会也将面临机器人带来的挑战。

首先，一些机器人伦理学学者担心人类对机器人技术的过分依赖性。例如，机器人在疑难手术中表现出比人类更精湛的医术，这可能造成机器人逐步取代人类工作，进而意味着人类所积累的医学技能和知识裹足不前，愿意亲历实践的人们将会变得越来越少，这种依赖性的后果将会使社会变得更为脆弱。一些知名机构也进行了这方面的研究。例如，牛津大学的研究显示，在未来的 20 年内，英国 35% 的工作都有可能被人工智能代替。

其次，机器人可能对人际关系产生深远的影响。机器人已经被用于照顾老人和小孩，但我们尚未对其所产生的社会影响加以关注并进行专项研究。除此之外，机器人被预言在不久的将来会成为人类情感伴侣，因为他们总是忠诚的聆听者，而且不会欺骗我们。❶ 未来学家伊恩·皮尔逊博士曾于 2015 年发表了一篇令人震惊的报告，其中谈道，到 2050 年，人机性爱将会比人人性爱更加普遍。凯思琳·理查德博士反对使用人工智能性爱机器人，她认为与机器人的性接触将导致人们产生不切实际的期望，同时也会助长歧视女性的行为。机器人伦理学家理查森和贝岭发起了一项"反性爱机器人"运动，呼吁人们关注"性爱机器人"给社会带来的副作用，并劝说科学家和机器人专家拒绝参与性爱机器人的研发。他们还建立了一个名为 Campaign Against Sex Robots 的网站，供人们在上面讨论。在理查森和贝岭看来，由于"性爱机器人"基本上都是被动的接受者，因而有可能助长人类的性虐待行为，长此以往甚至会让人变得失去同理心。

再次，生态环境也会受到机器人发展的影响和冲击。机器人作为计算机设备的一种应用拓展，其电子垃圾也将会加剧环境问题的严重性，而且在使用过程中会造成环境的射频辐射灾难。相关资料表明："除了会危害人类健康问题外，也已造成蜜蜂授粉率下降和农业污染等问题。"❷

5. 机器人发展前景预测

科技界对待人工智能机器人发展的两种典型态度再度引起关注：一种是霍金、盖茨式的"警惕人工智能"，另一种是雷·库兹韦尔式的乐观兴奋与期待憧憬。

以盖茨、霍金和穆斯克为代表的悲观阵营认为人工智能有潜在的危险，甚至可能毁灭人类。他们都担心人工智能将接管世界。人工智能接管世界是一种假想情况，即人工智能机器统治地球，机器人会崛起并成为我们的统治者，或者更糟，他们消灭了人类占领了地球。2014 年 12 月，英国理论物理学家霍金警告说，人工智能的发展可能意味着人类的灭亡。2015 年 1 月，盖茨在 Reddit 的"Ask Me Anything"论坛上表示，人类应该敬畏人工智能的崛起。盖茨认为，人工智能将最终构成一个现实性的威胁，虽然在此之前它会使我们的生活更轻松。

雷·库兹韦尔是一个未来主义者、发明家，是谷歌的技术总监。他预计到 2030 年，"纳米机器人会植入我们的大脑，我们会变得像神一样"。我们通过大脑里的微型机器人，能够在几分钟内访问和学习各种信息资料。我们可以将想法和记忆进行存档，甚至可以直

❶ Patrick Lin, George Bekey, Keith Abney. Robots in War: Issues of Risk and Ethics//Rafael Capurro, Michael Nagenborg. Ethics and Robotics [M]. Heidelberg Press, 2009: 50.

❷ David Levy. Love and Sex with Robots: the Evolution of Human Robot Relationships [M]. New York: Harper Collins Publishers, 2007: 86.

接进入我们的大脑发送和接收电子邮件、照片和视频！库兹韦尔是"奇点论"和"加速回报定律"主张的代表人物，曾成功预言机器在1998年战胜人类棋手。他曾发出乐观的预言：机器智能超越人类智能总和的那个奇妙"奇点"，就在2045年。他曾经表示："要成为一位发明家或企业家，你必须得是个乐观派。对未来所存在的风险，我并非浑然不觉，我只是对人类安然渡过'奇点'而无须以摧毁文明为代价持乐观态度而已。"在《奇点临近》中，雷·库兹韦尔预言了人与机器的联合，即嵌入我们大脑的知识和技巧将与我们创造的容量更大、速度更快、知识分享能力更强的智能相结合。在未来时代，我们的智能会逐渐非生物化，其智能程度将远远高于今天的智能。一个新的文明正在冉冉升起，它将使我们超越人类的生物极限，大大加强我们的创造力。❶ 这确实是科学选择的主要方向，能解决的问题和带来的福利是巨大的。英国布里斯托尔机器人实验室副主任安东尼·派普教授也乐观的认为，机器人和人类将有共生共存的未来：机器人和人类并肩工作，加强人类的各项能力，会形成通力合作的"人机组合"。"正在布里斯托尔进行的研究表明，机器人技术将是增强人类，而不是淘汰人类"。

二、机器人技术引发的争议问题

早在20世纪80年代，美国规划师、未来学家麦克纳利和亚图拉就提出，机器人将来会拥有权利。与此相关的一个案例是19世纪英国工人破坏机器的事件。该事件由一个虚构的"勒德国王"领导，主要是反对机械化和自动化；那些参加捣毁机器的工人有时被称为"勒德分子。"

1. "人=机器人"的勃克斯论题

20世纪末，逻辑机器哲学的创始人勃克斯曾提出了"人=机器人"论题。他所谓的"人=机器人"论题是：一个有穷自动机可以实现人的一切自然功能。亦即，一个机器人可以实现人的一切自然功能。逻辑机器哲学是传统哲学与现代计算机科学、信息技术的哲学思考相结合的产物，是在当今信息化、网络化快速发展的基础上提出来的，是一种哲学发展的新思维，是对朴素唯物论、目的论、机械论、柏拉图主义等的扬弃和发展，而"人=机器人"的论题是逻辑机器哲学的核心。它通过人与计算机的类比，探讨用计算机模拟人类心智的可能性以及有关的哲学问题。从本质上看，勃克斯的逻辑机器哲学及其"人=机器人"论题是基于心智的计算观，而这种基于心智的计算观不断地受到了严重的质疑。

2. 弗兰肯斯坦情结

阿西莫夫在"机器人系列"的《钢穴》中就提出了人类面对机器人有着怀疑和抗拒的"弗兰肯斯坦情结"❷，而阿西莫夫的创作大多是希望机器人诞生良性的自我意识并与这种"弗兰肯斯坦因子"进行斗争，让人性因子逐渐控制机械因子，把机器人结成人类的同盟。然而其背后仍有着挥之不去的悲观情绪，这是一种对当时的科学技术对人类的作用可能失衡的深深忧虑。

---

❶ 雷·库兹韦尔. 奇点临近 [M]. 李庆诚，等，译. 北京：机械工业出版社，2011：1.
❷ 用科幻文学先驱的代表之作——玛丽·雪莱的科学幻想小说的主人公弗兰肯斯坦——一个有着伦理悲剧意味的"人造人"命名。其后在众多科幻小说中出现的新型人类身上所具有的伦理因子似乎最为恰当。

"弗兰肯斯坦因子"由两部分组成，分别是人性因子与机械因子。在阿西莫夫的机器人小说中，首次提出了"碳铁文明"这样的说法❶，意在使两个种族的未来前景有着合作与发展的可能。而这种发展与合作的代表性机器人，毫无疑问非机·丹尼尔莫属。然而，人是携带着"斯芬克斯因子"（人性＋兽性）的生物体，而机器人则是携带着"弗兰肯斯坦因子"（机械性＋人性）的钢铁之躯。生物的基础形式是碳基，而机器人的主要构成是钢铁，也就是铁基。值得注意的是，人性因子在这里不仅代表理性意志，更代表了感性与矛盾等闪烁着人类光芒、使人之所以成为人，或者使这种人造物具有"人"的性质的情感精神。而机械因子是携刻在机器人根基的、不被人认同为本族但是又必不可少的科学技术痕迹，它的驱动方式是机械的、电动的、人为的。

机械因子指代科学选择进程开始后人慢慢发展加在自身上的各种加强型机械装置（比如电子眼或者机械臂）。它们的伦理问题主要集中在能否为主流社会所接受，其改造的程度受制于科技发展的水平和人类伦理心态的变化。机械因子也可是指代机器人、克隆体、人造人等处于科学幻想与现实之间的人造类人型智能物所携带的非人性特征。它们的伦理问题是是否合法、它们的定位、与人类的关系为何、人类所能承认与其自身所能取得的社会地位，此外还有很多安全问题和技术问题亟待解决。人同机器的界限，也是"弗兰肯斯坦因子"主要探讨并关注的。

3. 机器人的自治问题

人能造出比自己还聪明的机器吗？随着机器人智能化和自治化程度的提高，如果机器人能够拓展出更多兼具"人格"的特征，那么人们把一部分责任归咎于机器人主体也似乎是无可厚非的。但是这样做的结果也会模糊生物体和非生物组织之间的界限，造成人们对"生命体"和"道德主体"定义的重新审视。

随着计算机科学的飞速发展，以机器人技术的应用为代表，自治型人工智能物也开始出现在我们的日常生活领域，基于计算智能的思想对哲学领域产生了革命性的影响，并不断对认知科学和人工智能进行着解构和建构。关于"智能与精神要素不必囿于人类和其他自然物种"的新思想开始充斥于各种著作之中，这些新思想的涌现令人耳目一新。❷ 当机器人的智能达到一定程度，会不会产生自我意识？会不会因为自身的损坏而感到痛苦？故意损害机器人是不是构成虐待劳工？机·丹尼尔形象的塑造显然是说，机器人有可能比人类成为更高一级的种族，并成为人类的保护神。自从1920年科幻舞台剧《罗素的万能工人》上演之后就一直没有停止过对"拥有独立意识机器人是否会毁灭人类"的争论。

自治型机器人作为计算机的一种应用拓展，被广泛用于诸多复杂性、高危性组织部门

---

❶　艾萨克·阿西莫夫. 银河帝国9：钢穴［M］. 叶李华，译. 南京：江苏文艺出版社，2012：48.
❷　关于现代超越人类中心主义的伦理探讨以著名伦理学家辛格的《动物解放》为代表。辛格认为，人类对非人类的动物具有严肃的道德义务。这为人们普遍所坚持的道德观和政治观提出了一个反传统的挑战。辛格的思想促使人们站在超越人类狭隘利益的立场上，在更广泛的环境层面对人类以外的其他物种进行伦理关护，这从根本上改变了人类以往的伦理实践并引领人们关注动物道德行为体的问题，其思想对哲学、伦理学领域产生了巨大冲击，为伦理圈的拓展问题以及伦理关护对象问题提供了新观念、新视角。参见：Peter Singer. Animal liberation［M］. New York：HarperCollins US，2009.

中，在高可靠性组织❶中具有重要性地位。因此，保障高可靠性组织的安全设计和伦理设计是解决机器人在责任环中设计的重要内容和环节。另外，我们需要考虑，面对这样一个极具自治行为的人工智能体，是否应该像人类一样享有人格的权利并承担相应的责任？一个自治系统能够"真正地"满足和具备自治行为的需要吗？以上关于道德主体和自治权的问题历来是哲学家和伦理学家所关注的。

提出"物伦理学"的荷兰学者维尔贝克强调："工程伦理大多聚焦于设计者的责任和道德决策，其余的则扩展到技术本身的意义方面。然而，这些关于非中性技术的分析使得工程伦理把一些道德归咎于人工物就不免显得有些牵强了。"❷ 他认为除了设计之外，能够实现其应用价值也是定义人工物的一个重要方面。维尔贝克的重点在于阐明为什么要对机器人进行伦理设计，并且不能对设计师、制造商和其他利益相关者进行责任豁免。道德责任的主体问题，具体来说也就是自治型人工产品的出现可能导致人类把全部责任推卸给机器人的问题。

4. "图灵测试"问题

随着人工智能技术日新月异的发展，世界各国时刻刷新着纪录，人们把技术人工物植入"人机对话"环境中进行测试的结果无时无刻不在宣布这样一个事实：更加先进的人工智能系统已变得与人类难以区分。

计算机科学先驱阿兰·麦席森·图灵在《计算机器与智能》一文中提出了后来被称作"图灵测试"❸的原则，即假定计算机的动作和一个人在思维时的动作方式不能区分，我们就称它为具有了智能。对这一测试原则没有异议，但问题是谁来提问？与计算机同时回答问题的人又是谁？应试计算机的程序由谁来写？什么叫"不能区分"？

图灵设想了一种"模仿游戏"来测定和检验"机器能不能思维"的问题。图灵认为"机器代替游戏中的人"的设想是可以实现的，并且预计"大约在50年的时间里，有可能对具有约 10^9 存储量的计算机进行编程，使它们在演示模仿游戏时达到这样出色的程度"。❹

同样，面对机器人应用实践，我们需要对其进行"道德的图灵测试"，❺ 对这种全新的人工物的伦理地位进行全面审视和考察。耶鲁大学生命伦理学跨学科研究中心的瓦拉赫和印第安纳大学认知科学工程中心的艾伦在《机器道德》一书中把"图灵测试"引入伦理学领域，他们坚信人工智能的发展必定打破图灵所编织的神话，立足于道德维度对"图灵测试"进行全新的考察。他们认为，每个人都对赛博空间内的机器人肩负着义不容辞的道德责任，并坚信这些"物行为体"能够做出正确的、善的道德决策，成功通过道德的"图灵测试"。

可以说，关于机器人道德的图灵测试是机器人从人工物向人工道德行为本体转化的重

---

❶ High Reliability Organization，简称 HRO，是指一个组织内部有效的管理机制与安全预警机制，即应用人类行为科学理论来计划、组织、调配、领导和控制人类行为过程以提高安全性和可靠性的组织。

❷ Verbeek P P. Morality in Design：Design Ethics and the Morality of Technological Artifacts//P E Vermass，P A Kroes，A Light，S Moore. Philosophy and Design［M］. Berlin：Springer，2008：91－103.

❸ "图灵测试"指的是人类评审团向计算机终端的另一头提出一系列问题，如果人工智能能在5分钟内让超过30%的测试者误认为是人类所答，则人工智能通过测试。图灵测试可以检验机器能否展现出和人类同等或与人类智商无区别的智力水平。测试涉及谈话、语言学、视力、听觉和运动技巧。

❹ Turing A M. Computing Machinery and Intelligence［J］. Mind，1950，59（236）：433－460.

❺ 王绍源. 论瓦拉赫与艾伦的 AMAs 的伦理设计思想［J］. 洛阳师范学院学报，2014（1）.

要过程。通过这个测试可以检测机器人是否具有人类的道德水平。如果通过这个测试，那么机器人就可以被看作具有相应的道德责任和权利，也就相应地受一些法律框架的约束；相反，如果机器人没能通过图灵测试，那就说明它与人相比，仅仅还是个物，仅仅是人们从事各项活动的辅助工具。正是通过这一测试，我们才可以判定机器人是否具有人类的特征，以及确认具有人类特征的方法。

如果程序通过了图灵测试，那么这个程序就可以看作是智能的、能思维的。但是，目前还没有完美的程序能够通过图灵的测试，最接近的是 2008 年在英格兰雷丁举办的一次测试，机器与人只相差一票。可见，机器通过图灵测试的能力不断地增强，其中的伦理问题也不断地凸显。

5. 道德层级问题

在人类和其他物种之间仍隐含着一种道德分层法。在该层级制中，认知能力的评价扮演了一个关键性角色。物种之间的道德分层法为各种物种提出了道德定位问题。但是，技术人工物的智能（至少在某些维度上）可能大大超过人类智能，物种间层次结构的问题可能会因为新兴技术的出现进行重新构建。

在未来，一个（技术）人工物道德行为体能够获得合法道德行为体的资格吗？其在根本上能够被看作一种"行为主体"吗？随着机器人与人类的相似度越来越高，一些问题也突显出来。比如，机器人是否应该拥有权利？人类是否可以随意毁掉机器人？人与机器人的区别究竟应该是什么？

判定一个事物是不是道德行为体，最为关键的一个因素是该"物"要具有下意识的、有知觉的感觉能力，对于技术人工物的道德地位的意蕴，两个世纪前的英国功利主义哲学家杰里米·边沁就曾预言，人工智能的发展将对伦理学进行重塑："当人类把语言能力和感受性的标准覆盖到一切物时，伟大的时代就要来临了……"。瑞典马兰德兰大学的 G. 道济格·森科威克教授和皮尔森教授也提出了类似的观点："社会技术系统要求把道德责任看作是一个道德分配网络，对具有道德意义的工作任务必须要被视为道德责任，即使行为主体是一台智能机器也应具有道德责任。"❶

对于道德经验论者的原则来说，这些高级智能物应被赋予道德权利，但是"对于人类道德权利来说，这些道德权利应处于何种地位？人类在道德层次的峰顶地位又将会发生什么改变呢？如果这些技术人工物的心理能力超越了人类的话，那么人类文明又将会发生什么呢？"❷

创建有伦理意识的机器人，是人工智能面临的一项最艰苦挑战之一。若要取得重大突破，必须将相关伦理意识融入人工智能的研发中，并借助逻辑学提出符合伦理要求的选择。

6. "罗夏墨迹测验"问题

罗夏墨迹测验即著名的人格测验，由瑞士精神科医生、精神病学家罗夏创立，国外有时称罗夏技术，或简称罗夏。国内也有多种译名，如罗夏测验、罗夏测试和罗沙克测验等。

---

❶　Gordana Dodig Crnkovic, Baran C ürüklü. Robots: Ethical by Design [J]. Ethics Inf Technol, 2012（14）: 62.

❷　Torrance S. Would a Super - intelligent AI Necessarily be（super -）Conscious? // Chrisley R, Clowes R, Torrance S. Proceedings of Machine Consciousness Symposium at the AISB′11 Convention [C]. London: University of York, 2011: 67 - 74.

罗夏测验因利用墨渍图版而又被称为墨渍图测验，现在已经被世界各国广泛使用。通过向被试者呈现标准化的由墨迹偶然形成的模样刺激图版，让被试者说出由此所联想到的东西，然后将这些联想到的东西用符号分类记录并加以分析，进而对被试者人格的各种特征进行诊断。

谷歌全局数据可视化小组的两位主要工程师费尔南达·维加斯和马丁·华登堡亲自动手来测试机器是否具有情感、人格和心理特质。他们买来四种市面上贩售的视觉系统，通过给它们看不同的罗夏墨迹来测验它们是如何对墨迹进行观察并做出反应的。维加斯和华登堡将机器人编成 1~4 号❶，并用一种算法创造出人工墨迹，然后让四个机器人进行识别。显然，"罗夏墨迹测验"通过检验机器人电路后是否藏着某种人格特质，从而探索性地对机器人和人类进行比较。

7. 人工情感问题

人工情感指用人工的方法和技术，模仿、延伸和扩展人的情感，使机器具有识别、理解和表达情感的能力。在交互式机器人中就涉及这一主题，那就是机器人自身的情感问题。在机器人实验室里这是一个深度研究的主题。例如，感情可能会通过数字显示器上人造的脸或三维立体的头而表现出来。脸或头部可能会有翘动的眉毛、嘴，可以变成某种形状，或者通过眼睛的张闭来表达情感。麻省理工学院最早设计出称为 Kismet 机器人的头部❷，它与人类有细微的相似之处，但是却存在很多可以调整的面部形状。同时我们可以证明机器人表达情感并不是真实的，而人类作用于它之后的反应可能更加显著。❸

关于机器人所揭示的"人工情感"存在广泛的讨论。如果人类和机器人都可以表达愤怒、高兴、厌烦和其他一些情感，那么对于人机交互应该是有利的。

人形玩具或机器人的仿真度越高，人们越有好感，但当达到一个临界点时，这种好感度会突然降低，越像人会让人越反感恐惧，直至谷底，这称之为恐怖谷。可是，当机器人的外表、动作和人类的相似度继续上升的时候，人类对他们的情感反应亦会变回正面，贴近人类与人类之间的移情作用，机器人的动作和表情也必须符合人类的预期。

人类有赋予机器人人性的趋势。由于情感的赋予，机器人就拥有了与人完全一样的智能效率性、行为灵活性、决策自主性和思维创造性，这样一来，从纯逻辑的角度来看，机器人与人就再没有任何根本性差异了，机器人就可以从事人类所能从事的几乎所有工作，包括生产劳动、企业经营、社会管理、人际交往和技术创新等，可以在更大程度上和更深层次上取代人，从而大大扩展它的应用范围，圆满完成主人交给的各种复杂的工作任务，其社会需求量必将大大增加。研发真正意义的情感机器人无疑会产生数以万亿计的经济效益。目前，理论界普遍认为，研制情感机器人以及实施人工情感的主要目的在于：使机器人具有"人情味"，从而创造和谐友好的人机环境和制作可穿戴式的计算机。

---

❶ 1 号机器人 Metamind 由一家初创科技企业研制，专注于深度学习；2 号机器人 Wolfram 由开发计算数学应用软件的沃尔夫勒姆研究公司研制，能根据问题直接给出答案而非一大堆网页；3 号机器人 Clarifai 由一家人工智能公司研制，主要运用深度学习算法进行可视化搜索；4 号机器人 Cloudsight 可以图像自动描述识别 API。

❷ Breazeal C. Designing Sociable Robots [M]. Cambridge, MA: the MIT Press, 2002: 35.

❸ Ogata T, Sugano S. Emotional Communication between Humans and the Autonomous Robot WAMOEBA - 2（Waseda A-moeba）Which Has the Emotion Model [J]. JSME Intenational Journal. Series C, Mechanical Systems, Machine Elements and Manufacturing, 2000（3）: 568 - 574.

三、机器人伦理学的内容

阿西莫夫曾预言道："这是一种变化，持续不断的变化、不可避免的变化，这是当今社会的主导因素。一个充满智慧而明智的决定不但要立足于现实，更要着眼于未来的世界……反过来说，这就意味着我们的政治家、我们的商人，以及我们每一个人都必须具有科学虚构的思维方式。"总之，在人类的智慧力量下，科幻一旦成为现实，其所带来的新境遇都将对伦理观念以及社会规范提出严峻的挑战。美国计算机伦理学家詹姆斯·摩尔在计算机产生之初说道："新景象为我们提出了一个崭新的问题域，相对于技术的进步，伦理的滞后为其应用问题上产生了'政策真空'"。[1]"机器人在可预见的未来将面临人类道德的拷问，也面临担负着人类道德和法律的责任"。[2]

机器人伦理学的研究有利于机器人伦理的深化和发展，有助于实现机器、人类与自然的和谐共生，而各种文化的互动和融合将极大地促进人类伦理观念的趋同。确立机器人伦理学的统一标准和规范不仅是必要的，而且是有希望的。随着机器人的发展，机器人自身安全和机器人在应用过程中对传统伦理和道德关系的冲击和影响也日益凸显。如何有效规避和预防这些问题，并充分发挥机器人向善的方面已成为人类必须面对的问题。

1. 机器人伦理学的提出

"机器人伦理学"也称为"机械伦理学""人工智能伦理学""物伦理学"。[3] 2004 年 1 月，第一届机器人伦理学国际研讨会在意大利圣雷莫召开，意大利机器人专家吉安马科·维卢乔所提出"机器人伦理学"这一专业术语得到确认。大概在 21 世纪的前十年里发展起一门独立的学科，称作"机械伦理学"，该学科的目标是教导强人工智能学会善待人类，从而规避由此带来的风险。荷兰学者维贝克提出的"物伦理学"更进一步推进了这一研究。[4] 人工智能伦理学是则是机器人伦理学和机械伦理学的集合。

机器人作为人工智能发展的高级阶段，是一种自治型的人工物，其广泛应用于人类生活的诸多领域之中，如军事领域、家庭生活、科考领域等。其在社会活动中与人类形成了强烈交互，也超越了传统人类中心主义的窠臼，拓展了道德参与圈。机器人伦理领域内道德圈的拓展是受到动物权利和环境伦理思想的启发。人工物行为体本身是一种"技术"行为体，其自身产生了有关技术的伦理意义问题和关于"技术与自然世界"之间的关系问题。这就促使了我们挑战技术固有的价值观点，从根本上诠释机器伦理领域内的某些问题。

所以，机器人伦理学是一个新兴研究领域，其主要研究建构能够模拟、模仿的机器，并示例说明其伦理敏感性、道德推理、道德论证或伦理行为的一门学科。[5]

---

[1]　Ved Parkash Sharma，Neelima R Kumar. Changes in Honey Bee Behaviour and Biology under the Influence of Cellphone Radiations [J]. Current Science，2010，198 (10)：1376 – 1378.

[2]　Capurro R，Nagenborg M. Ethics and Robotics [M]. Amsterdam：IOS Press，2009.

[3]　伦理学领域中的"物"转向以荷兰 3TU（荷兰的代尔夫特理工大学、埃因霍温理工大学、屯特大学）学派中的汉斯·阿特胡斯和彼特 – 保罗·维贝克为代表。

[4]　杨庆峰，闫宏秀. 多领域中的物转向及其本质 [J]. 哲学分析，2011，2 (1)：158 – 165.

[5]　Lin P，Abney K，Bekey G A. Robot Ethics：The Ethical and Social Implications of Robotics [M]. Cambridge，MA：the MIT Press，2011：3.

机器人伦理学作为人工智能技术在应用伦理学领域中的映射，作为应用伦理学的新兴分支领域正方兴未艾，其在社会中的应用为人们带来新的哲学反思和伦理挑战。这种新型技术人工物对人类文化实践产生着不可移易的影响，机器人在可预见的未来将面临人类道德的拷问，也面临担负着人类道德和法律的责任。

机器人伦理学研究涉及许多领域，包括机器人学、计算机科学、人工智能、哲学、伦理学、神学、生物学、生理学、认知科学、神经学、法学、社会学、心理学以及工业设计等。机器人伦理学作为一个新兴的研究领域，有着许多开放式问题，主要表现在军事、医疗、环境、个人情感等领域方面。当前机器人伦理领域的重点是：在各个具体情境中构建负载有专业伦理技术的人工物道德行为体。

作为实践研究的一个焦点领域，机器人伦理具有各种客体性。它在技术应用上具有很明确的市场趋向性，如护理机器人的发展所出现的伦理问题，医疗机器人在医学实践中出现的伦理问题探究等。机器伦理的其他目标立足于长期目标。例如，针对高等人工智能的伦理推理和伦理设计，促进和完善像人类主体一样的"真正的"道德行为体的生产实践。更广泛"实用性"的机器伦理的设计问题渐渐变为了哲学问题，包括"真正的道德行为体"本质含义问题。其中，机器伦理范围内的一些重要概念和问题与主流道德哲学有着很多重叠的问题域。

此外，"哲学的"机器伦理还包含了更多推测性的问题，正如未来人工智能的发展可以被预期一样，自治型人工物行为体是否能够成为现实，智能型主体的大量存在将决定我们采取一种"后人本主义"的伦理观对道德体系进行重塑，以便于人工物行为体能够与人类友善交互，共建全新的道德圈。

2. 阿西莫夫"机器人三定律"

科幻作家艾萨克·阿西莫夫在多部科幻小说中❶，经常提到机器人的工程安全防护和它的伦理道德标准，成为机器人默认的研发原则，奠定了机器人伦理研究的基础。阿西莫夫的机器人小说中塑造了两个传奇色彩浓厚的机器人形象：想变成人类的安德鲁和具有超人特质的机·丹尼尔。这两个机器人代表了阿西莫夫对机器人世界的深刻伦理凝视，有着伦理意味和象征意味。机器人可能有伦理意识吗？阿西莫夫的回答是：有的。阿西莫夫笔下的机器人精密而严谨，有着高强度的道德自律意识及自我约束意识。

阿西莫夫在 1942 年科幻小说《环舞》中，首次提出被尊为机器人伦理道德至上原则的"机器人学三大定律"：①机器人不能伤害人类，不允许袖手旁观坐视人类受到伤害；②机器人应服从人类指令，除非该指令与第一定律相背；③在不违背第一条和第二条定律情况下，机器人应保护自身的存在。❷

阿西莫夫结集的《我，机器人》将这三大定律作为总导语，这三大定律也成为他的很多小说，包含"基地"系列小说中引导机器人行为准则和故事发展的总线索和科幻伦理基石。阿西莫夫把"人类高于一切"的观念深植机器人的正子脑中，是一种人本主义的体现，这种"充满希冀的寓言"是"希望假定为至善至美的科学伦理能够产生出良好的社会政治

---

❶ "机器人"系列和"基地"系列为其科幻文学的代表作品，"机器人"系列的短篇作品主要收录在《我，机器人》等作品集当中，"机器人"系列长篇小说则分别出版了《钢穴》《裸阳》《曙光中的机器人》《机器人与帝国》四部。

❷ 艾萨克·阿西莫夫. 银河帝国8：我，机器人［M］. 叶李华，译. 南京：江苏文艺出版社，2012：1.

结果"。❶ 可以说，在小说中三大定律是打在机器人身上的生之烙印，机器人甚至想象不出没有这种规则制约的人类是怎么行动的。而阿西莫夫下了很大功夫去研究，在遵循康德律的基础上不让他笔下的机器人个个沦为一种"亦步亦趋的道德发条装置"。❷

三定律在科幻小说中大放光彩，在一些其他作者的科幻小说中的机器人也遵守这三条定律。但是，截至 2005 年，三定律在现实机器人工业中仍然没有应用。目前很多人工智能和机器人领域的技术专家也认同这个准则，随着技术的发展，三定律可能成为未来机器人的安全准则。

但是，仅有三大定律是无法指导机器人的所有活动的，尤其是一些紧急情况或者矛盾情况，而且因为一些人的恶意，使得机器人的处境愈发矛盾与尴尬，这也成为支撑阿西莫夫小说推动情节发展的一个关键要素。此外，在阿西莫夫的机器人小说里还有很多三大定律的要求与现实状况发生了冲突，比如人类的指令是要机器人在伤害其他人的基础上才能做到的，这使得机器人面临着卡死甚至停摆的危险。对三定律的讨论与再思考也构成了文本的内在张力与留给读者思索之处。在三定律之上，阿西莫夫又借机器人之口宣读了"由机器人自己悟出来的第零法则"——机器人不得伤害人类整体，也不得因为不采取行动而使人类整体受到伤害。❸

"第零法则"进一步净化机器人内在的道德力量，防止已经有了一定自由思想的机器人沦为心怀不轨的个人从事恐怖活动的工具。值得注意的是，"第零法则"是天才机器人机·丹尼尔在漫长的岁月里自己领悟出来的，这对于机器人伦理的思考晋升了一个新的层次：机器人是否有可能生成自己的想法和新的道德？三大定律的内嵌也使得机器人在很多方面表现得像个束手束脚的绅士，这会不会令他感到"忧郁"呢？就像《银河系漫游指南》里的马文挂在嘴边上的，机器人的头脑的运算能力抵得上一个行星，然而却只能从事迎宾一类的活动。同时用这"3＋1"的机器人强力法则，让机器人身上的弗兰肯斯坦因子做出一种积极的、更为身为人类的读者所接受的表现。

此外，由《我，机器人》改编、威尔史密斯主演的《机械公敌》里面有个第七定律：机器人永远不得称为独裁者（A robot shall never become a Big Brother）。这里的 Big Brother 指的是奥威尔名著《1984》中极权独裁者老大哥，这个定律给机器人专政判了极刑。还有第八定律，也是最终定律：若机器人违反上述任何定律，当自我毁灭。

3. 维纳的伦理学理论

控制论之父、美国麻省理工学院的维纳教授，早在 1948 年就出版了《控制论或关于在动物和机器中控制和通信的科学》一书，1950 年又出版了《人有人的用处》，指出人类社会将因为控制技术的应用发生深刻的改变。本书的主题在于阐明我们只能通过消息的研究和社会通信设备的研究来理解社会；阐明在这些消息和通信设备的未来发展中，人与机器之间、机器与人之间以及机器与机器之间的消息，势必要在社会中占据日益重要的地位。❹维纳假设机器将在社会中作为活跃的参与者加入人类。譬如，一些机器将和人类一起，参与到至关重要的创造、发送和接收信息的行动中去，而那些信息则构成了把社会联合起来

❶ 达科·苏恩文. 科幻小说面面观［M］. 郝琳，等，译。合肥：安徽文艺出版社，2011：250.
❷ 亚当·罗伯茨. 科幻小说史［M］. 马小悟，译. 北京：北京大学出版社，2010：199.
❸ 艾萨克·阿西莫夫. 基地与地球（下）［M］. 叶李华，译. 成都：天地出版社，2005：596.
❹ Wiener N. The Human Use of Human Beings：Cybernetics and Society［M］. Boston：Houghton Mifflin, 1950：9.

的"黏合剂"。

维纳提出需要适用于包括"人类和机械成分（即半机械人）在内的系统"的伦理规则。虽然他也表达了对于允许机器代替人做伦理决定的关注，但他并没有在他的著作里提出任何能被理解为"机器伦理"或"半机械人伦理学"的东西。他对伦理学理论的明确讨论仍聚焦于人类的行动和价值。因此，在《人有人的用处》第一版的开篇，维纳写道："面对不可避免的新机器，我们将不得不改变我们生活模式的许多细节；但在所有为了人自己的目的、关系到对人的正确评价的价值要素中，这些机器只位居第二位……这本书的要点和它的名字一样是人有人的用处。"❶

维纳还预言，某些机器，即有着机器人附属肢体的计算机——将在工作场所取代成千上万工人，包括蓝领和白领。他还预见假肢——控制论的假体——将和人体结合以帮助残障人士，或甚至赋予肢体健全的人前所未有的力量。他说："我们现在所需要的，是对包括人类和机械因素在内的系统的一种独立研究。"❷

今天，我们认为，维纳所预想的半机械人（人和机器结合）将在社会和世界中起重要作用，需要伦理政策来支配他们的行动。维纳经常提到的、有关机器自己学习和做决定的看法。他担心一些人像故事里魔术师的学徒一样犯下大错，可能创造出人类无法控制的主体——按照人类无法接受的价值去行动的主体。他指出，以机器的决定取代人类的判断是有危险的，并且他告诫道，一个谨慎的人不会冒险进入天使都害怕涉足的地方去的，除非他准备接受堕落天使的折磨。他也不会心安理得地把选择善恶的责任托付给按照自己形象而制造出来的机器，自以为以后不用承担从事该项选择的全部责任。❸

"机器虽然能够学习，能够在学习的基础上作出决策，但它无论如何也不会遵照我们的意图去做出我们应该做出的或我们可以接受的决策的。不了解这一点而把自己责任推卸给机器的人，不论该机器能够学习与否，都意味着他把自己的责任交给天风，任其吹逝，然后发现，它骑在旋风的背上又回到了自己的身边。"❹维纳指出，"为了防止这样的灾难，世界既需要为人造主体设置伦理规则，也需要技术有效地把那些规则逐渐地灌输到主体中去"。❺

概言之，维纳预见到未来的社会将处在他称为"机器时代"或"自动化时代"里。在这样的社会里，机器和自然环境将融入社会结构。机器将创造、发送和接收信息，从外部世界搜集信息，做出决定，执行那些决定，再生产它们自身和人体结合起来以创造出具有强大新能力的存在物。维纳的预见不仅仅是猜测，因为他自己已经设计并见证了早期版本的装置，如游戏机（西洋跳棋、国际象棋、战争、买卖），人脑控制的带马达的人工手，以及自我再生产的机器如非线性的传感器。

当将来"人造主体"（如半机械人、机器人和软件机器人）更加成熟，且行动更像我

---

❶❸❹　Wiener N. The Human Use of Human Beings: Cybernetics and Society ［M］. Boston: Houghton Mifflin, 1950: 12, 211-212.

❷　Wiener N. God and Golem, Inc. : A Comment on Certain Points Where Cybernetics Impinges on Religion ［M］. Cambridge: the MIT Press, 1964: 77.

❺　2006 年 5 月，《纽约时报》一篇文章描述了一个当前正在开发之中的美国国家航空和宇宙航行局的行星飞行器："当可能明确地设计出一些安全法则的时候——这相当于告诉一个孩子'不要穿过车子很多的马路'——科学家也将在设计中允许机器人通过试验和错误学会如何行动。你实质上已经设置了一个活动范围，机器人可以在这个范围里完成这些简单的行为……这非常像孩子们所做的……在未来几年里，技术将能够制造出勘探月球上多岩石地带的飞行器。"

们的孩子而不像木偶时，它们将越来越多地参与到形成凝聚社会的"黏合剂"的通信和决定中去。它们将积聚关于世界的信息，储藏、分类和存取信息；做出决定并加以执行，甚至比今天它们早期的同类所能做的多得多。结果是，本地的熵将被戏剧般地减少，因此，作为社会的积极参与者，行为正确的信息处理机的繁荣将是非常好的。

四、各国机器人伦理学意识的发展

自 2005 年以后国外一些关于"机器人伦理学"的研究论文和专著呈现逐年陡升的趋势，特别是在过去十多年里 Science 和 Nature 两个期刊都发表了数篇相关论文，再加上由牛津大学出版社出版的著作《机器伦理：教导机器人区分善恶》❶，构成了机器伦理学的基石。21 世纪以来，美国、欧洲和日本的机器人伦理学研究形成三足鼎立之势，机器伦理学的代表人物有耶鲁大学的温德尔·瓦拉赫，印第安纳大学的科林·艾伦，欧洲的吉安马科·维卢乔，以及日本的仲田诚。此外，英国、澳大利亚等国也纷纷有所建树。

此外，2005 年在 IEEE 机器人与自动化国际会议上成立了"机器人伦理学技术委员会会议"，"机器人伦理学艾特利尔工作室"颁布了《欧洲机器人研究网络机器人伦理学路线图》等。各国政府机构、高校科研院所纷纷围绕机器人技术的伦理问题展开了不同维度的考察，这在国际上掀起了"机器人伦理学"的研究热潮，使得"机器伦理学"成为应用伦理学的一门新兴分支学科。同时，韩国工商能源部颁布的《机器人伦理宪章》、美国国家科学基金会和美国航天局设立专项资金对"机器人伦理学"所进行的资助研究等，也增强了各国学者对机器人伦理学意识的关注和发展。

1. 北美洲

（1）美国

耶鲁大学生命伦理学跨学科研究中心的温德尔·瓦拉赫和印第安纳大学认知科学工程中心的科林·艾伦成为美国"机器人伦理学"研究的开创者，其早在 2006 年就开始发文探讨技术人工物的道德问题，成为美国"机器人伦理研究"的重要代表人物。在瓦拉赫和艾伦合著的《机器伦理：教导机器人区分善恶》一书中，对（技术）人工物的诸多理论和实践问题进行了全面探讨。

瓦拉赫与艾伦引入了（技术）人工物道德和机器的道德决策思想，并在《机器伦理：教导机器人区分善恶》一书中对该新兴领域的大多数问题进行了初步探讨，第一次描绘了创建道德机器这个艰巨任务的壮阔蓝图。无论如何，随着新兴科技的出现及其机械化程度的提升，智能化、自治型机器人开始走进了我们的生活视野，"机器人在可预见的未来将面临人类道德的拷问，也面临担负着人类道德和法律的责任"。❷ 瓦拉赫与艾伦关于（技术）人工物的伦理设计思想在当前多领域学科研究中具有重要的借鉴价值和时代意义，其极富创建性的视野为未来机器（人）的发展奠定了道德性根基。

瓦拉赫和艾伦还探讨了美国著名哲学家约翰·塞尔的"强人工智能"批判理论，认为约翰·塞尔对"强人工智能"的批判与诟病对（技术）人工物工程都有着直接性的影响。

---

❶ Wendell Wallach, Colin Allen. Moral Machines: Teaching Robots Right Rrom Wrong [M]. Oxford: Oxford University Press, Inc., 2009.

❷ Capurro R, Nagenborg M. Ethics and Robotics [M]. Amsterdam: IOS Press, 2009: 1。

此外，瓦拉赫和艾伦认为，一方面，即使约翰·塞尔对"强人工智能"进行了批判，但是这也无法阻止（技术）人工物的发展；另一方面，他们认为其真正需要的是"弱人工智能"来成功执行他们的工作任务。然而，瓦拉赫和艾伦承认实现这一点将是一个艰辛而难以确定的历程。确切地说，就是当一个技术人工物主体能否成为一个道德主体的过程是不确定的。例如，他们对"图灵测试"是否有用表示质疑。此外，他们对人工物主体的应用进行测试所存在的优缺点问题进行了深入探讨。

詹姆斯·摩尔把（技术）人工物道德主体划分为"隐性道德主体""显式道德主体""完全式道德主体"三类，而瓦拉赫与艾伦在（技术）人工物情境中按照伦理层次分为"操作式道德""道德式功能""成熟式道德行为"三种类型，此即"三重区分"理论。❶由此我们可以推知，在摩尔的理论框架内，一个"自动驾驶仪"被当作一个隐式道德主体；而这在瓦拉赫与艾伦看来，尽管其对伦理价值来讲只具有极低的感受性，但其在某种程度上符合功能式道德的意蕴。

著名的生物伦理学家彼特·辛格对于动物权利的论述为我们探讨机器人的伦理地位问题提供了积极的思想质料。辛格认为，一旦我们考虑扩大道德圈（拓展伦理关护对象的范围），包括非人类的动物，我们就有希望进一步拓展我们的道德关怀。❷

2012年在美国科勒尔·盖布尔斯举行的"We Robot 2012"对于机器人伦理的发展具有很大的影响力。在这个会议上许多学者就机器人相关法律和政策问题发表了论文，内容涉及伦理道德、法律规则、社会影响等方面。尽管追求功能最大化和技术最优化的工程师与伦理学家和哲学家的目标不尽相同，但我们相信，最终提高机器人对于道德决定的敏感度与创建稳定、高效、安全的系统还是可以兼容的。而关于机器人伦理方面的标准也必定会随着相关技术的进步以及社会文明的发展而更为完善。

美国伊利诺伊大学计算机科学系的凯思·W.米勒教授率先发起了"计算机相关人工产品道德责任的规则"的讨论。他"重申了对（计算机）人工物产品保有道德责任的重要性，并警醒每个人和科研机构在生产和使用（计算机）人工物产品时都要牢记自己所肩负责任。"❸此外，凯思·W.米勒还组成了一个"国际责任计算机特设委员会"，该委员会由50名专家组成。在该委员会制订的27条现行草案中总共提出了5个规则，其中的首要规则就是："从事设计、开发计算机人工智能产品的人们都对其肩负道义上的责任，都对人工智能产品的社会效应肩负责任。该责任应该与其他从事于设计、开发以及专门从事于把人工智能产品当作社会技术系统一部分来使用的人们共同担负。"❹

美国哈特福德大学计算机科学教授迈克尔·安德森与康涅狄格大学退休的哲学教授苏珊·利·安德森先后获得美国国家科学基金会、美国国家人文基金会和美国航天局等重大项目资助，在科学调查基础之上建立了"向善"的机器伦理学。此外，他们还创立了机器伦理学的专门网站。❺2005年，在弗吉尼亚州的阿林顿市，苏珊·利·安德森和迈克尔·

❶ Moor J H. The Nature, Importance and Difficulty of Machine Ethics ［J］. IEEE Intelligent Systems, 2006, 21（4）：18 – 21.
❷ Singer P. The Expanding Circle：Ethics, Evolution and Moral Progress ［M］. Princeton：Princeton U P, 2011：12.
❸ Miller K W. Moral Responsibility for Computing Artifacts：the Rules ［J］. IT Professional, 2011, 13（3）：57 – 59.
❹ Allen C, Smit I, Wallach W. Artificial Morality：Top – down, Bottom – up, and Hybrid Approaches ［J］. Ethics and Information Technology, 2005（7）：149 – 155.
❺ http：//www. machineethics. org.

安德森两人一起共同主持了美国人工智能协会关于"机器伦理"的秋季研讨会,并共同编纂了关于"机器伦理"的电气与电子工程师协会智能系统的专题论文集。此外,在2006年他们关于机器伦理的研究作为新兴应用入选"人工智能的创新性应用";2010年10月他们受《科学美国人》期刊的约稿,刊登了他们在伦理视阈下探讨机器人行为规制的文章,在美国掀起了研究机器人伦理学的热潮。❶迈克尔和苏珊逊主编的《机器伦理》一书于2011年由剑桥出版社出版,该书介绍了机器人伦理学领域的研究纲领和最新进展状况。

美国佐治亚理工学院"移动机器人实验室"负责人罗伯特·阿尔金教授也开始关注机器人在社会应用中的影响,并针对不同类别机器人的应用领域做了伦理和法律的探讨。2009年3月,他出版了《自治机器人致命行为的管理》一书,分别从机器人的医学领域、军事领域中的应用问题做了法律责任探讨,这使得他成为美国学术界中机器人伦理学的先驱代表。其中,他在军事机器人应用的伦理问题的研究上独具特色,发表了数篇论文探讨了未来战争领域机器。

2011年,由加州州立理工大学的帕特里克·林领衔,联合同事基思·阿布尼,以及南加利福尼亚大学计算机科学教授乔治·拜柯三人在总结各国机器人伦理学研究成果的基础上,出版了世界上第一部名为《机器人伦理学》的学术专著,并旗帜鲜明地提出了"机器人伦理学作为应用伦理学的新学科"的论断。❷

(2)加拿大

1992年英属哥伦比亚大学的应用伦理学教授彼特·丹尼尔森出版了《技术人工物道德:善良机器人的美德游戏》一书,他第一次在伦理设计框架内对使用计算机技术构造道德推理模型进行了尝试性探索,这相对于以往几乎空白的研究来说具有前瞻性和开创性。从现在观点看,他对机器人伦理思想的探索仍然很具深度。可以说,丹尼尔森的研究工作代表了当时机器人伦理领域的最高成就❸。

2002年,在关于系统研究、信息论和控制论的国际会议上召开了一次关于"人与人工智能在认知、情感和道德方面的决策"的研讨会。该研讨会的组织者加拿大温莎大学计算机科学系的乔治·拉斯科邀请了著名荷兰学者伊娃·斯米特主持原始文献的汇集工作。如今他们都成为机器人伦理学领域中的领军人物和杰出学者。

2. 欧洲

(1)意大利

欧洲关于机器人伦理理论研究以意大利热那亚自动化智能系统学院机器人专家吉安马科·维卢乔为代表。2002年,吉安马科·维卢乔在意大利的圣雷莫主持了隶属于IEEE(电气与电子工程师协会,全称Institute of Electrical and Electronic Engineers)机器人学会议的第一次会议——国际机器人伦理学研讨会。在此次会议上,沃卢吉欧首次使用了"机器人伦理学"这一术语,也就是机器人设计者、制造商以及使用者应该要遵循的人类道德伦理,用以概括机器人技术研究应该关注的焦点。

从那个时候起,人工智能伦理学分为两个子领域:机械伦理学,这个分支处理人工道

---

❶ Anderson M, Anderson S. Machine Ethics [M]. Cambridge:Cambridge University Press, 2011, 1 - 3.

❷ Patrick Lin, Keith Abney, George A Bekey. Robot Ethics:The Ethical and Social Implications of Robotics [M]. Cambridge:MIT Press Ltd, 2014.

❸ Danielson P. Artificial Morality:Virtuous Robots for Virtuous Games [M]. London:Routledge Press, 1992.

德主体；机器人伦理学，这个分支响应有关人类行为的问题，也就是他们如何设计、制作、使用以及对待机器人与其他人工智能生物。机器人伦理学衡量为机器人加入"道德"程序代码的可能性，好让它们根据分辨是非的社会规范做出适当的反应。

维卢乔在机器文化与教育活动的框架内，提出建立一种能够引导机器人学研究人员工作的伦理学需要，他称这种新的应用伦理学为机器人伦理学。他认为，机器人伦理学是一门应用伦理学，其目标是发展可被不同的社会团体和信仰共享的科学、技术、文化的工具，这些工具能够促进和鼓励机器人学的发展，使机器有利于人类社会和个人，并且防止机器人的误用对人类造成伤害。维卢乔指出，"由于机器人逐渐拥有自我学习机制，控制和规范它们的行为将变得更加麻烦""结果是，它们的行为将无法被人类完全预测，因为新学到的东西，它们将不再会按部就班的执行预先设计的程序"。

此外，2005 年欧洲机器人研究网络设立"机器人伦理学研究室"，它的目标是拟定"机器人伦理学路线图"。2007 年 4 月 14 日，机器人伦理学的 IEEE—RAS 技术委员会在意大利的罗马大学召开了关于机器人伦理学的 ICRA（全称 IEEE International Conference on Robotics and Automation，即"IEEE 机器人与自动化国际会议"）研讨会，与会的机器人科学家和伦理学家就机器人伦理的相关问题进行了积极的意见交换和讨论。参会的 50 多位科学家和技术人员基于科学和人文两大领域的实证调查，具体拟定了多元化、复杂性的《欧洲机器人伦理学路线图》，并在会议上进行了颁布。这为机器人伦理学研究开发提供了一种参考文本。科学和人文两大领域的实证调查基础上，通过文化、宗教和道德上的共通之处进行机器人的设计与研究。"机器人伦理学路线图"不仅包括当前和未来机器人发展过程中所需注意的原则和问题，还包括一些方法论方面的内容以及与之相关的信息通信、计算机、人工生命等方面的伦理问题。此后，机器人伦理研究得到越来越多西方学者的关注。

2006 年年初，新成立的机器伦理学家团体在意大利热那亚初次集会，对外公布了 2006 年 3 月在西西里岛帕勒莫全欧洲机器人学家座谈会上的初步发现。斯德哥尔摩的瑞典皇家科学院欧洲机器人网络协会主席，同时是新成立的机器伦理学团体发起人之一的亨利克·克里斯藤森提到："安全感，安全性以及性问题是关注的焦点"。此外，伦理学家还关心如下问题：能否允许力量和重量足以压碎人类的机器人进入家庭服务？系统故障能否成为一架违反日内瓦公约的机器战斗机强伤无辜市民的正当解释？还有儿童外形的性玩偶能否被法律所允许？

（2）希腊

雅典国立技术大学电气和计算机工程学院的施皮罗斯·G. 尼亚费斯塔教授把"机器人伦理学"当作一门新兴应用伦理学学科，并率先出版了国际上第一本通识教材《机器人伦理学：学科导论》，对"机器人伦理学"的基本概念、研究对象、基本伦理原则、主要伦理问题以及研究方法等作了介绍。总之，该书致力于使读者理解设计师在设计活动中的道德意蕴，并为自治型机器人的伦理困境寻求出路。作为"机器人伦理学"的基础教程，该书为入门者提供了基本参考文献，成为最新引领人工智能伦理问题研究的代表性著作。

（3）英国

英国伯明翰大学计算机学院的亚伦·斯洛曼教授受到辛格思想的影响，他在《哲学中的计算机革命》一书中论述了"未来机器人能够思考和具有感知力"的可能性场景，并在此基础上，号召人们关注机器人的伦理地位问题，并把机器人纳入道德行为体的考察范畴

内。他在伦理学框架内讨论了感知性的伦理意义，认为感知性是判断一个道德行为体的重要依据。❶

根据英国萨塞克斯大学工程与信息学院教授史蒂夫·托伦斯的观点，我们可以把"具有道德地位"的人工物行为体划分为两个独立而又相联系的层面进行理解，即"道德产出"层面和"道德接收"层面。他认为，"无论圣人还是杀人犯——以及那些诚实地提交他们纳税申报表的尽本分的人——都是'道德的产出者'，而从其他人的行为中受益或者被其他人的行为所伤害的人都是'道德接收者'"。❷

凯瑟琳·理查德森是英国德蒙福特大学的机器人伦理研究员，她在网上发出了警示性声明，正在向全世界募集赞同者。她指出，过度专注机器人将"损害人类之间的情感共鸣能力"。

3. 亚洲

（1）日本

在日本，有一种"让机器人成为人"的氛围。日本是全球机器人发展最快的国家，日本当前的机器人研发，在许多方面丰富和提高了日本民众的生活水平。一方面，在日本，由于人口不多，而且老龄化趋势严重，他们需要机器人来承担劳力的工作，因此培养起浓厚的机器人文化；另一方面，日本政府也希望机器人研发成为本国的支柱产业，所以投入大量资金。1973年，当时世界上最大的机器人贸易展览会世界机器人博览会（IREX）在日本东京举行，之后每两年举行一次。

日本千叶大学在2007年制定了关于智能机器人研究的伦理规定——"千叶大学机器人宪章"，以确保机器人研究被用于和平目的。日本千叶大学在其网站上说，"科学技术是把双刃剑，如果被恶意利用，可能危及人类自身生存，因此制定了这个宪章。其内容包括：研究者只进行与民用机器人相关的教育和研究；研究者不得将不符合伦理、违法利用的技术应用到机器人中；研究者不仅要严格遵守阿西莫夫'机器人三定律'，而且要严格遵守宪章所有规定，即使离开千叶大学，也要遵守宪章精神等"。

2008年，日本经济产业省也推出了《下一代机器人安全表现指南（草案）》，用于规范未来机器人研发的行为，以及未来智能机器人的行为规范，防止"行为不轨"的机器人暴动害人，经产省将敲定未来所有机器人必须遵守的具有法律性质的行为规范。❸

日本人工智能学会在2014年12月成立了"伦理委员会"。该学会期刊的某期封面上刊登了女性形象的清扫机器人，招致了"性别歧视"的指责，由此成立了伦理委员会。该学会意识到，有必要认真讨论机器人和社会伦理观的联系。日本机器人学会提出"实现和维持健康社会"的方针，要求机器人的研究不应脱离一般社会观念。

（2）韩国

韩国服务机器人技术被列为未来国家发展的十大"发动机"产业，他们已经把服务型机器人作为国家的一个新的经济增长点进行着重发展，对机器人技术给予了重点扶持。通过不懈努力，韩国近几年来也逐渐跻身研究机器人的世界潮流。尤其在2007年通过立法出

---

❶ Sloman A. The Computer Revolution in Philosophy：Philosophy, Science and Models of Mind [M]. Brighton：Harvester Press，1978：2–3.

❷ Torrance S. Ethics, Consciousness and Artificial Agents [J]. Artif Intell Soc, 2008, 22（4）：495–521.

❸ 乐艳娜. 机器人立法的道德悖论 [J]. 环球，2007（11）：62–64.

台了《机器人宪章》，尽管韩国《机器人宪章》尚不完善，但它对于机器人伦理的发展具有重要的意义。2008 年，韩国信息通信部颁布了《机器人道德宪章》。该宪章认为机器人必须严格遵守命令，不能对人类的利益造成危害，当然人类也不能虐待机器人，应该充分尊重机器人的利益，合理使用它们。

（3）中国

目前，中国已经连续两年成为全球最大的工业机器人市场，仅 2014 年，中国工业机器人保有量占到全球的四分之一。发展智能机器人已经成为中国产业发展、产业转型、产业变革的中坚力量，甚至可以预期在未来将左右中国经济的发展，所以提升战略高度也就成了必然。工业和信息化部在 2014 年 1 月发布了《关于推进工业机器人产业发展的指导意见》，明确提出要培育 3 ~ 5 家具有国际竞争力的龙头企业和 8 ~ 10 个配套产业集群，高端产品市场占有率提高到 45% 以上。2015 年 5 月，国务院正式提出《中国制造 2025》行动纲领，中国机器人产业迅速成为热门，产业园遍地开花。此外，2015 年，罗军将其于 2012 年 3 月 15 日创立的中国机器人产业创新联盟改名为"国际机器人及智能装备产业联盟"，这是一家非营利性民间组织。

机器人伦理问题已经引起一批国内学者的关注，如山西财经大学王绍源、上海交通大学的杜严勇、华东师范大学的张雪娇等学者已经发表了一系列研究成果。

五、参考文献

［1］基思 E 斯坦诺维奇. 超越智商：为什么聪明人也会做蠢事 ［M］. 张斌，译. 北京：机械工业出版社，2015.

［2］基思 E 斯坦诺维奇. 机器人叛乱：在达尔文时代找到意义 ［M］. 吴宝沛，译. 北京：机械工业出版社，2015.

［3］凯文·凯利. 失控：全人类的最终命运和结局 ［M］. 东西文库，译. 北京：新星出版社，2010.

［4］丹尼尔·贝尔. 后工业社会的来临——对社会预测的一种探索 ［M］. 北京：新华出版社，1997.

［5］王天然. 机器人 ［M］. 北京：化学工业出版社，2002.

［6］王志良. 人工情感 ［M］. 北京：机械工业出版社，2009.

［7］雷·库兹韦尔. 奇点临近 ［M］. 李庆诚，等，译. 北京：机械工业出版社，2011.

［8］艾萨克·阿西莫夫. 银河帝国 9：钢穴 ［M］. 叶李华，译. 南京：江苏文艺出版社，2013.

［9］勃克斯. 机器人与人类心智 ［M］. 成都：成都科技大学出版社，1993.

［10］Engelberger J F. Robotics in Practice ［R］. New York：American Management Association，1980.

［11］Wendell Wallach，Colin Allen. Moral Machines：Teaching Robots Right From Wrong ［M］. Oxford：Oxford University Press，Inc. ，2009.

［12］Ronald Arkin. Governing Lethal Behavior in Autonomous Robots ［M］. New York：Taylor & Francis Ltd，2009.

［13］Patrick Lin，Keith Abney，George A Bekey. Robot Ethics：The Ethical and Social Implications of Robotics ［M］. Cambridge：the MIT Press Ltd，2014.

［14］John Markoff. Machines of Loving Grace：The Quest for Common Ground Between Humans and Robots ［M］. New York：Ecco Press，2015.

［15］M Shane Riza. Killing Without Heart：Limits on Robotic Warfare in an Age of Persistent Conflict ［M］. Potomac Books Inc，2013.

［16］P W Singer. Wired for War：The Robotics Revolution and Conflict in the 21st Century ［M］. Penguin Books

Ltd, 2011.

[17] David A Mindell. Our Robots, Ourselves: Robotics and the Myths of Autonomy [M]. Penguin Putnam Inc, 2015.

[18] Hiroaki Wagatsuma, Jeffrey L Krichmar. Neuromorphic and Brain – Based Robots [M]. Cambridge: Cambridge University Press, 2011.

[19] George A Bekey. Autonomous Robots: From Biological Inspiration to Implementation and Control [M]. Cambridge: the MIT Press Ltd, 2005.

[20] Tzafestas S G. Roboethics: A Navigating Overview [M]. Heidelberg: Springer International Publishing Switzerland, 2016.